余文华 李文兴◎著

高等时域有限差分方法

——并行、优化、加速、标准和工程应用

GAODENG SHIYU YOUXIAN CHAFEN FANGFA
BINGXING YOUHUA JIASU BIAOZHUN
HE GONGCHENG YINGYONG

哈尔滨工程大学出版社
Harbin Engineering University Press

内容简介

本书与其他书的不同之处在于该书第一次引入矢量计算逻辑单元(VALU)到计算电磁学中,并用于时域有限差分仿真加速。这种加速技术与GPU加速的本质不同在于,VALU加速是对现有的CPU计算功能的扩展和充分利用而不需要任何额外的硬件设备。该书在介绍现代处理器的体系结构的基础上详细地介绍了使用VALU的时域有限差分方法的加速技术。

本书可以作为电磁场和微波技术专业高年级本科生、研究生的教材及参考书,或者相关专业高校教师的参考书,也可以作为相关专业和领域工程师的培训教材及参考书。

图书在版编目(CIP)数据

高等时域有限差分方法:并行、优化、加速、标准和工程应用/(美)余文华,李文兴著.—哈尔滨:哈尔滨工程大学出版社,2011.5

ISBN 978-7-81133-909-3

Ⅰ.①高… Ⅱ.①余… ②李… Ⅲ.①电磁波-时域分析-有限差分法 Ⅳ.①TM154.3

中国版本图书馆CIP数据核字(2011)第089826号

出版发行 哈尔滨工程大学出版社
社　　址 哈尔滨市南岗区东大直街124号
邮政编码 150001
发行电话 0451-82519328
传　　真 0451-82519699
经　　销 新华书店
印　　刷 哈尔滨工业大学印刷厂
开　　本 787mm×1092mm 1/16
印　　张 12.5
字　　数 295千字
版　　次 2011年5月第1版
印　　次 2011年5月第1次印刷
定　　价 38.00元
http://press.hrbeu.edu.cn
E-mail:heupress@hrbeu.edu.cn

序　言

随着计算机科学与技术的快速发展，计算电磁学已经成为天线和电路设计、电磁辐射和散射、电磁兼容和隐身、电磁防护和干扰分析等方面仿真的技术基础，由于时域有限差分(FDTD)方法的易用性、通用性和实用性，FDTD方法已经成为一种最有效的解决各类电磁问题和现象的计算电磁学工具，在工业、国防、通信、雷达、材料等领域的科学研究和工程技术应用中的作用越来越大，应用也越来越广泛。该书是一本关于高等时域有限差分方法——并行计算技术、程序优化技术、硬件加速技术、商业并行电磁仿真软件标准和工程应用的专著，不但全面系统地讲述了高等时域有限差分方法(FDTD)的基本原理，还结合作者多年的电磁仿真软件开发经验和实际应用研究成果，对时域有限差分方法的并行计算技术、程序优化技术、硬件加速技术及工程应用等进行了详细论述。该书图文并茂，给出了大量并行时域有限差分方法用于解决典型实际工程案例，包括并行仿真理论、方法、步骤和关键技术及硬件平台等。这对读者学习并行时域有限差分方法的理论和技术，无论是开发应用程序，还是解决实际工程问题，都有很大的帮助。

国际知名计算电磁学专家、宾夕法尼亚州立大学访问教授、我校特聘教授余文华博士具有丰富的计算电磁学研究和软件开发经验，已经出版了六部相关学术著作。主持开发了世界上第一个商业化的三维并行全波电磁仿真软件（General Electromagnetic Simulator）。余文华特聘教授和我校李文兴教授合著的高等时域有限差分方法——并行、优化、加速、标准和工程应用的专著，同其他著作相比，首次在著作中给出了并行时域有限差分法的矢量计算逻辑单元(VALU) 加速技术的原理和应用技术，在不增加硬件的情况下，能提高几倍的仿真速度，是开拓性的创新，希望能对读者有所帮助，促进计算电磁学的应用和发展。

刘志刚

哈尔滨工程大学校长

前　言

由于时域有限差分(FDTD)方法的易用性和通用性,其已经成为一种最有效解决各类电磁问题和现象的计算电磁学工具。到目前为止,已经有许多关于时域有限差分方法研究和工程应用的文献,包括基本理论和扩展方法,时域有限差分方法已经发展得相当成熟。本书与其他书的不同之处在于该书第一次引入矢量计算逻辑单元(VALU) 到计算电磁学中,并用于时域有限差分仿真加速。这种加速技术与 GPU 加速的本质不同在于,VALU 加速是对现有的 CPU 计算功能的扩展和充分利用而不需要任何额外的硬件设备。该书在介绍现代处理器的体系结构的基础上详细地介绍了使用 VALU 的时域有限差分方法的加速技术。

假设读者具有时域有限差分方法基础并且对其他的计算电磁学方法如矩量法(MoM)、有限元法(FEM)以及时域积分法(FIT)的基本概念有所了解。除此之外,读者也应具有基本的计算机及网络知识。计算机处理器中的每一个核至少包括一个浮点计算单元(FPU)和一个矢量计算逻辑单元(VALU),目前的电磁仿真软件都只用其一个核内的一个浮点计算单元和矢量计算逻辑单元的一部分。一个矢量计算逻辑单元可以同时操作在四个数的运算上,与浮点计算单元相比,它可以提高 4 倍的运算性能。该书介绍 VALU 应用于电磁仿真的加速技术以及它与 CPU 和 GPU 性能的比较。

目前市场上已有许多电磁仿真软件,如 GEMS 基于时域有限差分方法、HFSS 基于有限元法、CST 基于 FIT 以及 FEKO 基于 MoM。虽然它们有各自的优势,但是它们同时又有很大的相似性。也就是说,有许多问题都可以用这些方法很好地解决。虽然不同的软件厂商都有他们的技术参考书,但是到目前为止还没有一本书专门介绍它们的特点和性能比较,本书正是填补了这一空白。

本书分为六章。其中第 1 章介绍 FDTD,MoM,FEM 和 FIT 方法的基本知识。第 2 章介绍使用 VALU 加速时域有限差分方法仿真技术以及用于电磁仿真的效率分析。第 3 章介绍并行时域有限差分方法以及可能影响到时域有限差分仿真的硬件平台包括 CPU 类型和网络设备。第 4 章利用一些有代表性的例子介绍使用基于时域有限差分方法的仿真技术。这些技术可以使读者更好地使用已有的电磁仿真软件快速地得到最好的结果。第 5 章利用一些很简单的问题介绍几个流行的商业软件的特性与比较。这些比较并不代表任何软件制造商的观点,读者可以根据自己的经验得出自己的结论。我们不对结果的正确性和由于软件升级改进所产生的性能差别负责。第 6 章利用一些实际工程例子介绍先进的时域有限差分的工程应用和仿真技术。书后另附的 13 个附录介绍与时域有限差分仿真相关的数值处理技术和 PC 计算机集群的优化技术。

该书可以作为电磁场和微波技术专业高年级本科生或者研究生的教材及参考书,也可作为相关专业高校教师的参考书,以及相关专业和领域工程师的培训教材或者参考书。

我们十分感谢宾夕法尼亚州立大学 Raj Mittra 教授、杨小玲和刘永俊高级工程师为该书提供的仿真技术资料、仿真结果和工程实例、指导和帮助。我们也十分感谢韩国 T - Wave 公司、中国台湾亚东技术学院张道治教授、中国传媒大学高性能计算中心、法国 CT Systemes

Sarl、加拿大RIM公司饶亲江博士、日本SONY公司AkiraMuto、加拿大CODEV公司余明博士、东南大学王炎、北京交通大学李铮、上海802所李利博士、台湾元智大学黄能添博士、电子科学技术大学张泳和绍伟博士、法国通讯公司JoeWiat博士、IBM刘兑现博士、美国SEMTEC公司GaryBiddle、富士康公司(美国)Kit Ma博士、徐州师范大学赵雷博士浙江大学伊文言教授和王健博士为本书提供的测试例子和程序测试。

该书的原稿是英文,我们十分感谢哈尔滨工程大学信息与通信工程学院姜弢博士、陈炳才博士、刘玉梅博士、夏云龙博士和孙亚秀博士在该书翻译时提供的帮助与支持。

著　者

2011年1月

目　　录

第1章

计算电磁学引论

随着计算机科学与技术的快速发展,计算电磁学(Computational Electromagnetics)已经成为天线和电路单元设计、电磁辐射和散射、电磁兼容和干扰分析、电磁防护和治疗等的基本仿真工具。过去二十多年计算电磁学发展的历史告诉我们一个事实,计算机技术对计算电磁学的发展和计算电磁学方法本身的研究起到了同样重要的作用。许多商业的电磁仿真程序包,如 GEMS(www.2comu.com)是基于时域有限差分方法、HFSS(www.ansoft.com)是基于有限元法(Finite Element Method)、CST(www.cst.com)是基于有限积分技术 FIT(Finite Integral Technique)以及 FEKO(www.feko.com)是基于矩量法 MoM(Method of Moment)应运而生的并且已经广泛地应用于仿真各类电磁问题和现象。除此之外,还有许多非常好的学者和专家教授自己开发的软件也应用于解决各类电磁现象研究和工程应用。在这一章我们首先介绍时域有限差分方法的基本知识,然后简要介绍矩量法、有限元法和时域积分法。

1.1 时域有限差分方法

时域有限差分方法是一种基于差分概念上的数值方法,它是通过求解麦克斯韦(Maxwell)方程组来分析电磁波和三维空间物质的相互作用,并可获得在任何时刻三维空间中电磁场的分布。时域有限差分方法是用中心差分近似将麦克斯韦方程组的两个旋度方程即法拉第(Faraday)定理和安培(Ampere)定理在空间和时间上离散化得到一个差分方程组,用显式的时间和空间的递推方法求解时域有限差分方程组得到电场和磁场在每一时刻的空间分布。在这样的仿真过程中,我们所得到的电磁场的解具有二阶精度。须要注意的是,二阶精度的解只有在均匀网格情况下才能得到。任何非均匀网格都会使时域有限差分方法的解失去二阶精度,但是如果在非均匀网格中相邻网格大小比例小于一定的限度的话,时域有限差分方法的解在工程上是可以接受的。在过去的二十多年中,科学家们提出了许多对非均匀网格所带来的误差进行改进的方法。在基于中心差分的时域有限差分方法中,如果时间间隔满足一定的条件(Courant condition),时域有限差分的求解过程是稳定的。

1.1.1 时域有限差分递推方程

在余氏(Yee)的差分格式中,三维问题计算空间使用正方体网格离散化[1]。电场定义在沿着正方体的棱壁上,磁场定义在正方体表面上并且指向外法线方向,如图 1.1 所示。这样一个定义方式正好符合麦克斯韦方程组中右手螺旋法则,并且电场和磁场是关于电和磁网格对偶的。

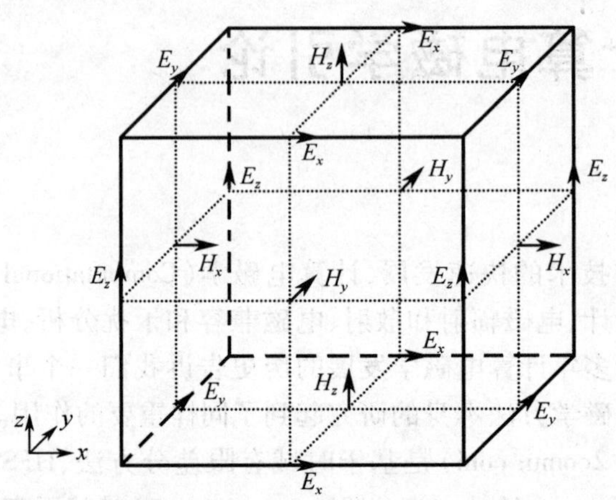

图 1.1 电场和磁场在余氏(Yee)差分格式中的位置

时域有限差分方法在时间域和空间域中使用矩形脉冲作为基函数,意思是说,电场沿着余氏网格的棱壁上是均匀分布的,磁场在余氏网格的每个面上也是均匀分布的。电场在时域中的采样时刻为 $n\Delta t$,并且它的值在时间间隔 $\left(n-\frac{1}{2}\right)\Delta t$ 到 $\left(n+\frac{1}{2}\right)\Delta t$ 内是不变的。类似地,磁场在时域中的采样时刻为 $\left(n+\frac{1}{2}\right)\Delta t$,并且它的值在时间间隔 $\left(n-\frac{1}{2}\right)\Delta t$ 到 $\left(n+\frac{1}{2}\right)\Delta t$ 内也是不变的。时域有限差分方法构造了下面两个麦克斯韦方程组中两个旋度方程的解为

$$\nabla\times \boldsymbol{E} = -\mu\frac{\partial \boldsymbol{H}}{\partial t} - \sigma_M \boldsymbol{H} \quad \text{(法拉第)} \tag{1.1a}$$

$$\nabla\times \boldsymbol{H} = \varepsilon\frac{\partial \boldsymbol{E}}{\partial t} + \sigma \boldsymbol{E} \quad \text{(安培)} \tag{1.1b}$$

应该指出的是,上面两个麦克斯韦方程的解是完备的,它们的解也满足另外两个麦克斯韦散度方程。

在笛卡儿坐标系中,我们重写方程式(1.1a)和式(1.1b)得到六个相互耦合的偏微分方程组为

$$\frac{\partial H_x}{\partial t} = \frac{1}{\mu_x}\left(\frac{\partial E_y}{\partial z} - \frac{\partial E_z}{\partial y} - \sigma_{Mx} H_x\right) \tag{1.2a}$$

$$\frac{\partial H_y}{\partial t} = \frac{1}{\mu_y}\left(\frac{\partial E_z}{\partial x} - \frac{\partial E_x}{\partial z} - \sigma_{My} H_y\right) \tag{1.2b}$$

$$\frac{\partial H_z}{\partial t} = \frac{1}{\mu_z}\left(\frac{\partial E_x}{\partial y} - \frac{\partial E_y}{\partial x} - \sigma_{Mz} H_z\right) \tag{1.2c}$$

$$\frac{\partial E_x}{\partial t}=\frac{1}{\varepsilon_x}\left(\frac{\partial H_z}{\partial y}-\frac{\partial H_y}{\partial z}-\sigma_x E_x\right) \tag{1.2d}$$

$$\frac{\partial E_y}{\partial t}=\frac{1}{\varepsilon_y}\left(\frac{\partial H_x}{\partial z}-\frac{\partial H_z}{\partial x}-\sigma_y E_y\right) \tag{1.2e}$$

$$\frac{\partial E_z}{\partial t}=\frac{1}{\varepsilon_z}\left(\frac{\partial H_y}{\partial x}-\frac{\partial H_x}{\partial y}-\sigma_z E_z\right) \tag{1.2f}$$

其中,ε 和 σ 是对应于电场的材料参数,μ 和 σ_M 是对应于磁场的材料参数。对于各向同性介质,这些参数的值沿着三个方向是相同的,也就是说,我们需要用一个标量来描述每一个参数。对于各向异性介质,这些参数的值沿着三个方向是不同的,我们需要用一个矢量来描述每一个参数。方程式(1.2a)到式(1.2f)所形成的时域有限差分方法可以用来模拟电磁波与复杂环境中任意三维物体之间的相互作用。如果我们使用传统的标记方式来描述离散时域和空域中的电场和磁场,它们可以表示为

$$E_x^n\left(i+\frac{1}{2},j,k\right)=E_x\left[\left(i+\frac{1}{2}\right)\Delta x,j\Delta y,k\Delta z,n\Delta t\right] \tag{1.3a}$$

$$E_y^n\left(i,j+\frac{1}{2},k\right)=E_y\left[i\Delta x,\left(j+\frac{1}{2}\right)\Delta y,k\Delta z,n\Delta t\right] \tag{1.3b}$$

$$E_z^n\left(i,j,k+\frac{1}{2}\right)=E_z\left[i\Delta x,j\Delta y,\left(k+\frac{1}{2}\right)\Delta z,n\Delta t\right] \tag{1.3c}$$

$$H_x^{n+\frac{1}{2}}\left(i,j+\frac{1}{2},k+\frac{1}{2}\right)=H_x\left[i\Delta x,\left(j+\frac{1}{2}\right)\Delta y,\left(k+\frac{1}{2}\right)\Delta z,\left(n+\frac{1}{2}\right)\Delta t\right] \tag{1.3d}$$

$$H_y^{n+\frac{1}{2}}\left(i+\frac{1}{2},j,k+\frac{1}{2}\right)=H_y\left[\left(i+\frac{1}{2}\right)\Delta x,j\Delta y,\left(k+\frac{1}{2}\right)\Delta z,\left(n+\frac{1}{2}\right)\Delta t\right] \tag{1.3e}$$

$$H_z^{n+\frac{1}{2}}\left(i+\frac{1}{2},j+\frac{1}{2},k\right)=H_z\left[\left(i+\frac{1}{2}\right)\Delta x,\left(j+\frac{1}{2}\right)\Delta y,k\Delta z,\left(n+\frac{1}{2}\right)\Delta t\right] \tag{1.3f}$$

从方程组(1.2)和(1.3)我们注意到,在时域有限差分方法中电场和磁场分布在时间和空间上是相互交错的。例如,在时刻 $n\Delta t$ 采样电场而在时刻 $\left(n+\frac{1}{2}\right)\Delta t$ 采样磁场;同样的,电场和磁场在空间上也是相互交错的,如图 1.1 所示。如果忽略它们在空间和时间上的相互错位将导致时域有限差分方法仿真结果的不精确或者是完全错误的。

使用式(1.3a)到式(1.3f)的表达方法,我们可以将式(1.2a)到式(1.2f)表达成为下面的显式递推形式[2-4],即

$$\begin{aligned}H_x^{n+\frac{1}{2}}\left(i,j+\frac{1}{2},k+\frac{1}{2}\right)=&\frac{\mu_x-0.5\Delta t\sigma_{Mx}}{\mu_x+0.5\Delta t\sigma_{Mx}}H_x^{n-\frac{1}{2}}\left(i,j+\frac{1}{2},k+\frac{1}{2}\right)+\\&\frac{\Delta t}{\mu_x+0.5\Delta t\sigma_{Mx}}\left[\frac{E_y^n\left(i,j+\frac{1}{2},k+1\right)-E_y^n\left(i,j+\frac{1}{2},k\right)}{\Delta z}\right]-\\&\frac{\Delta t}{\mu_x+0.5\Delta t\sigma_{Mx}}\left[\frac{E_z^n\left(i,j+1,k+\frac{1}{2}\right)-E_z^n\left(i,j,k+\frac{1}{2}\right)}{\Delta y}\right]\end{aligned} \tag{1.4a}$$

$$H_y^{n+\frac{1}{2}}\left(i+\frac{1}{2},j,k+\frac{1}{2}\right)=\frac{\mu_y-0.5\Delta t\sigma_{My}}{\mu_y+0.5\Delta t\sigma_{My}}H_y^{n-\frac{1}{2}}\left(i+\frac{1}{2},j,k+\frac{1}{2}\right)+$$

$$\frac{\Delta t}{\mu_y + 0.5\Delta t\sigma_{My}}\left[\frac{E_z^n\left(i+1,j,k+\frac{1}{2}\right)-E_z^n\left(i,j,k+\frac{1}{2}\right)}{\Delta x}\right]-$$

$$\frac{\Delta t}{\mu_y + 0.5\Delta t\sigma_{My}}\left[\frac{E_x^n\left(i+\frac{1}{2},j,k+1\right)-E_x^n\left(i+\frac{1}{2},j,k\right)}{\Delta z}\right] \tag{1.4b}$$

$$H_z^{n+\frac{1}{2}}\left(i+\frac{1}{2},j+\frac{1}{2},k\right)=\frac{\mu_z - 0.5\Delta t\sigma_{Mz}}{\mu_z + 0.5\Delta t\sigma_{Mz}}H_z^{n-\frac{1}{2}}\left(i+\frac{1}{2},j+\frac{1}{2},k\right)+$$

$$\frac{\Delta t}{\mu_z + 0.5\Delta t\sigma_{Mz}}\left[\frac{E_x^n\left(i+\frac{1}{2},j+1,k\right)-E_x^n\left(i+\frac{1}{2},j,k\right)}{\Delta y}\right]-$$

$$\frac{\Delta t}{\mu_z + 0.5\Delta t\sigma_{Mz}}\left[\frac{E_y^n\left(i+1,j+\frac{1}{2},k\right)-E_y^n\left(i,j+\frac{1}{2},k\right)}{\Delta x}\right] \tag{1.4c}$$

$$E_x^{n+1}\left(i+\frac{1}{2},j,k\right)=\frac{\varepsilon_x - 0.5\Delta t\sigma_x}{\varepsilon_x + 0.5\Delta t\sigma_x}E_x^n\left(i+\frac{1}{2},j,k\right)+$$

$$\frac{\Delta t}{\varepsilon_x + 0.5\Delta t\sigma_x}\left[\frac{H_z^{n+\frac{1}{2}}\left(i+\frac{1}{2},j+\frac{1}{2},k\right)-H_z^{n+\frac{1}{2}}\left(i+\frac{1}{2},j-\frac{1}{2},k\right)}{\Delta y}\right]-$$

$$\frac{\Delta t}{\varepsilon_x + 0.5\Delta t\sigma_x}\left[\frac{H_y^{n+\frac{1}{2}}\left(i+\frac{1}{2},j,k+\frac{1}{2}\right)-H_y^{n+\frac{1}{2}}\left(i+\frac{1}{2},j,k-\frac{1}{2}\right)}{\Delta z}\right] \tag{1.4d}$$

$$E_y^{n+1}\left(i,j+\frac{1}{2},k\right)=\frac{\varepsilon_y - 0.5\Delta t\sigma_y}{\varepsilon_y + 0.5\Delta t\sigma_y}E_y^n\left(i,j+\frac{1}{2},k\right)+$$

$$\frac{\Delta t}{\varepsilon_y + 0.5\Delta t\sigma_y}\left[\frac{H_x^{n+\frac{1}{2}}\left(i,j+\frac{1}{2},k+\frac{1}{2}\right)-H_x^{n+\frac{1}{2}}\left(i,j+\frac{1}{2},k-\frac{1}{2}\right)}{\Delta z}\right]-$$

$$\frac{\Delta t}{\varepsilon_y + 0.5\Delta t\sigma_y}\left[\frac{H_z^{n+\frac{1}{2}}\left(i+\frac{1}{2},j+\frac{1}{2},k\right)-H_z^{n+\frac{1}{2}}\left(i-\frac{1}{2},j+\frac{1}{2},k\right)}{\Delta x}\right] \tag{1.4e}$$

$$E_z^{n+1}\left(i,j,k+\frac{1}{2}\right)=\frac{\varepsilon_z - 0.5\Delta t\sigma_z}{\varepsilon_z + 0.5\Delta t\sigma_z}E_z^n\left(i,j,k+\frac{1}{2}\right)+$$

$$\frac{\Delta t}{\varepsilon_z + 0.5\Delta t\sigma_z}\left[\frac{H_y^{n+\frac{1}{2}}\left(i+\frac{1}{2},j,k+\frac{1}{2}\right)-H_y^{n+\frac{1}{2}}\left(i-\frac{1}{2},j,k+\frac{1}{2}\right)}{\Delta x}\right]-$$

$$\frac{\Delta t}{\varepsilon_z + 0.5\Delta t\sigma_z}\left[\frac{H_x^{n+\frac{1}{2}}\left(i,j+\frac{1}{2},k+\frac{1}{2}\right)-H_x^{n+\frac{1}{2}}\left(i,j-\frac{1}{2},k+\frac{1}{2}\right)}{\Delta y}\right] \tag{1.4f}$$

为了简单起见，我们在公式(1.4)中省去了材料参数的位置下标，实际上材料参数具有和相应的电磁场分量相同的位置下标。在上面的时域有限差分递推方程组(1.4)中，没有包含任何的显式或者隐式边界条件。因此，我们需要将递推方程组(1.4)与相应的初始条件和边界条件结合才能得到一个电磁问题的解。对于时域方法来讲，除非特别指出，否则初始时认为电磁场的值均为零。然而，空间边界条件的应用就显得复杂得多。我们在时域有限差分方法中需要处理两类边界条件问题。第一类是相互接触的物体具有不同的材料,在两种材料的交界面上材料的值具有不确定性,所以我们需要对交界面上的材料作特殊处理。例如,与电场相联系的物体个数可能有两个、三个或者最多四个,那么边界上的电参数值将与和它相连接的几种物质相关。对于非均匀网格,它的值还与相邻的网格尺寸大小有关。与之不同的是,磁材料仅与它穿过的两种材料和网格尺寸大小相关。对于弯曲表面,共形时域有限差分技术将处理弯曲的金属和介质表面[5,6]。第二类边界条件是计算区域的边界。我们可以将它们大体分为几类:(1)开放空间问题,如大部分辐射和散射问题,对于这类问题我们需要吸收边界条件消除问题空间边界的非物理反射,同时我们也希望优秀的吸收边界条件能使计算区域最小;(2)封闭空间问题,如谐振腔问题,我们可以用自然边界条件如电边界或者磁边界截断计算区域;(3)周期结构问题,如频率选择表面问题,虽然原始问题本身是无限大的,但是我们可以通过周期边界条件只仿真它的一个单元。周期边界条件的作用是把一个单元扩展为无限大的周期结构。

我们现在介绍在 FDTD 仿真中磁边界条件的应用技巧。因为磁场位于网格面的中点,所以它总与物体界面有半个网格的偏移,这个偏移将使磁边界的位置随着边界上的网格尺寸大小而变化。为了克服这个问题,我们通常把磁边界也同电边界一样定义在网格的边界上。换一种方式说,磁边界内侧磁场值是已知的,我们计算磁边界外侧磁场值时(它位于计算区域外,因此需要额外定义)需要通过磁边界条件来计算,磁边界上的电场需要通过磁边界内外的磁场计算。

在近些年时域有限差分方法的研究中,人们主要把精力集中在以下几个方面:用共形(Conformal)技术描述弯曲物体表面减少阶梯近似误差和用亚网格(Sub-gridding)技术实现局域网格细化描述局域细微结构[7-9];变换方向隐式技术(Alternative Direction Implicit (ADI) FDTD Algorithm)用于突破 Courant 条件的约束增加时间步长[10-11];基于时域有限差分方法而扩展出的新方法 MRTD(Multi-Resolution Time Domain)[12]和 PSTD(Pseudo-Spectrum Time Domain)[13]企图在矩形网格上得到最小的网格色散解。虽然这些方法在不同程度上克服了传统时域有限差分方法的一些缺点,然而它们都不能取代传统的时域有限差分方法,或者说,只是对传统时域有限差分方法的一些补充。与上面的策略不同,随着计算机科学和技术的发展,并行计算技术对时域有限差分方法的推动已远超上面的任何一种方法。更重要的是,并行计算技术可以更进一步地加强上面的任何一种方法,如共形时域有限差分方法[4,14-16]。并行计算技术的主要特点是把计算负担分配给计算机集群中的每一个计算机,也就是说,每一个计算机只需处理整个问题的一部分。

1.1.2　时域有限差分稳定性分析

当我们开发一个基于时间步进技术的计算电磁软件时,最重要的一点就是解的稳定性。时域有限差分方法的稳定特征依赖于差分格式、网格质量以及边界条件等诸多因素。例如,基于前向差分的时域有限差分方法是不稳定的;基于中心差分的时域有限差分方法是有条件稳定的;基于后向差分的时域有限差分方法是无条件稳定的,但是它的求解过程是隐式的。为了理解基于中心差分的时域有限差分方法的稳定特征,我们把色散关系表达为[4]

$$\omega = \frac{2}{\Delta t}\arcsin\left[c\Delta t\sqrt{\frac{1}{\Delta x^2}\sin^2\left(\frac{k_x\Delta x}{2}\right)+\frac{1}{\Delta y^2}\sin^2\left(\frac{k_y\Delta y}{2}\right)+\frac{1}{\Delta z^2}\sin^2\left(\frac{k_z\Delta z}{2}\right)}\right] \tag{1.5}$$

如果 ω 是一个虚数,电磁波 $\Psi(t,r)=\Psi_0 e^{j(\omega t-k\cdot r)}$ 要么很快衰减为零,要么以指数增长直至最后发散。而这取决于 ω 的虚部是正还是负。为了保证 ω 是一个实数,表达式(1.5)方括号中的表达式的值必须满足条件:

$$c\Delta t\sqrt{\frac{1}{\Delta x^2}\sin^2\left(\frac{k_x\Delta x}{2}\right)+\frac{1}{\Delta y^2}\sin^2\left(\frac{k_y\Delta y}{2}\right)+\frac{1}{\Delta z^2}\sin^2\left(\frac{k_z\Delta z}{2}\right)}\leqslant 1 \tag{1.6}$$

因为根号下的正弦项的最大可能值为1,为了得到稳定解,时域有限差分方法中的时间步长必须满足如下条件:

$$\Delta t\leqslant\frac{1}{c\sqrt{\frac{1}{\Delta x^2}+\frac{1}{\Delta y^2}+\frac{1}{\Delta z^2}}} \tag{1.7}$$

上述约束是时域有限差分方法的稳定条件,就是著名的 Courant 条件或者称为 Courant, Friedrichs 和 Lewy 条件[17]。方程式(1.7)告诉我们,时域有限差分方法中的时间步长是由 x, y, 和 z 方向的网格大小和介质中的光速决定的。

为了帮助读者进一步理解稳定条件式(1.7)的意义,对于一维情况,Courant 条件可以简化为 $\Delta t\leqslant\Delta x/c$。电磁波从第 n 个格点传播到第($n+1$)个格点的时间为 $\Delta t=\Delta x/c$。假设我们在时域有限差分中选择时间步长为 $\Delta t=\Delta x/c$,那么时域有限差分将在电磁波到达第($n+1$)个格点前产生非零解,这将违背因果律并将导致不稳定解。

1.1.3 吸收边界条件

对于一个开放空间问题,吸收边界条件在时域有限差分仿真中用于消除电磁波在计算区域边界的非物理反射,因此吸收边界条件在时域有限差分方法中起着极其重要的作用。虽然时域有限差分方法早在1966年就被提出了,但是当时它并没有被用于解决实际工程问题,主要原因是当时没有可利用的吸收边界条件。直到20世纪80年代,当 Mur 吸收边界条件[18]出现时,时域有限差分方法才用于解决实际问题。尽管今天看来 Mur 吸收边界条件很简单,但是它的确曾经用于解决许多工程实际问题。在之后的几年中,人们在改进 Mur 吸收边界条件方面做过许多尝试,具有代表性的是 Mei 和 Fang[19]的超吸收边界条件技术。Chew 把在力学研究中使用的 Liao 边界条件引入计算电磁学[20],其特性要比 Mur 吸收边界条件好得多,特别是对于倾斜入射波的情况。但是 Liao 边界条件的表现无论在精度还是在稳定性方面都有许多问题,因而人们迫切需要一个高效的吸收边界条件。PML(Perfectly Matched Layer)就是在这种背景下于1994年由法国数学家 J. P. Berenger 提出的[21]。他首先把 PML 的论文投到 IEEE 天线与电波会刊,然而由于种种原因论文并没有被录用。之后他又把它改投到计算数学杂志并于1994年刊出。除了 J. P. Berenger 外真正对 PML 发展有特殊贡献的是美国肯德基大学的 Steven Gedney 教授(他毕业于美国 UIUC,是 Prof. Mittra 的学生)[22]。PML 的几个版本都是基于 J. P. Berenger 的思想[22-24],但是它们之间并不等价,也就是说,它们的物理内涵是有本质区别的。PML 的出现彻底改变了时域有限差分方法的状况,使之与矩量法 MoM 和有限元法 FEM 并驾齐驱,成为计算电磁学的主要方法之一。换句话说,没有 PML 的出现,在解决工程实际问题方面,时域有限差分方法远不是 MoM 和 FEM 的对手。尽管之后的许多年中,人们一直试图把 PML 移植到 FEM 中,但是始终无法得到它在时域有限差分方法中的效果。进一步解释 PML 在 FEM 中的应用将超出本书的范围。

在不同版本的 PML 方法中,最具代表性最有效的一种是 CPML(Convolution PML),它是基于伸展坐标(Stretched Coordinate)PML 基础上的[23,24]。在 CPML 中,六个相互耦合的麦克斯韦方程的分量形式为[25]

$$\mathrm{j}\omega\varepsilon E_x + \sigma_x E_x = \frac{1}{S_y}\frac{\partial H_z}{\partial y} - \frac{1}{S_z}\frac{\partial H_y}{\partial z} \tag{1.8a}$$

$$\mathrm{j}\omega\varepsilon E_y + \sigma_y E_y = \frac{1}{S_z}\frac{\partial H_x}{\partial z} - \frac{1}{S_x}\frac{\partial H_z}{\partial x} \tag{1.8b}$$

$$\mathrm{j}\omega\varepsilon E_z + \sigma_z E_z = \frac{1}{S_x}\frac{\partial H_y}{\partial x} - \frac{1}{S_y}\frac{\partial H_x}{\partial y} \tag{1.8c}$$

$$\mathrm{j}\omega\mu_x H_x + \sigma_{Mx} H_x = \frac{1}{S_z}\frac{\partial E_y}{\partial z} - \frac{1}{S_y}\frac{\partial E_z}{\partial y} \tag{1.8d}$$

$$\mathrm{j}\omega\mu_y H_y + \sigma_{My} H_y = \frac{1}{S_x}\frac{\partial E_z}{\partial x} - \frac{1}{S_z}\frac{\partial E_x}{\partial z} \tag{1.8e}$$

$$\mathrm{j}\omega\mu_z H_z + \sigma_{Mz} H_z = \frac{1}{S_y}\frac{\partial E_x}{\partial y} - \frac{1}{S_x}\frac{\partial E_y}{\partial x} \tag{1.8f}$$

为了从式(1.8)中导出 CPML 的递推方程,我们首先对式(1.8a)取拉普拉斯(Laplace)变换获得如下方程,即

$$\varepsilon_x \frac{\partial E_x}{\partial t} + \sigma_x E_x = \bar{S}_y(t) * \frac{\partial H_z}{\partial y} - \bar{S}_z(t) * \frac{\partial H_y}{\partial z} \tag{1.9}$$

式中,$\bar{S}_y$和 $\bar{S}_z$分别是$\frac{1}{S_y}$和 $\frac{1}{S_z}$的拉普拉斯变换。

CPML 是要把式(1.9)转化成为一个具有和传统时域有限差分格式相似的显式递推形式。更进一步地,为了克服传统的 PML 的缺点,例如 CFL - PML 改进低频和表面波的吸收特性,因此把 S_x, S_y和 S_z 修正为

$$S_x = K_x + \frac{\sigma_{x,\mathrm{PML}}}{\alpha_x + \mathrm{j}\omega\varepsilon_0},\ S_y = K_y + \frac{\sigma_{y,\mathrm{PML}}}{\alpha_y + \mathrm{j}\omega\varepsilon_0},\ S_z = K_z + \frac{\sigma_{z,\mathrm{PML}}}{\alpha_z + \mathrm{j}\omega\varepsilon_0}$$

式中,$\alpha_x,\alpha_y,\alpha_z$ 和 $\sigma_{x,\mathrm{PML}},\sigma_{y,\mathrm{PML}},\sigma_{z,\mathrm{PML}}$是实数,$K_x,K_y,K_z$ 大于1。$\bar{S}_x$, $\bar{S}_y$ 和 $\bar{S}_z$可以通过拉普拉斯变换得到,即

$$\bar{S}_x = \frac{\delta(t)}{K_x} - \frac{\sigma_x}{\varepsilon_0 K_x}\exp\left[-\left(\frac{\sigma_{x,\mathrm{PML}}}{\varepsilon_0 K_x} + \frac{\alpha_{x,\mathrm{PML}}}{\varepsilon_0}\right)tu(t)\right] = \frac{\delta(t)}{K_x} + \xi_x(t) \tag{1.10}$$

$$\bar{S}_y = \frac{\delta(t)}{K_y} - \frac{\sigma_y}{\varepsilon_0 K_x}\exp\left[-\left(\frac{\sigma_{y,\mathrm{PML}}}{\varepsilon_0 K_y} + \frac{\alpha_{y,\mathrm{PML}}}{\varepsilon_0}\right)tu(t)\right] = \frac{\delta(t)}{K_y} + \xi_y(t) \tag{1.11}$$

$$\bar{S}_z = \frac{\delta(t)}{K_z} - \frac{\sigma_z}{\varepsilon_0 K_z}\exp\left[-\left(\frac{\sigma_{z,\mathrm{PML}}}{\varepsilon_0 K_z} + \frac{\alpha_{z,\mathrm{PML}}}{\varepsilon_0}\right)tu(t)\right] = \frac{\delta(t)}{K_z} + \xi_z(t) \tag{1.12}$$

式中,$\delta(t)$ 和 $u(t)$分别是冲击函数和阶梯函数。将式(1.11)和式(1.12)代入到式(1.9)中,我们得到

$$\varepsilon_x\varepsilon_0 \frac{\partial E_x}{\partial t} + \sigma_x E_x = \frac{1}{K_y}\frac{\partial H_z}{\partial y} - \frac{1}{K_z}\frac{\partial H_y}{\partial z} + \xi_y(t) * \frac{\partial H_z}{\partial y} - \xi_z(t) * \frac{\partial H_y}{\partial z} \tag{1.13}$$

我们很难直接求解式(1.13),因此我们引入一个新变量 $Z_{0y}(m)$,即

$$
\begin{aligned}
Z_{0y}(m) &= \int_{m\Delta t}^{(m+1)\Delta t} \xi_y(\tau)\,\mathrm{d}\tau \\
&= -\frac{\sigma_y}{\varepsilon_0 K_y^2}\int_{m\Delta t}^{(m+1)\Delta t} \exp\left[-\left(\frac{\sigma_{y,\mathrm{PML}}}{\varepsilon_0 K_y}+\frac{\alpha_{y,\mathrm{PML}}}{\varepsilon_0}\right)\tau\right]\mathrm{d}\tau \\
&= a_y \exp\left[-\left(\frac{\sigma_{y,\mathrm{PML}}}{K_y}+\alpha_{y,\mathrm{PML}}\right)\left(\frac{m\Delta t}{\varepsilon_0}\right)\right]
\end{aligned}
\tag{1.14}
$$

其中

$$
a_y = \frac{\sigma_{y,\mathrm{PML}}}{\sigma_{y,\mathrm{PML}}K_y + K_y^2\alpha_y}\left\{\exp\left[-\left(\frac{\sigma_{y,\mathrm{PML}}}{K_y}+\alpha_y\right)\left(\frac{m\Delta t}{\varepsilon_0}\right)\right]-1\right\}
\tag{1.15}
$$

在 PML 区域内部，利用式(1.14)和式(1.15)时域有限差分递推方程可以表示为

$$
\begin{aligned}
&\varepsilon_x\varepsilon_0\frac{E_x^{n+1}\left(i+\frac{1}{2},j,k\right)-E_x^{n}\left(i+\frac{1}{2},j,k\right)}{\Delta t}+\sigma_x\frac{E_x^{n+1}\left(i+\frac{1}{2},j,k\right)+E_x^{n}\left(i+\frac{1}{2},j,k\right)}{2} \\
&= \frac{H_z^{n+\frac{1}{2}}\left(i+\frac{1}{2},j+\frac{1}{2},k\right)-H_z^{n+\frac{1}{2}}\left(i+\frac{1}{2},j-\frac{1}{2},k\right)}{K_y\Delta y} - \\
&\quad \frac{H_y^{n+\frac{1}{2}}\left(i+\frac{1}{2},j,k+\frac{1}{2}\right)-H_y^{n+\frac{1}{2}}\left(i+\frac{1}{2},j,k-\frac{1}{2}\right)}{K_z\Delta z} + \\
&\quad \sum_{m=0}^{N-1} Z_{0y}(m)\frac{H_z^{n-m+\frac{1}{2}}\left(i+\frac{1}{2},j+\frac{1}{2},k\right)-H_z^{n-m+\frac{1}{2}}\left(i+\frac{1}{2},j-\frac{1}{2},k\right)}{K_y\Delta y} - \\
&\quad \sum_{m=0}^{N-1} Z_{0z}(m)\frac{H_y^{n-m+\frac{1}{2}}\left(i+\frac{1}{2},j,k+\frac{1}{2}\right)-H_y^{n-m+\frac{1}{2}}\left(i+\frac{1}{2},j,k-\frac{1}{2}\right)}{K_z\Delta z}
\end{aligned}
\tag{1.16}
$$

最后，我们可以将式(1.16)中的求和表示为显示递推，时域有限差分递推方程可进一步表示为

$$
\begin{aligned}
&\varepsilon_x\varepsilon_0\frac{E_x^{n+1}\left(i+\frac{1}{2},j,k\right)-E_x^{n}\left(i+\frac{1}{2},j,k\right)}{\Delta t}+\sigma_x\frac{E_x^{n+1}\left(i+\frac{1}{2},j,k\right)+E_x^{n}\left(i+\frac{1}{2},j,k\right)}{2} \\
&= \frac{H_z^{n+\frac{1}{2}}\left(i+\frac{1}{2},j+\frac{1}{2},k\right)-H_z^{n+\frac{1}{2}}\left(i+\frac{1}{2},j-\frac{1}{2},k\right)}{K_y\Delta y} - \\
&\quad \frac{H_y^{n+\frac{1}{2}}\left(i+\frac{1}{2},j,k+\frac{1}{2}\right)-H_y^{n+\frac{1}{2}}\left(i+\frac{1}{2},j,k-\frac{1}{2}\right)}{K_z\Delta z} + \\
&\quad \psi_{e_{x,y}}^{n+\frac{1}{2}}\left(i+\frac{1}{2},j,k\right)-\psi_{e_{x,z}}^{n+\frac{1}{2}}\left(i+\frac{1}{2},j,k\right)
\end{aligned}
\tag{1.17}
$$

其中

$$
\psi_{e_{x,y}}^{n+\frac{1}{2}}\left(i+\frac{1}{2},j,k\right) = b_y\psi_{e_{x,y}}^{n-\frac{1}{2}}\left(i+\frac{1}{2},j,k\right) +
$$

$$a_y \frac{H_z^{n+\frac{1}{2}}\left(i+\frac{1}{2},j+\frac{1}{2},k\right)-H_z^{n+\frac{1}{2}}\left(i+\frac{1}{2},j-\frac{1}{2},k\right)}{\Delta y} \tag{1.18}$$

$$\psi_{e_{x,z}}^{n+\frac{1}{2}}\left(i+\frac{1}{2},j,k\right)=b_z\psi_{e_{x,z}}^{n-\frac{1}{2}}\left(i+\frac{1}{2},j,k\right)+$$

$$a_z \frac{H_y^{n+\frac{1}{2}}\left(i+\frac{1}{2},j,k+\frac{1}{2}\right)-H_y^{n+\frac{1}{2}}\left(i+\frac{1}{2},j,k-\frac{1}{2}\right)}{\Delta z} \tag{1.19}$$

$$b_x=\exp\left[-\left(\frac{\sigma_{x,\mathrm{PML}}+\alpha_x}{K_x}\right)\left(\frac{\Delta t}{\varepsilon_0}\right)\right] \tag{1.20a}$$

$$b_y=\exp\left[-\left(\frac{\sigma_{y,\mathrm{PML}}+\alpha_y}{K_y}\right)\left(\frac{\Delta t}{\varepsilon_0}\right)\right] \tag{1.20b}$$

$$b_z=\exp\left[-\left(\frac{\sigma_{z,\mathrm{PML}}+\alpha_z}{K_z}\right)\left(\frac{\Delta t}{\varepsilon_0}\right)\right] \tag{1.20c}$$

方程式(1.17)正是我们所要寻找的显示递推方程。它既保持了非分裂 PML 的优点(麦克斯韦方程组在 PML 区域内外具有相似的形式),也克服了低频吸收差的缺点。应该说明的是,在几种不同的 PML 版本中,CPML 最简单而且计算效率最高。除此之外,CPML 的应用与我们所要仿真的材料特性无关,换句话说,CPML 的递推过程只和所选择的坐标系相关。与传统的时域有限差分方法相同,在 PML 区域内,电场的递推仅与它周围的磁场以及前一时刻的 ψ 有关。这个结论对于磁场的递推同样是适用的。CPML 在并行计算中和时域有限差分方法一样,不需要额外的数据传递,也就是说,它也非常适合并行计算。

假设变量 x 是从计算区域的外边界量起的,在 PML 中的导电率分布服从如下公式,即

$$\sigma(x)=\sigma_{\max}\left(\frac{d-x}{d}\right)^m \tag{1.21}$$

其中,指数 m 的值在 2 到 4 之间;d 是 PML 区域的厚度;$\sigma_{\max}$是在 PML 中导电率的最大值,并且可用如下公式计算,即

$$\sigma_{\max}=\frac{m+1}{200\pi\sqrt{\varepsilon_r}\Delta x} \tag{1.22}$$

假设变量 y 是从计算区域的外边界算起的,K_y的表达式为

$$K_y(y)=1+(K_{\max}-1)\frac{|d-y|^m}{d^m} \tag{1.23}$$

在时域有限差分程序开发中,CPML 的应用是很简单的。此外,如果我们适当地选择 $\alpha_x,\alpha_y,\alpha_z$,CPML 将具有很好的低频吸收特性。在 PML 区域,与导电率和介电常数不同,α_x,α_y,α_z 值的分布在计算区域的外边界最小,而在与计算区域相邻的边界上最大。

1.1.4　弯曲金属表面的共形技术

传统时域有限差分的缺点之一是它用矩形网格描述弯曲表面,当网格尺寸较大时这种描述将会产生较大的误差,这种误差被称为阶梯近似误差。从另一方面讲,也正是时域有限差分的矩形网格才使这种方法具有强大的吸引力。从理论上讲,时域有限差分的阶梯近似误差将随着网格尺寸的减小而减小。但是在这样一个规则下,我们必须为减小阶梯近似误

差付出很大的代价。例如,计算时间和网格尺寸的关系可以表示为 $O(h^4)$,其中 h 是网格尺寸大小。这就意味着,当网格尺寸减小一倍时,计算时间将变为原来的 16 倍。由此可见,企图通过减小网格尺寸来获得小的阶梯近似误差的办法显然是不可取的。在这一节,我们将介绍弯曲金属表面的共形技术,在这种方法中,我们仍然使用相对较大尺寸的矩形网格并通过对时域有限差分递推方程的修改来减小阶梯近似误差。我们通过总结回顾共形技术的历史开始,给出一种在工程上广泛使用的共形技术的细节[26-29]。

在阶梯近似方法中,一个时域有限差分网格要么完全充满金属要么是自由空间。在早期的时域有限差分方法中,一般是看一个网格的中心是在金属中还是在自由空间中,并由此来决定该网格是否用金属填充。虽然这只是一个很简单的动作,但是它能够对结果有重要的改进作用。

在一般情况下,我们说如果网格尺寸小于 $\lambda/60$,那么时域有限差分的解将非常接近理论上的真实值。在这一节所讨论的共形技术中,我们仍然要求网格尺寸大小在 $\lambda/20$ 到 $\lambda/15$之间。一般来将,阶梯近似误差的级别与网格分布、网格大小以及物体形状有关。下面我们将讨论共形方法。

最简单的共形方法是对角线近似,如果金属填充只近似在对角线的一侧,对角线近似可获得非常好的仿真结果。在对角线近似中,递推方程中使用的网格面积是正常面积的一半。我们不需要减小时间步长仍能保证解的稳定性。但是对于非均匀网格这种方法可能不稳定。

在对角线近似中,矩形的两个边位于金属内,也就是说,位于这两个边上的电场值为零。当我们计算位于这个网格内的磁场时,只有两个边上的电场对这个磁场有贡献。虽然这个方法简单,但是它对阶梯近似误差有重要改进。

Jurgens 等于 1992 年提出了一种新的共形技术[26],并用这种技术改进传统时域有限差分的阶梯近似误差。共形技术中的电场积分路径如图 1.2 所示。这种方法比对角线近似要精确,但是应用过程也要复杂得多。在这种方法中,如果一个变形网格大于一个正常网格的一半,我们把它作为一个独立的网格来处理,否则我们就把它并入到与它相邻的正常网格中,如图 1.2 所示。当我们计算虚线框中的磁场时,电场的积分路径如图 1.2 所示,其中沿着 PEC 表面的部分为零。我们使用同样的方法计算变形网格中的电场。这种方法除了比较复杂外,它的主要问题是后期不稳定。

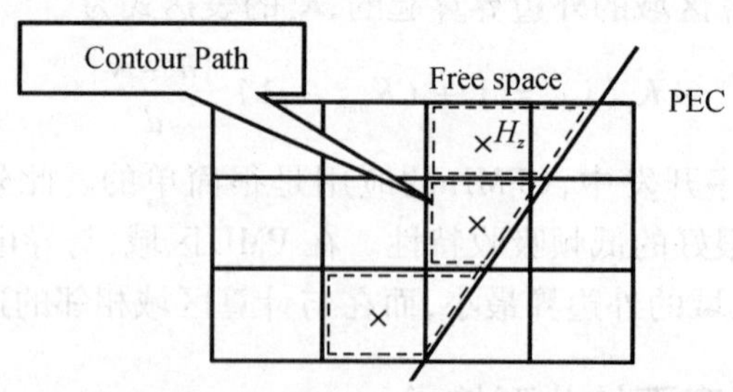

图 1.2　Jurgens 共形技术中计算磁场时电场的积分路径

在 1997 年, Dey 和 Mittra 在研究 Jurgens 方法的基础上提出了一种新的共形技术[27]。这种共形技术只修改磁场的递推方程,无论共形网格如何变化,磁场总是位于正常位置,如图 1.3 所示。求解磁场时电场的积分路径如图 1.3 所示,其中沿着 PEC 表面的部分为零。

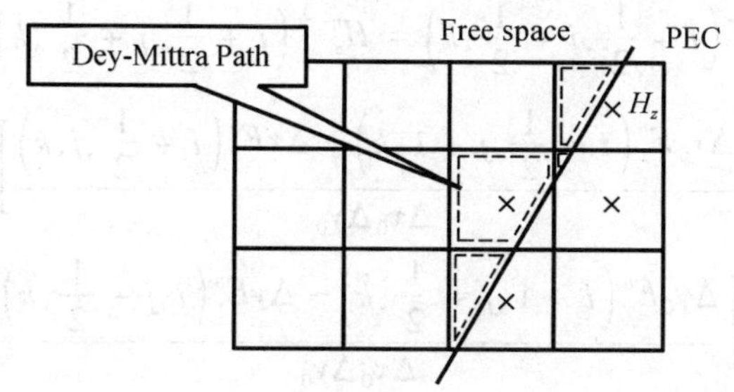

图 1.3　Dey – Mittra 共形技术中计算磁场时电场的积分路径

因为曲线框所围的面积可能小于正常网格的一半，所以为了得到稳定解这种方法要求减小时间步长，并且减小的程度取决于最小变形网格的面积。

在实际问题中，我们没有办法知道最小变形网格的面积，因此我们必须设定一个阈值，由这个阈值来决定我们所考虑的最小变形面积。递推过程中的时间步长也将由这个阈值来决定，这很可能使我们无法将这种技术应用于解决实际问题。与对角线近似和 Jurgens 方法相比，这种方法更为精确并且计算过程简单。除对角线近似外几乎所有的共形技术都要求计算时域有限差分网格与弯曲表面交叉的位置坐标，并由此来计算变形网格的面积和电场的积分路径。对于没有厚度的 PEC 面，这种方法是不稳定的。

下面的共形技术具有很实际的工程意义。在实际工程应用中，减小时间步长是一个很不切合实际的选择，因为这会在很大程度上降低仿真的效率。现在我们在 Dey – Mittra 方法的基础上稍作修正得到一种无条件稳定并且不用减少时间步长的共形技术[28, 29]。从图1.3我们知道 Dey – Mittra 方法的主要问题来自于小的变形网格。当计算磁场时我们假定电场的积分路径沿着正常的时域有限差分路径，如图 1.4 所示。在这种方法中，跨过金属表面的电场被分割为两段：一段位于金属内部，另一段位于金属外部。众所周知，位于金属内部的电场为零。因此，在磁场的递推中我们强迫它为零。这种共形技术保留了 Dey – Mittra 方法的优点，但是不用减小时间步长并且是无条件稳定的。下面我们给出更多关于这种方法的细节[28]。

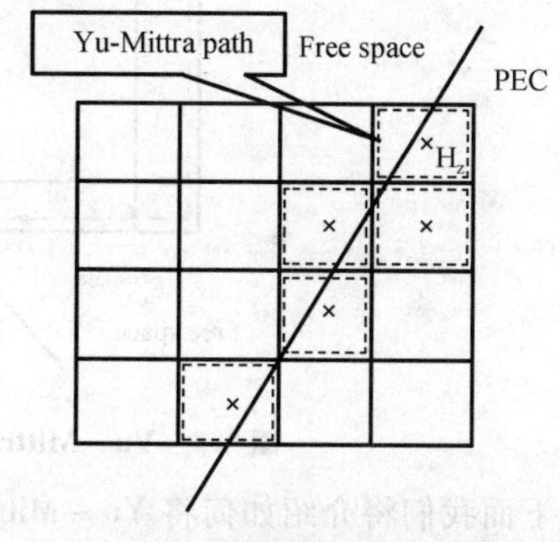

图 1.4　Yu – Mittra 共形技术中计算磁场时电场的积分路径

为了解决减小时间步长的问题，我们选择计算磁场的电场的积分路径与正常路径相同，如图 1.5 所示。磁场的位置仍然位于网格的中心，变形网格中的边长和电场的交叉位置都标在图 1.5 中。如果网格的尺寸很小，例如 1/20 到 1/15，我们可以忽略金属表面在一个网格内部的变化并且把曲线看作直线处理。这样我们只需关注网格与金属表面的交叉点。在实际应用中，我们需要求解一个直线和曲面或者平面的方程组。因为这个过程也是很费时间的，所以在实际中我们使用域分解技术加速求解过程。如前所述，穿过金属表面的电场被分为两段，而位于金属内部的电场等于零。在变形网格中磁场的递推方程可以表示为

$$H_z^{n+\frac{1}{2}}\left(i+\frac{1}{2},j+\frac{1}{2},k\right)=H_z^{n-\frac{1}{2}}\left(i+\frac{1}{2},j+\frac{1}{2},k\right)+$$
$$\frac{\Delta t}{\mu_z}\left[\frac{\Delta x_0 E_x^n\left(i+\frac{1}{2},j+1,k\right)-\Delta x E_x^n\left(i+\frac{1}{2},j,k\right)}{\Delta x_0\Delta y_0}\right]-$$
$$\frac{\Delta t}{\mu_z}\left[\frac{\Delta y_0 E_y^n\left(i+1,j+\frac{1}{2},k\right)-\Delta y E_y^n\left(i,j+\frac{1}{2},k\right)}{\Delta x_0\Delta y_0}\right] \tag{1.24}$$

公式(1.24)中的变量定义标明在图 1.5 中。因为法拉第环路以及它所包围的面积与传统的时域有限差分方法相同,仿真中时间步长同样遵从 Courant 条件。与 Dey - Mittra 方法相比,虽然这种方法的精度可能稍低一些,但是它具有计算效率高和无条件稳定等优点。

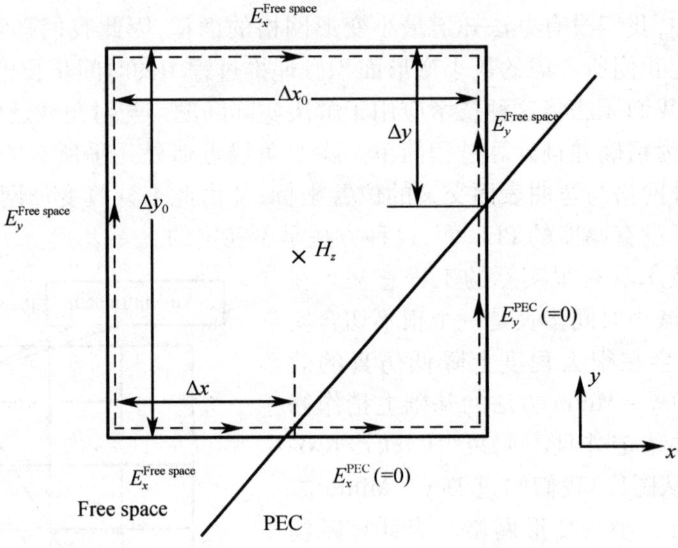

图 1.5　Yu - Mittra 共形技术中的积分路径与变量定义

下面我们将介绍如何将 Yu - Mittra 共形技术应用于薄金属结构问题,如图 1.6 所示。

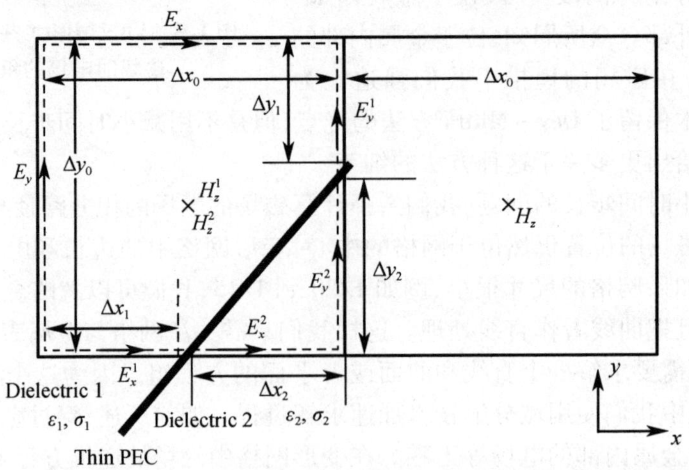

图 1.6　在 Yu - Mittra 共形技术中处理薄金属结构的积分路径与变量定义

方法的原理是相当简单的，然而实际实现确实是很复杂的。主要原因是，我们将在一个变形网格中定义两个磁场，在一个被截断的边上定义两个电场。这实际上破坏了时域有限差分计算的高性能特性，因为我们构造了一个链表用于存放变形网格中多出的电场和磁场。我们同样需要通过计算网格与金属两个曲面的交叉点得到金属外部的变形网格长度。如果金属的厚度可以忽略不计，我们只需求解网格与金属一个曲面的交叉点即可。同样对于足够小的网格尺寸，我们可以在一个网格内把金属表面当作平面处理。实质上基于矩形网格的时域有限差分方法也无法描述一个网格内部的形状变化。如果金属曲面的微小变化对计算结果影响很大，我们必须减小网格尺寸。

假设 H_z^1 和 H_z^2 是同一变形网格中的两个磁场，如图 1.6 所示，但是它们必须定义在同一个位置上。对应于 H_z^1 的四个电场为 E_y^1, E_x^1, E_x 和 E_y，磁场 H_z^1 的递推方程式可以表达为

$$\begin{aligned}H_z^{1,n+\frac{1}{2}}\left(i+\frac{1}{2},j+\frac{1}{2},k\right) &= H_z^{1,n-\frac{1}{2}}\left(i+\frac{1}{2},j+\frac{1}{2},k\right)+\\ &\frac{\Delta t}{\mu_z}\left[\frac{\Delta x_0 E_x^n\left(i+\frac{1}{2},j+1,k\right)-\Delta x_1 E_x^{1,n}\left(i+\frac{1}{2},j,k\right)}{\Delta x_0\Delta y_0}\right]-\\ &\frac{\Delta t}{\mu_z}\left[\frac{\Delta y_1 E_y^{1,n}\left(i+1,j+\frac{1}{2},k\right)-\Delta y_0 E_y^n\left(i,j+\frac{1}{2},k\right)}{\Delta x_0\Delta y_0}\right]\end{aligned}\tag{1.25}$$

同样地，磁场 H_z^2 对应于两个电场 E_x^2 和 E_y^2，磁场 H_z^2 的递推方程式可以表达为

$$\begin{aligned}H_z^{2,n+\frac{1}{2}}\left(i+\frac{1}{2},j+\frac{1}{2},k\right) &= H_z^{2,n-\frac{1}{2}}\left(i+\frac{1}{2},j+\frac{1}{2},k\right)-\\ &\frac{\Delta t}{\mu_z}\left[\frac{\Delta x_2 E_x^{2,n}\left(i+\frac{1}{2},j,k\right)}{\Delta x_0\Delta y_0}+\frac{\Delta y_2 E_y^{2,n}\left(i,j+\frac{1}{2},k\right)}{\Delta x_0\Delta y_0}\right]\end{aligned}\tag{1.26}$$

与 H_z^1 和 H_z^2 不同，H_z 虽然右边的网格并没有分裂，但是它的递推要用到同一边上的两个电场值。磁场 H_z 的递推方程式可以表达为

$$\begin{aligned}H_z^{n+\frac{1}{2}}\left(i+\frac{3}{2},j+\frac{1}{2},k\right) &= H_z^{n-\frac{1}{2}}\left(i+\frac{3}{2},j+\frac{1}{2},k\right)+\\ &\frac{\Delta t}{\mu_z}\left[\frac{\Delta x_0 E_x^n\left(i+\frac{3}{2},j+1,k\right)-\Delta x_0 E_x^n\left(i+\frac{3}{2},j,k\right)}{\Delta x_0\Delta y_0}\right]-\\ \frac{\Delta t}{\mu_z}&\left[\frac{\Delta y_0 E_y^n(i+2,j+\frac{1}{2},k)-\Delta y_1 E_y^{1,n}\left(i+1,j+\frac{1}{2},k\right)-\Delta y_1 E_y^{2,n}\left(i+1,j+\frac{1}{2},k\right)}{\Delta x_0\Delta y_0}\right]\end{aligned}\tag{1.27}$$

最后，被截断边上的电场 E_y^1 和 E_y^2 可表达为

$$\begin{aligned}E_y^{1,n+1}\left(i,j+\frac{1}{2},k\right) &= \frac{\varepsilon_{1,y}-0.5\sigma_{1,y}\Delta t}{\varepsilon_{1,y}+0.5\sigma_{1,y}\Delta t}E_y^{1,n}\left(i,j+\frac{1}{2},k\right)+\\ \frac{\Delta t}{\varepsilon_{1,y}+0.5\sigma_{1,y}\Delta t}&\left[\frac{H_x^{n+\frac{1}{2}}\left(i,j+\frac{1}{2},k+\frac{1}{2}\right)-H_x^{n+\frac{1}{2}}\left(i,j+\frac{1}{2},k-\frac{1}{2}\right)}{\Delta z_0}\right]-\end{aligned}$$

$$\frac{\Delta t}{\varepsilon_{1,y}+0.5\sigma_{1,y}\Delta t}\left[\frac{H_z^{n+\frac{1}{2}}\left(i+\frac{1}{2},j+\frac{1}{2},k\right)-H_z^{1,n+\frac{1}{2}}\left(i-\frac{1}{2},j+\frac{1}{2},k\right)}{\Delta x_0}\right] \tag{1.28a}$$

$$E_y^{2,n+1}\left(i,j+\frac{1}{2},k\right)=\frac{\varepsilon_{2,y}-0.5\sigma_{2,y}\Delta t}{\varepsilon_{2,y}+0.5\sigma_{2,y}\Delta t}E_y^{2,n}\left(i,j+\frac{1}{2},k\right)+$$
$$\frac{\Delta t}{\varepsilon_{2,y}+0.5\sigma_{2,y}\Delta t}\left[\frac{H_x^{n+\frac{1}{2}}\left(i,j+\frac{1}{2},k+\frac{1}{2}\right)-H_x^{n+\frac{1}{2}}\left(i,j+\frac{1}{2},k-\frac{1}{2}\right)}{\Delta z_0}\right]-$$
$$\frac{\Delta t}{\varepsilon_{2,y}+0.5\sigma_{2,y}\Delta t}\left[\frac{H_z^{n+\frac{1}{2}}\left(i+\frac{1}{2},j+\frac{1}{2},k\right)-H_z^{2,n+\frac{1}{2}}\left(i-\frac{1}{2},j+\frac{1}{2},k\right)}{\Delta x_0}\right] \tag{1.28b}$$

在2000年之后,共形技术又有了一些新的发展[30,31],但是这些发展都把时域有限差分变得过于复杂而很难应用于解决实际问题。

1.1.5 介质体弯曲表面的共形技术

因为当电磁波入射到介质体的时候既有反射也有透射,所以弯曲介质表面的共形技术与金属结构的处理不同,但是介质体共形技术在时域有限差分方法中也同样是非常重要的。即便是介质体表面与网格一致的情况下,我们也同样需要用介质体共形技术来描述物体表面的材料变化。众所周知,差分形式的麦克斯韦方程组是建立在空间点上的,所以它不隐含任何边界条件。也就是说,我们必须对有介质突变的表面作特殊处理。与之不同的是,积分形式的麦克斯韦方程组本身就包含边界条件信息,即它可以直接应用于有材料变化的物体表面。虽然我们称之为介质共形技术,但是实际上它是一种计算等效介电常数的方法。

为了引入介质共形技术,首先考查当介质体表面与网格重合时的情况,如图1.7所示。对于在边界上的切向电场分量,与它相对应的安培环路分布分别位于两种不同的介质体内。安培环路定理要求其环路内的材料是均匀的。在介质体共形技术中,我们需要求解等效介质材料的分布值,而这个分布值与安培环路所包含的材料有关。

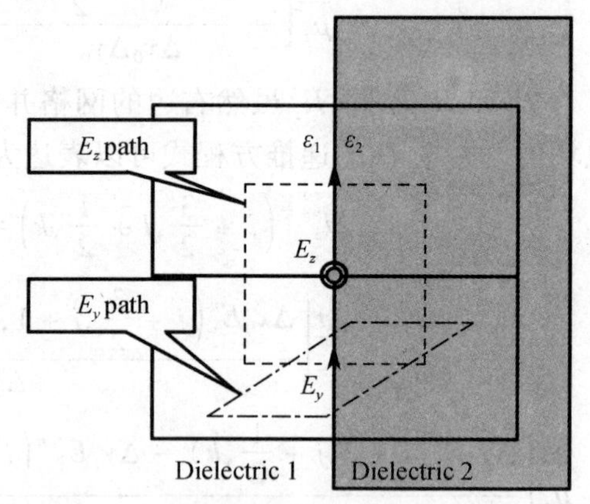

图1.7 与网格共形的介质表面和电场所对应的安培环路

一个很有效的方法是直接取交界面两侧介质参数的加权平均得到等效电参数,然后把等效的电参数赋予电场所对应的位置。通过这样一个简单的操作,我们可以在大多数应用中得到非常满意的结果。例如,利用这种方法计算介质体的表面阻抗,所得到的结果与理论值吻合得很好。

从1990年开始,人们就开始研究介质体弯曲表面的共形技术,并取得了一系列的进展[32-35]。但这些方法都企图得到一些精确的结果而把问题变得更加复杂。例如,对于部分填充的网格,我们通过三维积分求出介质填充区所占一个网格体积的比例,从而得到这个部分填充网格的等效电参数。为了改进这种方法,有人提出用面积积分代替体积积分以简化运算复杂性。但是,它们的一个共同特点就是存在不确定性。例如,图 1.8 所示的情况,电场 E_y 在介质 2 内,与之对应的介电常数应该与介质 2 的介电常数相同。如果我们按照上面所述的方法,网格 1 充满等效介电常数,那么与 E_y 对应的就不再是介质 2 的介电常数了。这显然和真实的物理模型相矛盾。

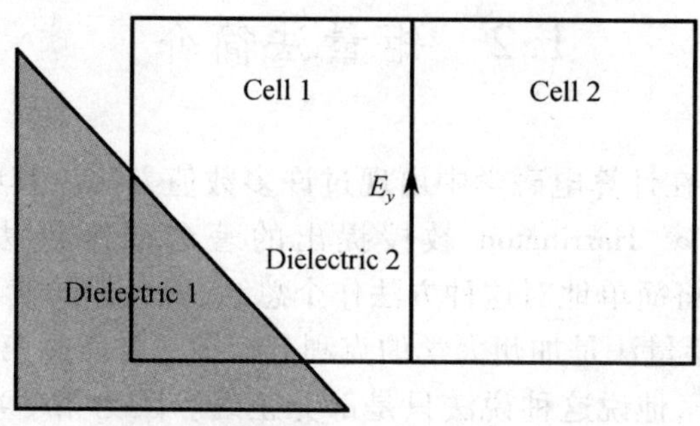

图 1.8　部分填充网格等效介电常数的计算方法

为了简化计算且避免上面的混淆问题,我们对上面的方法稍作修正[36]。在修正的方法中,我们不用作任何积分而只是像金属体共形技术那样只需求解网格与介质表面的交叉点即可,如图 1.9 所示。网格的一个边被介质体表面截断,与它对应的介电常数将是两种介电常数的加权平均。这种做法与不被介质体表面截断的网格无关,这与实际的物理模型吻合。现在这种做法完全避免了二维或者三维积分,所以计算简化了许多。

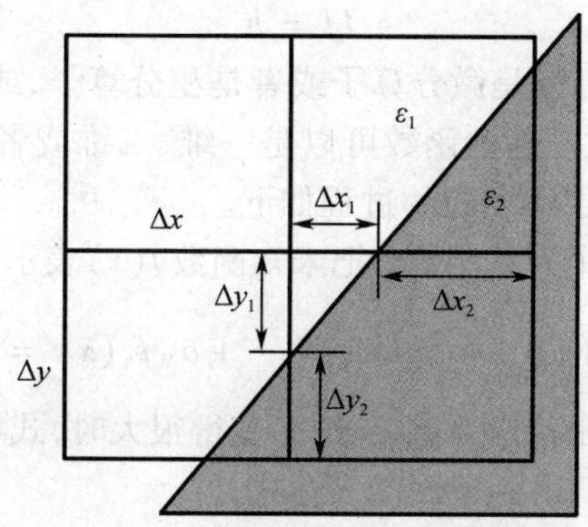

图 1.9　基于边界加权平均的改进介质共形技术方案

我们假设介质 1 和介质 2 的介电常数为 ε_1, σ_1 和 ε_2, σ_2;Δx_1 和 Δx_2 是被截断网格边在介质 1 和介质 2 中的长度。对应于被截断边的等效介电常数可表示为

$$\varepsilon_x^{\mathrm{eff}} = \frac{\varepsilon_2(\Delta x - \Delta x_1) + \varepsilon_1 \Delta x_1}{\Delta x} \tag{1.29}$$

$$\varepsilon_y^{\mathrm{eff}} = \frac{\varepsilon_2(\Delta y - \Delta y_1) + \varepsilon_1 \Delta y_1}{\Delta y} \tag{1.30}$$

$$\sigma_x^{\mathrm{eff}} = \frac{\sigma_2(\Delta x - \Delta x_1) + \sigma_1 \Delta x_1}{\Delta x} \tag{1.31}$$

$$\sigma_y^{\mathrm{eff}} = \frac{\sigma_2(\Delta y - \Delta y_1) + \sigma_1 \Delta y_1}{\Delta y} \tag{1.32}$$

式中，$\Delta x_1 = \Delta x - \Delta x_2$，$\Delta y_1 = \Delta y - \Delta y_2$。从上面的方程我们可以看到，对应于被截断边的等效介电常数是唯一的。这种算法也像金属体共形技术一样只需计算网格线与介质体表面的交叉点。不同的是求出等效介电常数后，我们不再修正电场或者磁场的递推公式。

1.2 矩量法简介

在过去的几十年中，在计算电磁学中出现过许多数值方法。其中最重要的方法之一是在 1968 年由美国科学家 Harrington 教授提出的著名的矩量法（MoM, Method of Moments）[37, 38]。我们下面将简单地对这种方法作个总结，有兴趣的读者可参考有关矩量法的专著或者论文。有人说矩量法是加州大学伯克利分校梅冠香教授第一次提出来的。作者曾经向 Raj Mittra 教授求证，他说这种说法只是部分正确。因为第一次将矩量法的概念引入计算电磁学的人是前苏联的一位数学家。矩量法是当前被广泛应用的一种计算电磁学方法。它已广泛地应用于求解各类电磁辐射和散射问题。在这种方法中，我们首先构造并求解一个算子方程，通常是一个微分方程或者是一个积分方程。其未知量可以展开为有限数量的基函数，该过程被称为离散化。通过算子方程和一组试探函数的标量积运算得到一个矩阵方程组。这个矩阵方程可以通过直接法或者迭代法求解。迭代法通常用于求解大的矩阵方程组。

一个典型的算子方程可以表达为

$$Lf = h \tag{1.33}$$

式中，L 是一个线性算子，它可以是微分算子或者是积分算子，或者是它们的联合；h 是一个已知函数；f 是一个待求函数。这些函数可以是一维、二维或者三维空间中的标量，也可以是矢量。我们总结用矩量法求解问题的过程如下。

（1）选择 $f_1, f_2, \cdots, f_N$ 作为基函数，把未知函数 $f(x)$ 表示为

$$f(x) \approx a_1 f_1(x) + a_2 f_2(x) + \cdots + a_N f_N(x) = \sum_{n=1}^{N} a_n f_n(x) \tag{1.34}$$

式中，$a_n (n = 1, 2, \cdots, N)$ 是待求系数。当 N 变得很大时，式（1.34）会变得比较精确。将式（1.34）代入式（1.33），我们得到下面的表达式，即

$$\sum_{n=1}^{N} a_n L f_n(x) \approx h(x) \tag{1.35}$$

（2）选择一组加权基函数 $w_1, w_2, \cdots, w_n$，我们用方程式（1.34）中的每一项乘这些函数。然后在定义域内对它们积分得到一个线性方程式，即

$$\sum_{n=1}^{N} Z_{mn} L a_n = b_m, \quad m = 1,2,3,\cdots,N \tag{1.36}$$

其中

$$Z_{mn} = \int w_m(x) L f_n \mathrm{d}x \tag{1.37}$$

$$b_m = \int w_m(x) h(x) \mathrm{d}x \tag{1.38}$$

我们可以通过求解方程式（1.34）的系数 $a_n (n = 1, 2, \cdots, N)$ 来计算未知函数 $f(x)$。

如果问题仅仅包含金属物体,未知量仅存在物体表面,即这是一个二维问题。如果问题空间包含介质体,因为未知量分布在三维空间,其个数通常比二维问题要大得多,因此矩量法将不是很有效。

在矩量法中,对于一个未知量个数为 N 的问题来说,内存的要求是与 N^2 成正比,即 $O(N^2)$。如果使用高斯消去法求解矩阵方程组,其浮点运算量与 N^3 成正比,即 $O(N^3)$。如果使用共轭梯度法求解矩阵方程组,其浮点运算量将为 $O(N_iN^2)$。其中,指标 i 是预设的误差控制数。与差分方法相比,矩量法是很费时的并且内存使用量也要大得多。

快速多级子(FMM)是一种数学方法,它是用来加速长距离大范围问题运算的。它是通过把系统的格林函数进行多级展开并且允许把空间位置上相邻的一组源组合在一起,然后把它们作为单一源来处理。

快速多级子方法已经用于计算电磁学中加速矩量法的迭代求解过程。快速多级子方法第一次被 Greengard 和 Rokhlin 做加速运算是通过矢量 Helmholtz 方程的多级展开的。通过处理相距距离较远的基函数之间的相互作用,相应的矩阵单元就不需要显示存储了,这将使内存大量节省。如果快速多级子方法用作级连方式的话,它可以用于简化迭代求解器中的复杂矩阵矢量乘积运算,即从 $O(N^2)$ 减少到 $O(N\log N)$。现在人们已经把快速多级子方法从矩量法引入到更多的问题,而这些问题以前是很难求解或者是不可能求解的。

由 Greengard 和 Rokhlin 提出的快速多级子方法已经被公认为是 20 世纪最有效的十大计算方法之一。快速多级子方法可以被用来有效地减少矩阵矢量乘积,因此它可以用来解决许许多多的实际物理模型。

1.3　有限元法简介

由于它的灵活性和万能性,有限元方法(FEM, Finite Element Method)已经成为最强大的数值计算工具之一[39, 40]。它已经被成功地用在复杂结构、热问题、流体问题、半导体以及电磁问题中。这种方法特别适用于复杂形状的波导和谐振腔等封闭或者半封闭问题。对于开放空间的电磁问题,受吸收边界条件的限制,它通常要求在物体和吸收边界之间有一个很大的空间。

有限元方法的公式通常是通过变分法或者加立金(Galerkin)法构造出来的,Galerkin 法具有更好的灵活性。用有限元方法解决问题的基本步骤如下:

(1) 构造一个与微分方程对应的等效变分方程;

(2) 把问题空间离散化成一些小单元,并对单元和节点排序;

(3) 在每一个子域内作函数插值;

(4) 从等效变分问题导出线性方程组;

(5) 求解线性方程组。

下面我们将简要地介绍有限元法的基本思想,即标量有限元方法和矢量有限元方法。

1.3.1　标量有限元法

在有限元方法中有几个常用的变分公式,其中最简单的一个是标量公式。在有限元近似中，我们在整个问题空间用系统离散化变量代替基本变量。我们首先把问题空间划分为小的计算单元，通常每个小单元是三角形或者四面体。三角形单元是最常用的离散化方式，因为它很容易实现与复杂物体表面的共形。最简单的三角形单元假设三角形顶点的场值是一个线性插值。通过已知的形状函数把场值用节点上的值来表达。合成的场分量在整个域内是连续的。例如，为了计算由一个分布电荷在空间 Ω 所产生的位函数 φ 的分布，我们需要求解泊松方程，即

$$\nabla\cdot(\varepsilon\,\nabla\varphi) = -\rho \tag{1.39}$$

为了计算在节点上的场值，常用的方法 Rayleigh - Ritz 是强迫函数关于节点变量连续稳定。我们得到矢量本征值问题如下：

$$\boldsymbol{K\varphi} = \boldsymbol{b} \tag{1.40}$$

式中，$\boldsymbol{K}$ 是一个 $N\times N$ 系统矩阵；$\boldsymbol{\varphi}$ 是一个未知的 $N\times 1$ 矢量；$\boldsymbol{b}$ 是一个已知矢量，它是由电荷和边界条件决定的。有许多种方法可以解方程式(1.40)得到未知矢量 $\boldsymbol{\varphi}$。

1.3.2 矢量有限元法

标量有限元可以通过矢量有限元得到，这是非常重要的，因为大部分的三维问题都需要表达成矢量场。然而，在实际应用中一些矢量有限元会受到空间波或者非物理波的影响而与真实解混合在一起。

例如，我们计算由一个电流密度 $\boldsymbol{J}_{\text{imp}}$ 在计算域 Ω 内产生的场。计算域充满了材料 ε 和 μ。场在计算域 Ω 满足方程

$$\nabla\times\left(\frac{1}{\mu_r}\nabla\times\boldsymbol{E}\right) - k_0^2\varepsilon_r\boldsymbol{E} = -\mathrm{j}k_0Z_0\boldsymbol{J}_{\text{imp}} \tag{1.41}$$

式中，ε_r 和 μ_r 分别是自由空间中的相对电导率和磁导率，$k_0=\varepsilon\sqrt{\varepsilon_0/\mu_0}$ 是自由空间中的传播常数，$Z_0=\sqrt{\varepsilon_0/\mu_0}$ 是自由空间的波阻抗。

与标量有限元一样，将边界条件到引入到式(1.41)中，我们可得到下面的方程：

$$\boldsymbol{KE} = \boldsymbol{b} \tag{1.42}$$

式中，$\boldsymbol{E}$ 是待求的未知矢量；$\boldsymbol{K}$ 是系统矩阵；$\boldsymbol{b}$ 是已知矢量，由电荷和边界条件决定。

1.4 有限积分法简介

有限积分法(FIT，Finite Integration Technique)是麦克斯韦方程组的另外一种求解方法。它是由 Weiland 在 1977 年提出来的[41]，有限积分法可以看作是时域有限差分方法的一般形式，并且它也与有限元法相似。Weiland 提出了一个与麦克斯韦方程组相似的一套代数方程，并且具有和麦克斯韦方程组相同的解。通过在一个对偶电磁单元上离散化积分形式的麦克斯韦方程组得到如下方程：

$$\boldsymbol{C}e = \frac{\mathrm{d}}{\mathrm{d}t}b \tag{1.43a}$$

$$\widetilde{\boldsymbol{C}}h = \frac{\mathrm{d}}{\mathrm{d}t}d + j \tag{1.43b}$$

$$\boldsymbol{S}b = 0 \tag{1.43c}$$

$$\widetilde{\boldsymbol{S}}b = q \tag{1.43d}$$

式中,e 是电节点之间的电压;$h\hat{A}$ 是磁节点之间的磁压;d,b 和 $j\hat{A}$ 是流过网格面的通量,如图 1.10 所示。

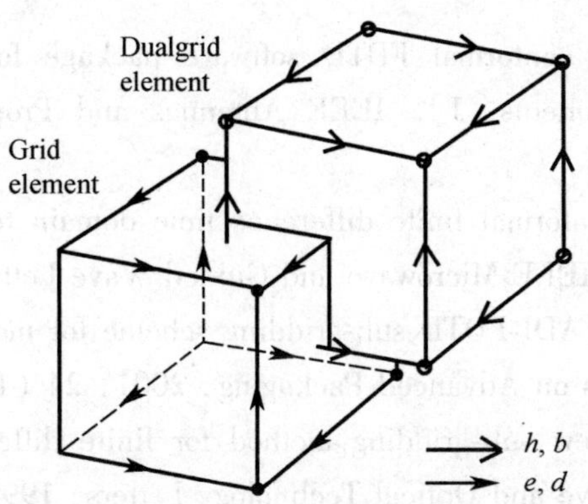

图 1.10 在有限积分法中电压和通量的相对位置

由于方程组(1.43)与麦克斯韦方程组的对应关系,拓扑矩阵 $\boldsymbol{C},\widetilde{\boldsymbol{C}},\boldsymbol{S}\hat{A}$ 和 $\widetilde{\boldsymbol{S}}\hat{A}$ 对应于麦克斯韦方程中的旋度和散度算子。经离散化之后,材料关系成为

$$d = \boldsymbol{M}_{\varepsilon} e \tag{1.44}$$

$$b = \boldsymbol{M}_{\mu} h \tag{1.45}$$

$$j = \boldsymbol{M}_{k} e + j_{A} \tag{1.46}$$

式中,$\boldsymbol{M}_{\varepsilon},\boldsymbol{M}_{\mu}$ 和 $\boldsymbol{M}_{k}$ 是描述材料特性的矩阵。对于给定的网格,关系方程组(1.43)是准确的。离散化的显式递推关系可表达为

$$h^{i+1} = h^{i} - \Delta t \boldsymbol{M}_{\mu}^{-1} \boldsymbol{C} e^{i+\frac{1}{2}} \tag{1.47}$$

$$e^{i+\frac{3}{2}} = e^{i+\frac{1}{2}} + \Delta t \boldsymbol{M}_{\varepsilon}^{-1} (\widetilde{\boldsymbol{C}} e^{i+1} - j^{i+1}) \tag{1.48}$$

当满足 Courant 条件

$$\Delta t \leqslant \frac{1}{c\sqrt{\dfrac{1}{\Delta x^{2}} + \dfrac{1}{\Delta y^{2}} + \dfrac{1}{\Delta z^{2}}}} \tag{1.49}$$

递推方程式(1.47)和式(1.48)的解是稳定的。当离散化网格是矩形时,有限积分法就成为时域有限差分方法。

参 考 文 献

[1] Yee K. Numerical solution of initial boundary value problems involving maxwell's equations in isotropic media[J]. IEEE Transactions on Antennas and Propagation, 1966, 14(5): 302 - 307.

[2] Taflove A, Hagness S. Computational electromagnetics: the finite-difference time-domain

method[M]. 3rd ed. Norwood: Artech house, 2005.

[3] Yu W, Mittra R. Conformal finite-difference time-domain maxwell's equations solver: software and user's guide[M]. Norwood: Artech House, 2004.

[4] Yu W, Mittra R, Su T, et al. Parallel finite difference time domain method[M]. Norwood: Artech House, 2006.

[5] Yu W, Mittra R. A conformal FDTD software package for modeling of antennas and microstrip circuit components[J]. IEEE Antennas and Propagation Magazine, 2000, 5 (42): 28-39.

[6] Yu W, Mittra R. A conformal finite difference time domain technique for modeling curved dielectric surfaces[J]. IEEE Microwave and Guided Wave Letters, 2001, 11 (1): 25-27.

[7] Wang B. A hybrid 2-D ADI-FDTD sub-gridding scheme for modeling On-Chip interconnects [J]. IEEE Transactions on Advanced Packaging, 2001, 24 (11): 528-533.

[8] Yu W, Mittra R. A new sub-gridding method for finite difference time domain (FDTD) Algorithm[J]. Microwave and Optical Technology Letters, 1999, 21 (5): 330-333.

[9] Marrone M, Mittra R, Yu W. A novel approach to deriving a stable hybrid FDTD algorithm using the cell method[J]. IEEE AP-S URSI, 2003,4: 340-343.

[10] Namiki T. A new FDTD algorithm based on alternating-direction implicit method[J]. IEEE Transactions on Microwave Theory and Techniques, 1999, 47 (10): 2003-2007.

[11] Zheng F, Chen Z, Zhang J. Toward the development of a three-dimensional unconditionally stable finite-difference time-domain method[J]. IEEE Transactions on Microwave Theory and Techniques, 2000, 48 (9):1550-1558.

[12] Chao Y, Cao Q, Mittra R. Multiresolution time domain scheme for electromagnetic engineering[M]. New York:John Wiley & Sons, 2005.

[13] Liu Q. The PSTD algorithm: a time-domain method requiring only two cells per wavelength [J]. Microwave and Optical Technology Letters,1997, 15 (2) : 158-165.

[14] Guiffaut C, Mahdjoubi K. A parallel FDTD algorithm using the mpi library[J]. IEEE Antennas and Propagation Magazine,2001, 43 (2):94-103.

[15] Yu W, Yang X, Liu Y, et al. New direction in computational electromagnetics solving large problems using the parallel fdtd on the Bluegene/L supercomputer yielding teraflop-level performance[J]. IEEE Antennas and Propagation Magazine,2008, 50 (23): 20-42.

[16] Yu W, Liu Y, Su T, et al. A robust parallel conformal finite difference time domain processing package using mpi library[J]. IEEE Antennas and Propagation Magazine,2005, 47 (3): 39-59.

[17] Courant R, Friedrichs K, Lewy H. Uber die partielle differenzengleichungen Der mathematische physik[J]. Math, An, 1928, 100 : 32-74.

[18] Mur G. Absorbing boundary conditions for the finite-difference approximation of the time-domain electromagnetic field equations [J]. IEEE Transactions on Electromagnetic Compatibility, 1981, 23 (3): 377-382.

[19] Mei K, Fang J. Superabsorption—a method to improve absorbing boundary conditions[J].

IEEE Transactions on Antennas and Propagation, 1992, 40 (9): 1001 - 1010.

[20] Liao Z, Wong H, Baipo Y, et al. A transmitting boundary for transient wave analyzes[J]. Scientia Sinica (Series A), 1984, 27 (10): 1062 - 1076.

[21] Berenger J. A perfectly matched layer medium for the absorption of electromagnetic waves [J]. Comput, 1994, 114(10):185 - 200.

[22] Gedney S. An anisotropic perfectly matched layer-absorbing medium for the truncation of fdtd lattices[J]. IEEE transactions on antennas and propagation, 1996, 44 (12): 1630 - 1639.

[23] Chew W, Wood W. A 3-D perfectly matched medium from modified maxwell's equations with stretched coordinates[J]. Microwave and Optical Technology Letters, 1994, 7: 599 - 604.

[24] Chew W, Jin J, Michielssen E. Complex coordinate stretching as a generalized absorbing boundary condition [J]. Microwave And Optical Technology Letters, 1997, 15 (6): 363 - 369.

[25] Roden J, Gedney S. Convolution PML (CPML): an efficient fdtd implementation of the cfspml for arbitrary medium [J]. Microwave and Optical Technology Letters, 2000, 27 (5): 334 - 339.

[26] Jurgens T, Taflove A, Moore K. Finite-difference time-domain modeling of curved surfaces (EM Scattering) [J]. IEEE Transactions on Antennas and Propagation, 1992, 40 (4): 357 - 366.

[27] Dey S, Mittra R. A locally conformal finite-difference time-domain (fdtd) algorithm for modeling three-dimensional perfectly conducting objects[J]. IEEE Microwave and Guided Wave Letters, 1997, 7 (9): 273 - 275.

[28] Yu W, Mittra R. A conformal fdtd software package for modeling of antennas and microstrip circuit components[J]. IEEE Antennas and Propagation Magazine, 2000, 42 (5): 28 - 39.

[29] Yu W, Mittra R. Conformal finite-difference time-domain Maxwell's equations solver: software and user's guide[M]. Norwood: Artech House, 2004.

[30] Xiao T, Liu Q H. Enlarged cells for the conformal FDTD method to avoid the time step reduction[J]. IEEE Microwave and Wireless Components Letter, 2004, 14 (12):553.

[31] Zagorodnov A, Schuhmann R, Weiland T. A uniformly stable conformal FDTD-method in Cartesian grids [J]. International Journal of Numerical Modelling: Electronic Networks, Devices and Fields, 2003, 16: 127 - 141.

[32] Liang X, Zakim K. Modeling of cylindrical dielectric resonators in rectangular waveguides and cavity[J]. IEEE Transactions on Microwave Theory and Techniques, 1993, 41 (12): 2174 - 2181.

[33] Marcysiak M, Gwarek W. Higher order modeling of media surfaces for enhanced FDTD analysis of microwave circuits[J]. 24th European Microwave Conf., 1994, 2:1530 - 1535.

[34] Kaneda N, Houshm B, Itoh T. FDTD analysis of dielectric resonators with curved surfaces [J]. IEEE Transactions on Microwave Theory and Techniques, 1997, 45 (9): 1645 -

1649.

[35] Dey S, Mittra R. A Conformal finite-difference time-domain technique for modeling cylindrical dielectric resonators [J]. IEEE Transactions on Microwave Theory and Techniques, 1999, 47(9): 1737-1739.

[36] Yu W, Mittra R. A conformal finite difference time domain technique for modeling curved dielectric Surfaces[J]. IEEE Microwave and Wireless Components Letters, 2001, 11(1): 25-27.

[37] Harrington R F. Time-harmonic electromagnetic fields[M]. New York: Wiley-IEEE Press, 2001.

[38] Peterson A, Mittra R. Computational methods for electromagnetics[M]. New York: Wiley-IEEE Press, 1997.

[39] Rahman B, Fernandez F, Davies J. Review of finite element methods for microwave and optical waveguides[J]. Proceedings of the IEEE, 1999, 79(10):1442-1448.

[40] Jin M J. The finite element method in electromagnetics[M]. 2nd ed. New York: John Wiley & Sons, 2002.

[41] Clemens M, Weiland T. Discrete electromagnetics with the finite integration technique[J]. PIERS, 2001, 32: 65-87.

第2章

FDTD 优化和加速技术

在这一章中，我们介绍基于矢量逻辑运算单元（VALU，Vector Arithmetic Logic Unit）的FDTD 加速技术[1]。从 Intel 奔腾 4 CPU 开始 VALU 就是一个 CPU 的基本单元，所以这种加速技术除了在程序上的改动外，不需要增加任何硬件设备。与 GPU 加速相比，VALU 加速具有明显的优势。VALU 加速的一个独一无二的优点是，它对 CPU 的性能改进一定比不使用 VALU 时速度快。同样的结论并不适合于 GPU 加速，所以近段时间我们经常听到关于GPU 加速的抱怨。现在普通 CPU 中都存在两个至十二个 VALU 单元，由于 VALU 可以同时进行四个运算并且产生四个结果，因此与浮点单元相比（FPU，Floating-Point Unit）VALU 可以使运算速度提高四倍。然而，普通的 FDTD 程序，无论用 C 语言还是 FORTRAN 语言都只能使用 FPU 或者 VALU 中的一个单元。通过使用 VALU 加速技术，FDTD 程序可以得到十分显著的加速。

随着计算机科学和技术突飞猛进的发展，单个计算机的计算能力在过去的几年里已经得到很大的改进[1-6]。使用 64 位操作系统，我们可以很容易地在一台普通的计算机上安装 8 GB 或者 16 GB 内存用于解决电大尺寸问题。我们甚至可以在一台计算机上安装几百 GB 的内存。目前电磁仿真的主要瓶颈是内存带宽。多核计算机、计算机集群、VALU 以及 GPU 都在不同程度上改进了电磁仿真的性能。

在这一章，我们考查时域有限差分程序在不同的硬件平台如多核 CPU、CPU 结合VALU、计算机集群以及 GPU 上的性能。在各种不同的计算电磁学方法中，FDTD 方法是一种天然的并行方法，因为它只要求在相邻的子域之间交换其交界面上的场值，所以它很适合在各种并行平台上作超大规模电磁场并行计算。并行计算的实际效率不仅取决于 FDTD 程序的编写方式，而且还取决于物理模型、硬件平台，如 CPU 类型、网络系统、I/O 性能以及操作系统。并行 FDTD 程序开发要么基于 Open Multiple Processing（OpenMP）[4] 要么基于Message Passing Interface（MPI）library[7]。OpenMP 是为了有效使用多核处理器而开发的；MPI 库是为了利用分布式的计算资源而开发的。除此之外，单指令多数据（SIMD，Single Instruction and Multiple Data）与 OpenMP 和 MPI 配合也是为了利用 VALU 和 GPU 加速 FDTD仿真速度[8-10]。

多核处理器和计算机集群在过去几年里已经广泛地用于求解各类电磁问题。虽然有许多关于 GPU 的加速计算问题的文献已发表，但是当 GPU 用于解决实际电磁问题时仍有许多的问题需要解决。更多关于 GPU 加速的内容读者可以参考有关的文献。在这一章中,我们将介绍一种基于 VALU 的新加速技术,VALU 是在普通 CPU 中的一个基本单元。在 CPU 中的每一个物理核都包括一个浮点运算器和一个矢量逻辑计算单元,这个矢量逻辑计算单元是通过 Steaming SIMD Extensions (SSE) 来操作的。一个矢量逻辑计算单元包括一个长字节运算单元,对于一个 32 位实数,矢量逻辑计算单元每次可以同时在四个运算器上操作,即每次得到四个结果。在 Intel CPU 中,Intel 早在 1999 年就被 SSE 引入到 Pentium 3 CPU。在 2005 年 4 月,AMD 在 Athlon 64 CPU 中引入一个 SSE3 的子集。没有使用 VALU 加速的传统的 FDTD 程序只能使用 CPU 中的 FPU 或者 VALU 中的一个单元。然而,原理上 VALU 可以加速 FDTD 程序使其运算速度提高四倍。基于 VALU 的 FDTD 程序的性能取决于 FDTD 程序的结构,如递推方程、边界条件、材料的数据结构、近远场变换、色散媒质类型以及共形技术。

2.1 CPU 结构简介

在多核处理器中,每一个核都有自己的缓存、FPU 和 VALU, 如图 2.1 所示。不像 FPU, VALU 允许我们同时在四个实数运算上操作,我们使用 VALU 通过 SIMD 指令集加速并行 FDTD 仿真。

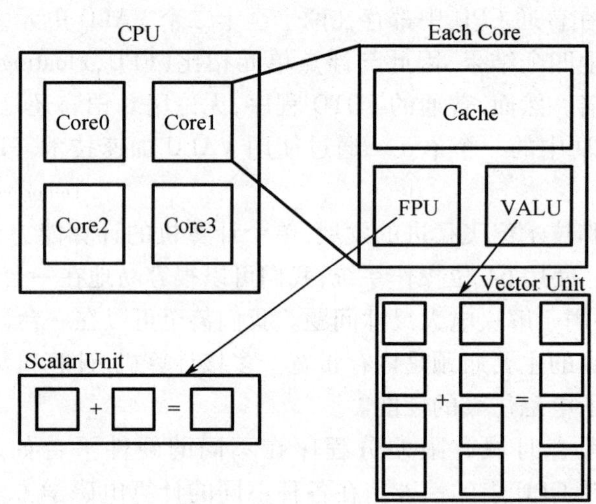

图 2.1 包括 FPU 和 VALU 的 CPU 结构

早些年的 Intel 奔腾 4 处理器以及奔腾 D 处理器可以在每两个时钟周期执行一个 SIMD 指令。Intel 用单个时钟周期就可以执行 128 bit 宽的 SSE 指令。我们可以使用 Intel 的 Streaming SIMD (SSE/SSE2/SSE3) 指令集来加速 FDTD 的仿真速度。

2.2 SSE 指令集

SSE 是一个新的 SIMD 对 Intel 奔腾Ⅲ和 AMD AthlonXP 处理器的扩展。SSE 增加了一个额外的寄存空间[2]。正是由于这个寄存空间,SSE 仅能够用在支持它的操作系统上。从 Windows 98后的所有 Windows 系统都支持 SSE,从 Linux2.2 之后的 Linux 系统也都支持 SSE。

SSE 新增加了 8 个 128 bit 寄存器,并且把它们分为四个 32 bit（单精度）浮点数值。这些寄存器的名字为从 XMM0 到 XMM7。这个额外的控制寄存器 MXCSR，也可以用于控制和检查 SSE 指令集的状态。

SSE 有 70 个新指令集,这些指令集用于操作 128 bit 寄存器,MMX 寄存器就是通常的 32 bit 寄存器。为了不引起混淆,我们将保持下面关于 SSE 指令集的部分,而不把它们译成中文,如表 2.1 所示。

表 2.1　SSE 指令集

Pnemonic	Bit Location	Description
FZ	Bit 15	Flush To Zero
R +	Bit 14	Round Positive
R -	Bit 13	Round Negative
RZ	Bits 13 and 14	Round To Zero
RN	Bits 13 and 14 are 0	Round To Nearest
PM	Bit 12	Precision Mask
UM	Bit 11	Underflow Mask
OM	Bit 10	Overflow Mask
ZM	Bit 9	Divide By Zero Mask
DM	Bit 8	Denormal Mask
IM	Bit 7	Invalid Operation Mask
DAZ	Bit 6	Denormals Are Zero
PE	Bit 5	Precision Flag
UE	Bit 4	Underflow Flag
OE	Bit 3	Overflow Flag
ZE	Bit 2	Divide By Zero Flag
DE	Bit 1	Denormal Flag
IE	Bit 0	Invalid Operation Flag

FZ mode causes all underflowing operations to simply go to zero. This saves some processing time, but loses precision.

The R + , R - , RN, and RZ rounding modes determine how the lowest bit is generated. Normally, RN is used.

PM, UM, OM, ZM, DM, and IM are masks that tell the processor to ignore the exceptions that happen, if they do. This keeps the program from having to deal with problems, but might cause invalid results.

DAZ tells the CPU to force all Denormals to zero. A Denormal is a number that is so small that FPU cannot renormalize it due to limited exponent ranges. They are just like normal numbers, but they take considerably longer to process. Note that not all processors support DAZ.

PE, UE, OE, ZE, DE, and IE are the exception flags that are set if they happen, and are not unmasked. Programs can check these to see if something interesting happened. These bits are "sticky", which means that once they're set, they stay set forever until the program clears them. This means that the indicated exception could have happened several operations ago, but nobody bothered to clear it.

DAZ was not available in the first version of SSE. Since setting a reserved bit in MXCSR causes a general protection fault, we need to be able to check the availability of this feature without causing problems. To do this, one needs to set up a 512-byte area of memory to save the SSE state to, using fxsave, and then one needs to inspect bytes 28 through 31 for the MXCSR_MASK value. If bit 6 is set, DAZ is supported, otherwise, it is not.

SSE – OpCode List

addps—— Adds 4 single-precision (32bit) floating-point values to 4 other single - precision floating-point values.

addss—— Adds the lowest single-precision values, top 3 remain unchanged.

subps—— Subtracts 4 single-precision floating - point values from 4 other single-precision floating - point values.

subss—— Subtracts the lowest single-precision values, top 3 remain unchanged.

mulps—— Multiplies 4 single-precision floating-point values with 4 other single - precision values.

mulss—— Multiplies the lowest single-precision values, top 3 remain unchanged.

divps—— Divides 4 single-precision floating-point values by 4 other single-precision floating-point values.

divss—— Divides the lowest single-precision values, top 3 remain unchanged.

rcpps—— Reciprocates (1/x) 4 single-precision floating-point values.

rcpss—— Reciprocates the lowest single-precision values, top 3 remain unchanged.

sqrtps—— Square root of 4 single-precision values.

sqrtss—— Square root of lowest value, top 3 remain unchanged.

rsqrtps—— Reciprocal square root of 4 single-precision floating-point values.

rsqrtss—— Reciprocal square root of lowest single-precision value, top 3 remain unchanged.

maxps—— Returns maximum of 2 values in each of 4 single-precision values.

maxss—— Returns maximum of 2 values in the lowest single-precision value. Top 3 remain unchanged.

minps—— Returns minimum of 2 values in each of 4 single-precision values.

minss—— Returns minimum of 2 values in the lowest single-precision value, top 3 remain unchanged.

pavgb—— Returns average of 2 values in each of 8 bytes.

pavgw—— Returns average of 2 values in each of 4 words.

psadbw—— Returns sum of absolute differences of 8 8bit values. Result in bottom 16 bits.

pextrw—— Extracts 1 of 4 words.

pinsrw—— Inserts 1 of 4 words.

pmaxsw—— Returns maximum of 2 values in each of 4 signed word values.

pmaxub—— Returns maximum of 2 values in each of 8 unsigned byte values.

pminsw—— Returns minimum of 2 values in each of 4 signed word values.

pminub—— Returns minimum of 2 values in each of 8 unsigned byte values.

pmovmskb—— builds mask byte from top bit of 8 byte values.

pmulhuw—— Multiplies 4 unsigned word values and stores the high 16bit result.

pshufw—— Shuffles 4 word values. Takes 2 128bit values (source and dest) and an 8-bit immediate value, and then fills in each Dest 32-bit value from a Source 32-bit value specified by the immediate. The immediate byte is broken into 42-bit values.

Logic:

andnps—— Logically ANDs 4 single-precision values with the logical inverse (NOT) of 4 other single-precision values.

andps—— Logically ANDs 4 single-precision values with 4 other single-precision values.

orps—— Logically ORs 4 single-precision values with 4 other single-precision values.

xorps—— Logically XORs 4 single-precision values with 4 other single-precision values.

Compare:

cmpxxps—— Compares 4 single-precision values.

cmpxxss—— Compares lowest 2 single-precision values.

comiss—— Compares lowest 2 single-recision values and stores result in EFLAGS.

ucomiss—— Compares lowest 2 single-precision values and stores result in EFLAGS. (QNaNs don't throw exceptions with ucomiss, unlike comiss.)

Compare Codes (the xx parts above):

eq—— Equal to.

lt—— Less than.

le—— Less than or equal to.

ne—— Not equal.

nlt—— Not less than.

nle—— Not less than or equal to.

ord—— Ordered.

unord—— Unordered.

Conversion:

cvtpi2ps—— Converts 2 32bit integers to 32bit floating-point values. Top 2 values remain unchanged.

cvtps2pi—— Converts 2 32bit floating-point values to 32bit integers.

cvtsi2ss—— Converts 1 32bit integer to 32bit floating-point value. Top 3 values remain unchanged.

cvtss2si—— Converts 1 32bit floating-point value to 32bit integer.

cvttps2pi—— Converts 2 32bit floating-point values to 32bit integers using truncation.

cvttss2si—— Converts 1 32bit floating-point value to 32bit integer using truncation.

State:

fxrstor—— Restores FP and SSE State.

fxsave—— Stores FP and SSE State.

ldmxcsr—— Loads the mxcsr register.

stmxcsr—— Stores the mxcsr register.

Load/Store:

movaps—— Moves a 128bit value.

movhlps—— Moves high half to a low half.

movlhps—— Moves low half to upper halves.

movhps—— Moves 64bit value into top half of an xmm register.

movlps—— Moves 64bit value into bottom half of an xmm register.

movmskps—— Moves top bits of single-precision values into bottom 4 bits of a 32bit register.

movss—— Moves the bottom single-precision value, top 3 remain unchanged is another xmm register, otherwise they're set to zero.

movups—— Moves a 128bit value. Address can be unaligned.

maskmovq—— Moves a 64bit value according to a mask.

movntps—— Moves a 128bit value directly to memory, skipping the cache. (NT stands for "Non Temporal".)

movntq—— Moves a 64bit value directly to memory, skipping the cache.

Shuffling:

shufps—— Shuffles 4 single-precision values.

unpckhps—— Unpacks single-precision values from high halves.

unpcklps—— Unpacks single-precision values from low halves.

Cache Control:

prefetchT0—— Fetches a cache-line of data into all levels of cache.

prefetchT1—— Fetches a cache-line of data into all but the highest levels of cache.

prefetchT2—— Fetches a cache-line of data into all but the two highest levels of cache.

prefetchNTA—— Fetches data into only the highest level of cache, not the lower levels.

sfence—— Guarantees that all memory writes issued before the sfence instruction are completed before any writes after the sfence instruction.

With prefetching, it's okay to access an invalid memory location (i. e. off the end of an array) — however, generating the address must not fault.

2.3 缓存优化

缓存优化在 FDTD 程序优化中起着非常重要的作用,它决定着我们将怎样有效地使用 CPU 计算单元。在各类缓存中,L1 缓存比其他的缓存和内存都快得多,如图 2.2 所示。

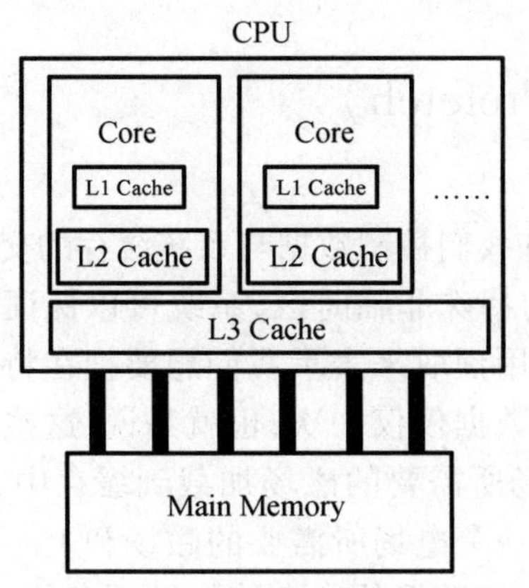

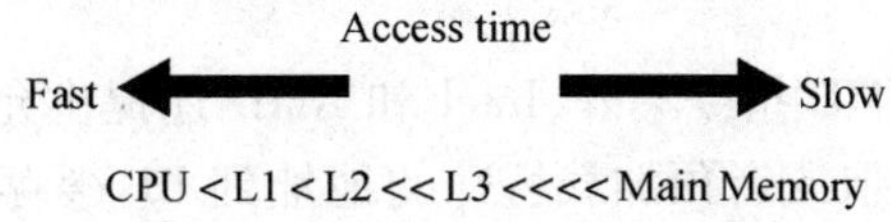

图 2.2　CPU 中各级缓存优化级别

容量较大的 L1,L2 和 L3 缓存能够使 CPU 的性能在 FDTD 仿真中得到最大的发挥。

2.4　任务并行和捆绑

使用 OpenMP，根据可利用的计算核的个数，FDTD 仿真任务将被分为几段，并且每一部分任务分配给一个核。但是，任务可能在几个核之间相互切换，如图 2.3 所示。任务之间的相互切换将使计算效率大幅地下降。因此，我们需要通过把任务绑定在特定的核上来改进计算效率。

图 2.3 所示的工作流程中的低效率可以通过将任务绑定到固定的核上而得到改进，如图 2.4 所示。

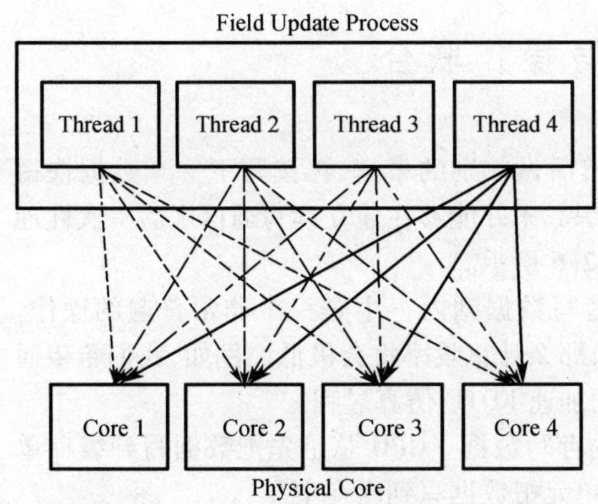

图 2.3　OpenMP 在多核处理器上的工作流程

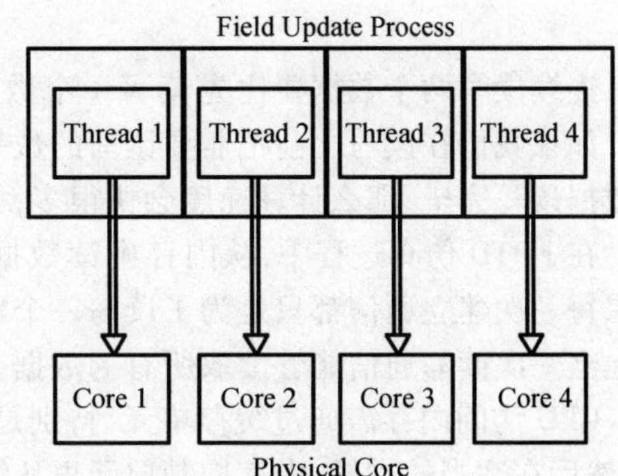

图 2.4　在多核处理器中的任务绑定状态

2.5 预取（Prefetch）

除了 SIMD 指令集外，Intel 和 AMD 还提供允许我们控制数据与系统缓存的交互。我们可以利用预取或者预加载特殊的地址到 L1 缓存的特殊非临时区，系统可以保证这个非临时区的数据不清除缓存内的数据。本质上，我们使用预取来表示我们想要把在特殊地址里的数据放在缓存里，所以我们能够读取或者写这些数据仅仅一次，也就是说，这些数据永远不再使用。例如，在计算电场之前，我们把计算电场所需要的磁场加载到缓存中，如图 2.5 所示。当运算器计算电场的时候，我们将把计算下一个电场所需要的磁场和上一时刻的电场放在缓存里。通过为下一步计算准备数据而减少把数据从内存读取到缓存的时间，而这一部分时间在 FDTD 仿真中对计算速度起决定作用。使用这样的方式，我们可以非常有效地提升 FDTD 的仿真速度。

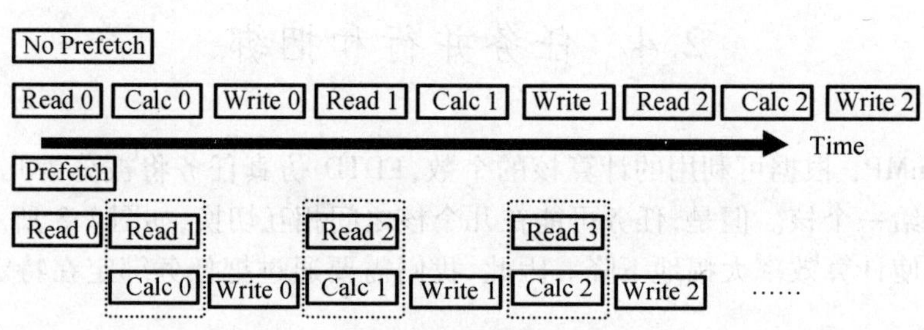

图 2.5　通过为下一步计算准备数据而减少把数据从内存读取到缓存的时间

2.6 读或者写操作联合

连续读写两个数据要比先读写一个数据，然后做些别的事情，再读写下一个数据快得多。如果我们在读写之前把需要读写的数据组织起来并能够在建立读写通信之后一次性地把数据读写完毕，那么计算速度会快很多，如图 2.6 所示。

在 FDTD 仿真过程中，从内存中读数据或者写数据到内存中是一个非常普遍的操作。如果每一次建立通信都只是为了读写一个数据，那么计算效率将会极低。例如，我们希望通过建立一次读写通信能够读取所有的数据，从而加速 FDTD 仿真过程。

CPU 访问内存需通过缓存单元，特别是往内存写数据。CPU 总是先把数据写到缓存单元，然后在适当的时候，内存控制单元再从缓存单元把数据写到内存中。

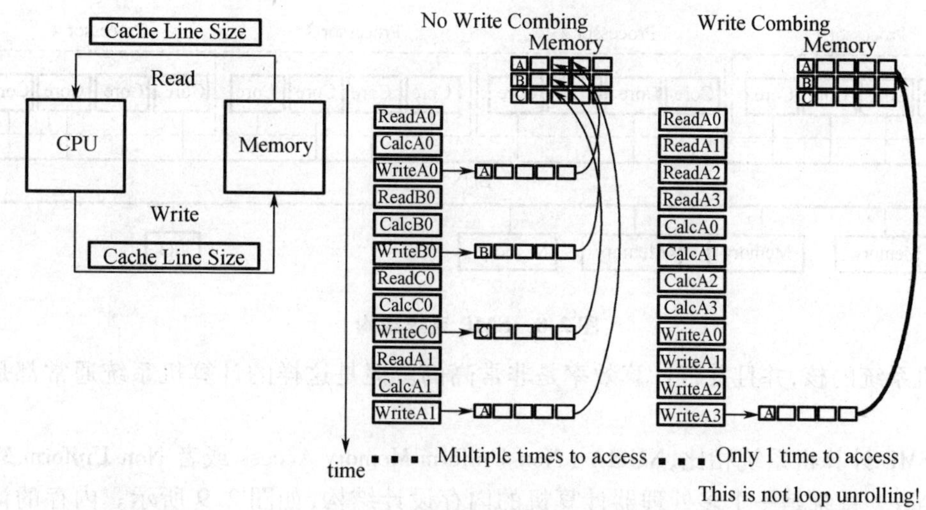

图 2.6　读或者写操作联合

2.7　材料参数链表

在 FDTD 的程序开发中，非均匀材料分布的每一个分量都要表达为一个三维数组。这种表示有两个主要的缺点：① 将使用过多的内存；② 缓存命中率很低。一个有效的办法是把材料分布做成一个链表和一个整数型的三维数组，如图 2.7 所示。

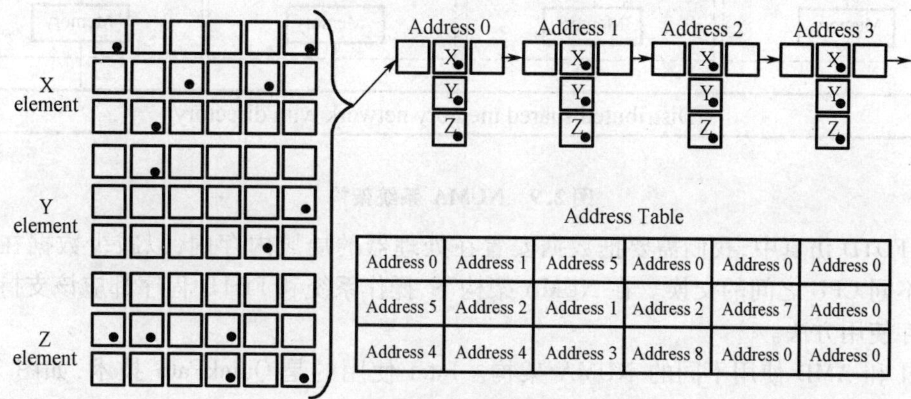

图 2.7　材料矩阵映射关系

2.8　多 CPU 计算机的 NUMA 优化方法

在对称多处理器系统（SMP，Symmetric Multi-Processing System）中，内存的优先级对于不同的处理器来说是相同的，如图 2.8 所示。在 FDTD 仿真中，OpenMP 和 MPI 把任务分配

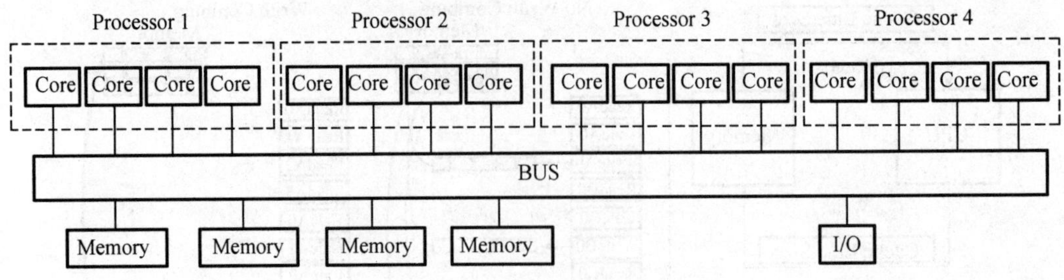

图 2.8　SMP 系统结构

给计算机系统的核,并且并行计算效率是非常高的。但是这样的计算机系统通常都是非常昂贵的。

与 SMP 计算机系统相比,NUMA（Non-Uniform Memory Access 或者 Non-Uniform Memory Architecture）系统是一个多处理器计算机的内存设计结构,如图 2.9 所示。内存的访问时间取决于内存相对于处理器的位置,换句话说,如果一个处理器所使用的内存是它的本地内存,那么 FDTD 的仿真速度就相对较快,否则就会慢很多。多处理器的 NUMA 架构可以在很大程度上减轻分布内存网络的负担。如果我们在作并行划分的时候,把一个节点作为一个子域,这样可以进一步提高多处理器节点的仿真效率。

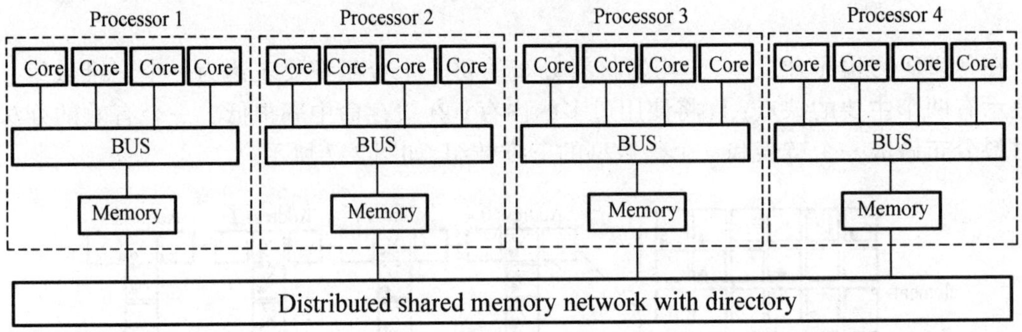

图 2.9　NUMA 系统架构

在 FDTD 仿真中,我们需要把数据安置在处理器的局域内存内,以减少数据在同一个节点上不同 CPU 之间的交换。在 NUMA 架构下,操作系统和 FDTD 程序都应该支持这种特殊的内存使用方法。

Intel 和 AMD 使用不同的 NUMA 架构。Intel 使用的是 QuickPath 技术,如图 2.10 所示。这种技术提供高达 25.6 GB/s 处理器之间点对点连接以及处理器和 I/O 路由器之间的连接。每一个处理器都有自己的本地内存,并且通过集成内存控制处理器可以直接访问它。如果处理器需要访问其他处理器的本地内存,它可以通过一个与每个处理器相连的高速 QuickPath 连接（Intel QPI）。

不同于 Intel 的 QuickPath 技术,AMD 使用 16 bit Hyper Transport 3 技术（H3）连接,并且其速度可达 6.4 GT/s,如图 2.11 所示。

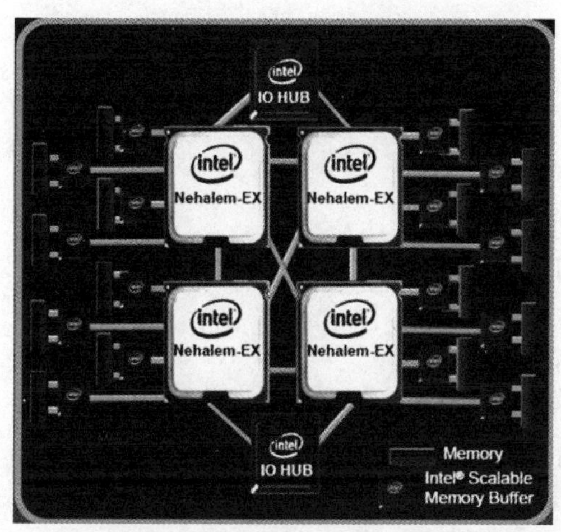

图 2.10　Intel QuickPath 架构

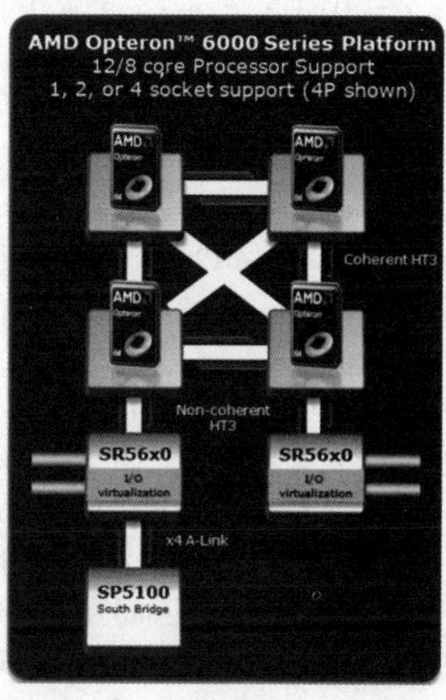

图 2.11　AMD 16 bit Hyper Transport 3 架构

2.9　VALU FDTD 加速技术

在这一节中，我们以一个电场分量为例来介绍 VALU FDTD 加速技术。例如，电场 E_z 可以表达为[4]

$$\begin{aligned}E_z^{n+1}\left(i,j,k+\frac{1}{2}\right) &= E_z\_Coeff\cdot E_z^n\left(i,j,k+\frac{1}{2}\right)+\\ &H_y\_Coeff\cdot\left[H_y^{n+\frac{1}{2}}\left(i+\frac{1}{2},j,k+\frac{1}{2}\right)-H_y^{n+\frac{1}{2}}\left(i-\frac{1}{2},j,k+\frac{1}{2}\right)\right]-\\ &H_x\_Coeff\cdot\left[H_x^{n+\frac{1}{2}}\left(i,j+\frac{1}{2},k+\frac{1}{2}\right)-H_x^{n+\frac{1}{2}}\left(i,j-\frac{1}{2},k+\frac{1}{2}\right)\right]\end{aligned}\tag{2.1}$$

式中，E_z_Coeff，H_x_Coeff 和 H_y_Coeff 是上面递推方程中的系数[4]。按照下面所描述的过程，VALU 可以得到四个电场 E_z 的值：

- 加载磁场 H_y 的系数到 SSE 的寄存器中；
- 加载磁场 H_x 的系数到 SSE 的寄存器中；
- 转变实数指针到 SSE 128 bit 指针；
- 计算式(2.1) 磁场的差值；
- 计算磁场差值和相应的系数的乘积；
- 计算磁场对电场的总贡献；
- 计算前一时刻电场和它的系数的乘积；
- 计算电场并且写计算结果到内存中。

按照上述描述，我们给出示范的 C 程序如下：

```
for( i = 0; i < = nx; i + + ) {
  vHi_Coeff = _mm_load1_ps( &Hi_Coeff ); // load single float value to vector
  for( j = 0; j < = ny; j+ + ) {
    vHj_Coeff = _mm_load1_ps( &Hj_Coeff ); // load single float value to vector
    vEz = (__m128 * )Ez[i][j];
    vHy = (__m128 * )Hy[i][j];
    vHx = (__m128 * )Hx[i][j];
    vHy_minus = (__m128 * )Hy[i-1][j];
    vHx_minus = (__m128 * )Hx[i][j-1];
    for( k = 0, vk = 0; k < nz; k + = 4, vk + + ) {
      vEk_Coeff = _mm_load1_ps( &Ek_Coeff );
      xmm0 = _mm_sub_ps( vHx[vk], vHx_minus[vk] );
      xmm0 = _mm_mul_ps( vHj_Coeff, xmm0 );
      xmm1 = _mm_sub_ps( vHy[vk], vHy_minus [vk] );
      xmm1 = _mm_mul_ps( vHi_Coeff, xmm1 );
      xmm0 = _mm_sub_ps( xmm1, xmm0 );
      xmm1 = _mm_mul_ps(vEk[vk], vEk_Coeff);
      vEk[vk] = _mm_add_ps(xmm1, xmm0);
    }
  }
}
```

使用上述的 VALU 加速技术可以对 FDTD 程序的性能改进许多,改进的实际程度还取决于问题的种类。在任何情况下,数据在内存中的连续性都是极其重要的。为了定量地衡量 FDTD 程序的性能,我们定义一个参数,即

$$Performance(\text{Mcells/s}) = \frac{(N_x \times N_y \times N_z) \times Number\_of\_timesteps\ (\text{Mcells})}{Simulation\_time(\text{second})} \tag{2.2}$$

例如,在一个 Intel Core i7-965 3.2 GHz 计算机上一个正常 FDTD 程序的性能为 87 Mcells/s, 如图 2.12 所示。如果我们应用同步技术于 FDTD 程序,它的性能将增加到 124 Mcells/s。当我们应用 VALU 加速技术于 FDTD 程序时,它的性能将增加到 191 Mcells/s。除了场递推外,对材料参数优化、缓存优化、色散媒质、近远场变换等将进一步改进 FDTD 程序的性能,如图 2.12 所示。

现在我们使用 FDTD 程序对一个理想情况进行仿真。用于测试的例子是一个空盒子并具有一个简单的激励源和输出,截断计算空间的边界条件是 PEC。我们通过改变网格尺寸来变换问题的大小,即从 8 Mcells 到 125 Mcells。计算机硬件平台是一个 DELL 工作站,它的 CPU 是 Intel Core i7-965 和四个 VALU,总内存带宽为 32 GB。仿真结果如图 2.13 所示。从图 2.13 我们可以观察到 VALU 在同样 CPU 的基础上把 FDTD 仿真速度提高了四倍。

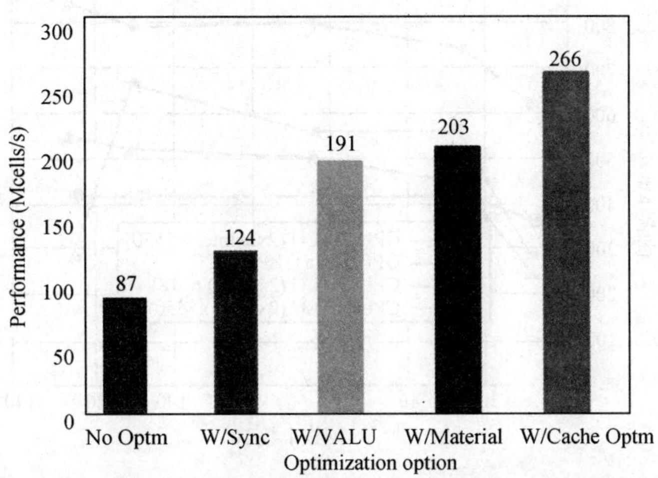

图 2.12　使用 VALU 加速技术对 FDTD 程序的性能改进

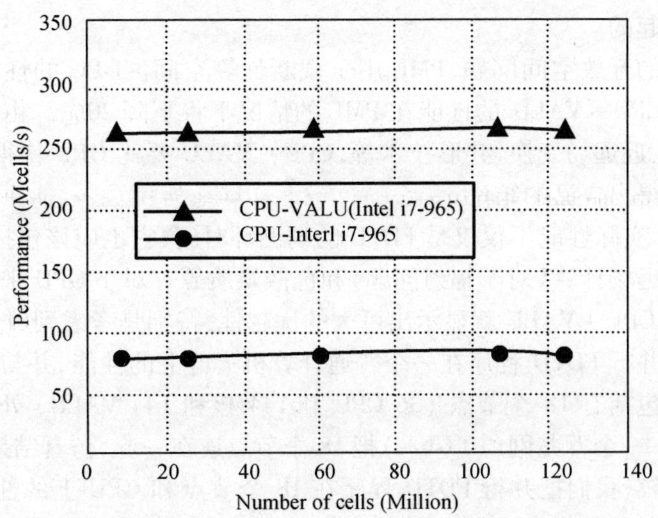

图 2.13　使用 CPU 或者 CPU + VALU 时 FDTD 性能比较

因为 Intel 处理器与 AMD 的结构稍有不同，当我们要在 AMD 处理器上运行 FDTD 时，需要对 FDTD 程序稍作修改。现在，我们考查并行 FDTD 程序在 AMD Opteron 6128 处理器和 Intel Xeon X5550 处理器上的特性。我们仍然使用上面的测试例子，GPU 是 NVIDIA Tesla C1060［30 SMs（Streaming Multiprocessor）/240 核，内存带宽为 109 GB/s］，两个 AMD Opteron 6128 2.0 GHz CPU（内存带宽为 85 GB/s）具有 16 个 VALU 加速单元，两个 Intel Xeon X5550 2.7 GHz CPU（内存带宽 64 GB/s）具有 8 个 VALU 加速单元。从图2.14我们可以观察到并行 FDTD 程序在两个 AMD Opteron 6128 CPU 或者在两个 Intel Xeon X5550 CPU 上的性能基本与 NVIDIA Tesla C1060 GPU 的性能相当。需要说明的是，GPU 的性能结果来自于

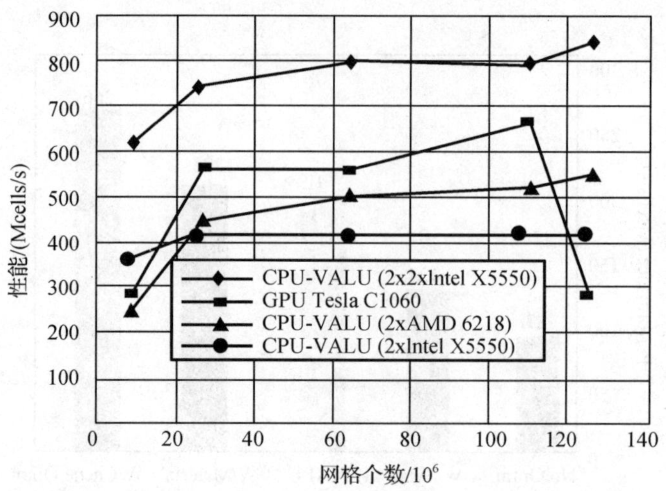

图 2.14 FDTD 在 GPU,AMD,Intel CPU 上的性能比较

加拿大 Acceleware 公司,我们无法证实其结果的真实性和可靠性,这里我们只是给读者作为参考。现在,我们对两个双 CPU（每个计算机包括两个 Intel Xeon X5550 CPU,内存带宽为 128 GB 和 16 个 VALU）计算机进行测试,测试结果如图 2.14 所示。这两个计算机是通过一个万兆网连在一起的。

对于一个实际的开放空间问题,PML 用于截断计算空间。GPU 的性能在 PML 的情况下将下降 50%,而 CPU + VALU 的性能在 PML 的情况下将下降 20%。由于同样的原因,如果考虑到色散媒质、近远场变换、共形技术等,CPU + VALU 要比 GPU 快得多。有条件的读者可以自己作测试得出自己的结论。

在实际应用中,实际性能不仅仅是 FDTD 的场循环时间,它也应该包括预处理如网格生成、材料分布生成、远场计算(对于辐射问题)和色散媒质等。对于 GPU 来说,这些问题是非常费时的。而这时 CPU + VALU 就显示出巨大的优越性,特别是考虑到域分解技术。

我们再来考查并行 FDTD 程序在一个普通计算机集群上的性能,并与 GPU 性能进行比较。计算机集群共包括有 18 个节点（36 CPU 和 144 核和 144 VALU, 处理器是 Intel Xeon X5550 2.66 GHz)。一个万兆网(10 Gb/s)把 18 个节点连在一起,仿真结果如图 2.15 所示。为了直观地进行比较,我们把并行 FDTD 程序在 18 个节点和 GPU 上的性能放在同一幅图上。对于 FDTD 的应用来讲,计算机集群的优势是显而易见的。

最近,AMD 公司开发了多达 12 核的 CPU 芯片,我们可以把这样的四个 CPU 放在一个主板上得到一个功能强大的电磁仿真工作站,如图 2.16 所示。这样一个工作站包括多达 48 个物理计算核和 48 个 VALU 单元。这个工作站内共有 32 个内存槽,分为 4 个区,每个区有 8 个内存槽。在 NUMA 结构中,每个 CPU 都具有自己的内存。如果目前一条内存为 16 GB,那么该工作站可以安装多达 512 GB 内存。对于一个实际问题,该工作站的性能如图2.17所示。

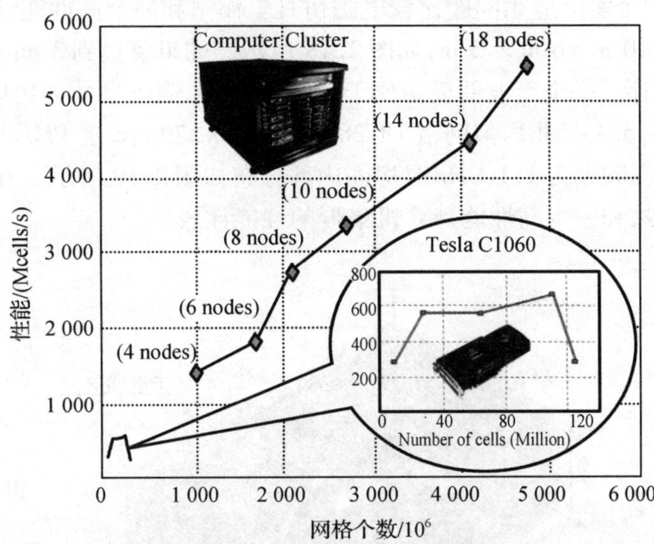

图 2.15　并行 FDTD 程序在 GPU 和 18 节点计算机集群上性能比较

图 2.16　一个典型的快速电磁仿真工作站

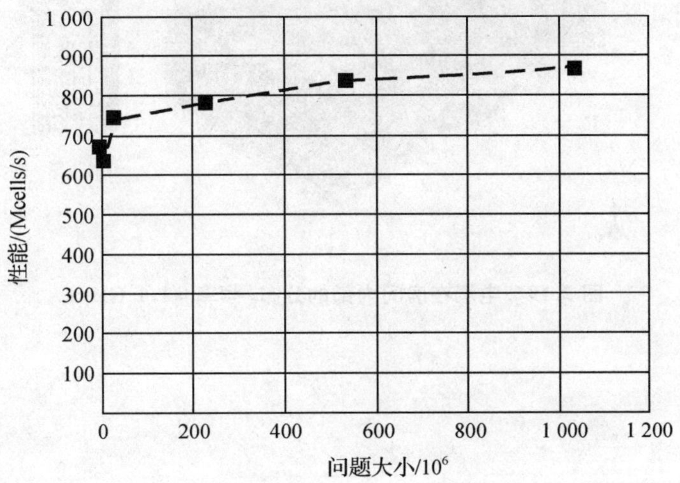

图 2.17　电磁仿真工作站的性能

下面，我们就一个实际应用问题比较电磁仿真工作站和一个高性能计算机集群的性能。一个房间的尺寸为 10 m×6 m× 3 m，如图 2.18 所示。如果要达到 3 mm 的分辨率，这个问题共需要 50 GB 内存。一个半波偶极子位于房间的顶部，输出参数为房间内的场分布。我们把房间离散化为 15.4 亿非均匀网格（1 280×2 075×579），6 层 PML 用于截断计算区域的 6 个方向。电场在频率为 1.1 GHz 时房间内部分布如图 2.19 所示。在表 2.2 中，我们给出了电磁仿真工作站和一个高性能计算机集群的性能比较。

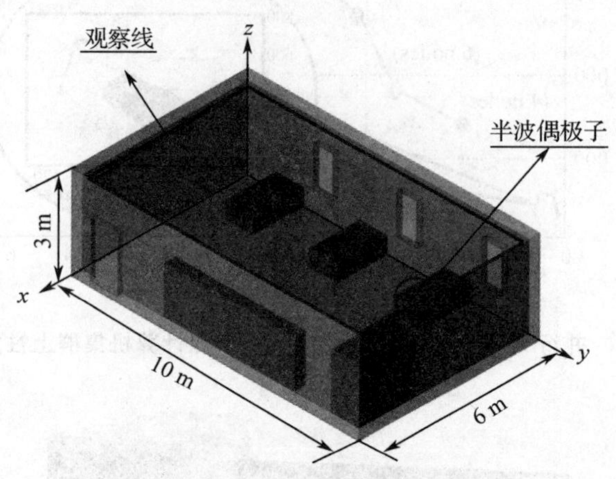

图 2.18　一个典型房间的电磁仿真问题

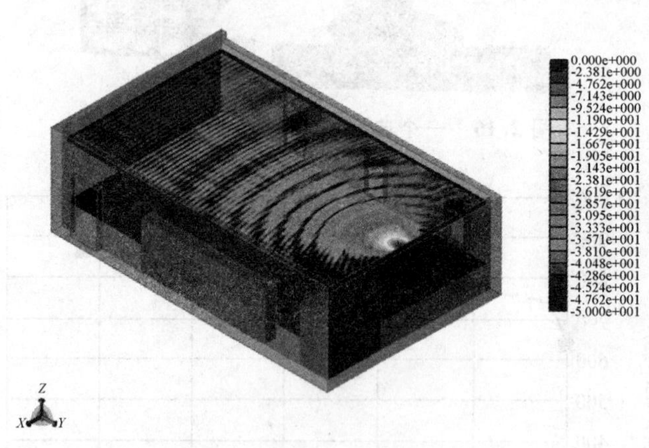

图 2.19　电场在房间内部的分布（频率 =1.1 GHz）

表 2.2　电磁仿真工作站和一个高性能计算机集群的性能比较

仿真平台	CPU 类型	网络	仿真时间
电磁仿真工作站（4 个 CPU，64 GB 内存）	AMP Opteron 6168 1.9 GHz（795 美元一颗）	不需要	319 分钟（共 3 180 美元）
6CPU 集群（72 GB 内存）	Intel Xeon X5570 2.93 GHz（1 465 美元一颗）	InfiniBand	540 分钟（共 8 790 美元）
128CPU 集群（1 536 GB 内存）	Intel Xeon X5570 2.93 GHz（1 465 美元一颗）	InfiniBand	29 分钟 37 秒（并行效率为 86%）（共 187 520 美元）

参 考 文 献

[1] Hwang H. Digital logic and microprocessor design with VHDL[M]. Bel Air: Thomson – Engineering, 2005.

[2] Stallings W. Computer organization & architecture: designing for performance[M]. Upper Saddle River: Pearson Prentice Hall, 2006.

[3] Intel ® Architecture Optimization, Reference Manual, 1999, Intel Corporation.

[4] Streaming SIMD Extensions (SSE), Kosada Incorporated, Athens, Ohio 45701.

[5] Bell G, Newell A. Computer Structures: Readings and Examples[M]. New York: McGraw-Hill, 1971.

[6] Kunimatsu A. Vector unit architecture for emotion synthesis [J]. IEEE Micro, 2000, 20(2): 40 – 47.

[7] Gropp W. Using MPI: portable parallel programming with the message-passing interface [M]. 2nd ed. Cambridge: MIT Press, 1999.

[8] Chandra R. Parallel programming in OpenMP[M]. San Francisco: Morgan Kaufmann, 2000.

[9] Quinn M. Parallel programming in C with MPI and OpenMP[M]. Whitby: Mcgraw Hill Higher Education, 2003.

[10] Yu W. Parallel finite difference time domain method[M]. Norwood : Artech House, 2006.

第3章

并行 FDTD 方法和电磁仿真系统

在这一章中,我们将简单地介绍并行 FDTD 方法和一些典型的电磁仿真系统(包括网络系统)。我们通常最关心的是一个完整电磁仿真系统的性能而不是一个电磁仿真软件的优与劣。对于一个并行软件而言,硬件平台包括网络系统往往是最重要的。在这一章中,我们将给读者一个比较完整的电磁仿真系统的概念,并让读者了解电磁仿真系统的重要组成部分,这无论对于使用商业软件还是自己搭建并行电磁仿真系统都是非常有意义的。

3.1 并行 FDTD 方法

在并行计算技术中,我们根据计算机集群中节点或者计算核的数量把原始问题划分为相应个数的子区域,然后给每一个子区域分配一个计算核或者计算节点,而每一个核或者节点只需要计算其中的一个子区域,如图 3.1 所示。因为每一个子区域并不是相互独立的,所以它们之间在每一步都应该有数据交换,而这个数据交换是通过高速网络来实现的。与其他的电磁仿真方法相比,FDTD 方法具有较好的并行效率。

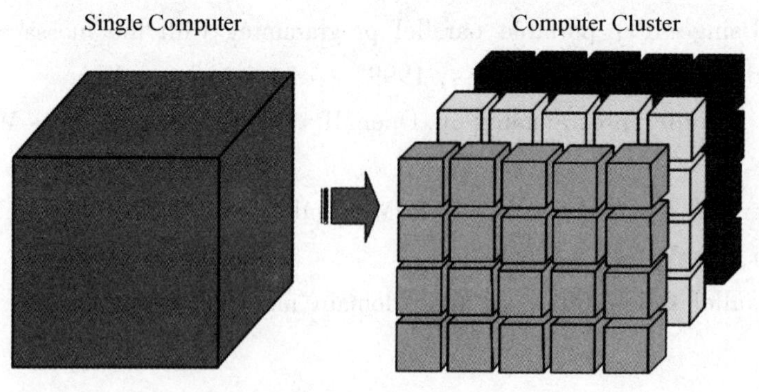

图 3.1 并行电磁仿真的基本概念

完成一个 FDTD 仿真需要两步工作:①工程文件的预处理,如网格生成和材料分布生成;②电磁场仿真。在第一步中,FDTD 程序将几何模型导入,并根据模型特点生成相应网格,然后计算 FDTD 网格与几何模型的交叉点坐标,根据这些坐标决定共形网格信息和电磁材料分布。对于一个复杂问题,这一步通常是很费时间的。这一步的重要特点是每一个子域之间没有关联,也就是说,工作在每一个子域上面的处理器是不用相互等待的。当一个处理器完成一个子域后它可以立刻工作在下一个子域上直到所有的工作全部完成。所以子域的个数没有必要等于处理器的个数,如图 3.2 所示。

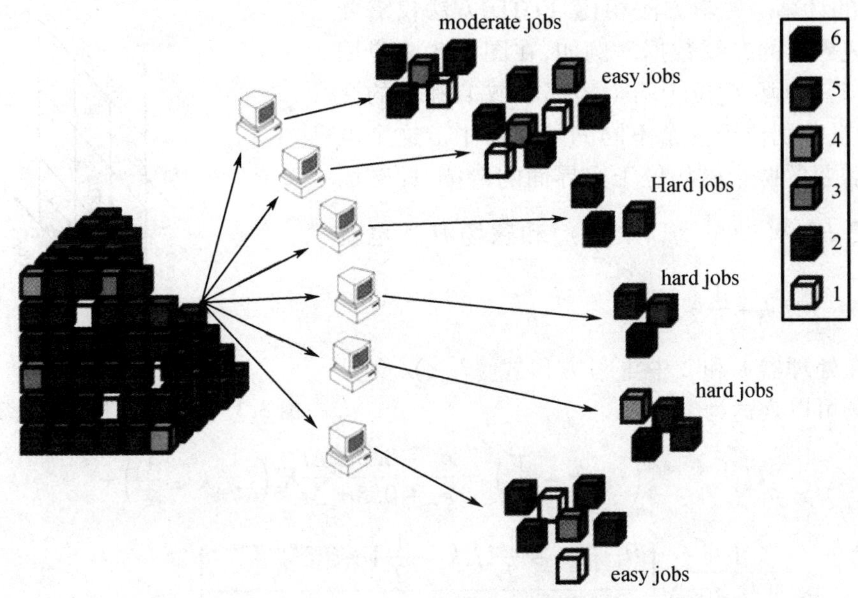

图 3.2　并行 FDTD 仿真中的域分解技术

域分解技术可以把预处理的速度提高几倍甚至几百倍。例如,一个模型含有几千个三角形面元,为了求解一条线与模型的交点坐标,我们需要求这条线与每一个三角形面联立的方程组。计算工作量是可想而知的。实际上只有这条线周围的三角形才有可能与之相交,如果我们使用域分解技术,只需求解这条线周围的三角形面与之的联立方程组就可以了。

下面我们将给出一些并行 FDTD 方法的细节,有兴趣的读者可以很容易地把它补充为完整的并行递推公式。根据方程式(1.2f),我们的推导将从下面的一个分量开始 [1, 2],即

$$\frac{\partial E_z}{\partial t} = \frac{1}{\varepsilon_z}\left(\frac{\partial H_y}{\partial x} - \frac{\partial H_x}{\partial y} - \sigma_z E_z\right) \tag{3.1}$$

在直角坐标系下使用中心差分近似法,我们得到方程式(3.1)的离散形式为

$$E_z^{n+1}\left(i,j,k+\frac{1}{2}\right) = \frac{\varepsilon_z - 0.5\sigma_z\Delta t}{\varepsilon_z + 0.5\sigma_z\Delta t}E_z^n\left(i,j,k+\frac{1}{2}\right) +$$

$$\frac{1}{\varepsilon_z + 0.5\sigma_z\Delta t}\left[\frac{H_y^{n+\frac{1}{2}}\left(i+\frac{1}{2},j,k+\frac{1}{2}\right) - H_y^{n+\frac{1}{2}}\left(i-\frac{1}{2},j,k+\frac{1}{2}\right)}{0.5[\Delta x(i) + \Delta x(i-1)]}\right] -$$

$$\frac{1}{\varepsilon_z + 0.5\sigma_z\Delta t}\left[\frac{H_x^{n+\frac{1}{2}}\left(i,j+\frac{1}{2},k+\frac{1}{2}\right) - H_x^{n+\frac{1}{2}}\left(i,j-\frac{1}{2},k+\frac{1}{2}\right)}{0.5[\Delta y(j) + \Delta y(j-1)]}\right] \tag{3.2}$$

对于一个串行 FDTD 程序来说,我们可以通过加在计算区域边界一个适当的边界条件

得到全空间的电磁场解的分布。对于一个并行程序而言,每一个子区域边界上的场值都是未知的,而它们也不在计算区域的边界上。相邻的子区域边界上的场是相互有联系的,如果把它们合在一起,递推方程所要求的信息就是完整的。但是这些信息需要通过网络相互传递,并且这些传递发生在每一时间步,也就是说,它们应该是同步的。而那些位于计算区域边界的子域,它们的外边界上的值则需要从边界条件得到。

与别的计算电磁学方法相比,FDTD 方法仅需要传递子域边界上的二维数据。例如,在图 3.3 中应用方程式(3.2),电场 E_z 位于两个相邻子域 1 和 2 的交界面上,并且分别位于两个不同的处理器中。这个电场的求解需要的两个磁场位于交界面的两侧,即磁场 H_{y1}[也就是 $H_y^{n+\frac{1}{2}}(i+\frac{1}{2},j,k+\frac{1}{2})$]和磁场 H_{y2}[也就是 $H_y^{n+\frac{1}{2}}(i-\frac{1}{2},j,k+\frac{1}{2})$]。

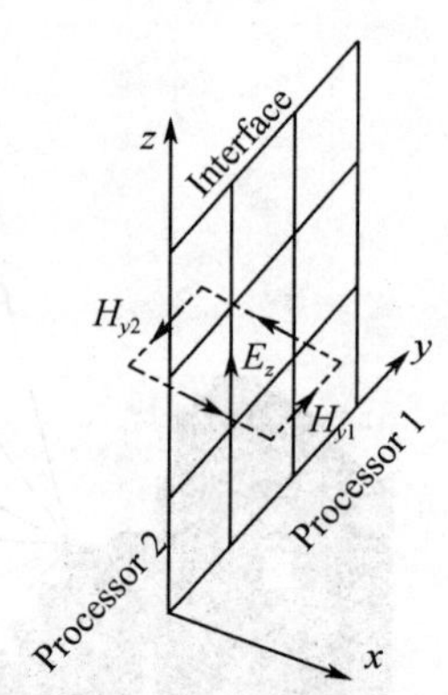

图 3.3 在交界面周围的电场和磁场

我们在处理器 1 和 2 中重写方程式 (3.2),交界面上的电场可以表达为

$$E_z^{n+1,\text{processor1}}\left(i,j,k+\frac{1}{2}\right)=\frac{\varepsilon_z-0.5\sigma_z\Delta t}{\varepsilon_z+0.5\sigma_z\Delta t}E_z^n\left(i,j,k+\frac{1}{2}\right)+$$

$$\frac{1}{\varepsilon_z+0.5\sigma_z\Delta t}\left[\frac{H_y^{n+\frac{1}{2}}\left(i+\frac{1}{2},j,k+\frac{1}{2}\right)-H_{y1}^{n+\frac{1}{2},\text{processor2}}}{0.5[\Delta x(i)+\Delta x(i-1)]}\right]-$$

$$\frac{1}{\varepsilon_z+0.5\sigma_z\Delta t}\left[\frac{H_x^{n+\frac{1}{2}}\left(i,j+\frac{1}{2},k+\frac{1}{2}\right)-H_x^{n+\frac{1}{2}}\left(i,j-\frac{1}{2},k+\frac{1}{2}\right)}{0.5[\Delta y(j)+\Delta y(j-1)]}\right] \tag{3.3}$$

$$E_z^{n+1,\text{processor2}}\left(i,j,k+\frac{1}{2}\right)=\frac{\varepsilon_z-0.5\sigma_z\Delta t}{\varepsilon_z+0.5\sigma_z\Delta t}E_z^n\left(i,j,k+\frac{1}{2}\right)+$$

$$\frac{1}{\varepsilon_z+0.5\sigma_z\Delta t}\left[\frac{H_y^{n+\frac{1}{2},\text{processor1}}-H_y^{n+\frac{1}{2}}\left(i-\frac{1}{2},j,k+\frac{1}{2}\right)}{0.5[\Delta x(i)+\Delta x(i-1)]}\right]-$$

$$\frac{1}{\varepsilon_z+0.5\sigma_z\Delta t}\left[\frac{H_x^{n+\frac{1}{2}}\left(i,j+\frac{1}{2},k+\frac{1}{2}\right)-H_x^{n+\frac{1}{2}}\left(i,j-\frac{1}{2},k+\frac{1}{2}\right)}{0.5[\Delta y(j)+\Delta y(j-1)]}\right] \tag{3.4}$$

在处理器 2 中的磁场 $H_{y1}^{n+\frac{1}{2},\text{processor2}}$ 和在处理器 1 中的磁场 $H_y^{n+\frac{1}{2},\text{processor1}}$ 在场递推过程中的每一步都需要相互交换。

3.2 OpenMP

今天的计算机处理器都是多核的体系架构,并且多核处理器已经成为主流。我们需要强调的是,所有的并行硬件平台都要求一个并行软件同时能获取多的并行资源。所以我们能拥有一个高效的并行FDTD程序是极其重要的。OpenMP（Open Multi-Processing）是一个多线程的应用技术，其中主控线程把任务分解为一些辅助线程，并且把每一个辅助线程分配给不同的计算单元[3]。辅助线程的个数是由当前可利用的计算资源决定的。例如，在一个四核计算机上，如果所有四个核都是可利用的，主线程将FDTD程序分解为四段，并把每一段分配给一个计算核。如果当前只有三个核可以利用，主线程将FDTD程序分解为三段，并把每一段分配给一个可利用的计算核。OpenMP是Intel为有效利用它的多核处理器而设计的。与MPI相比，OpenMP的程序设计相当简单，但在同一平台上它的并行效率可能稍低一些。

使用OpenMP时，在一个计算机内的所有核都必须具有同一个主机名，如图3.4所示。因为每一个核的任务都是由系统分配的，所以在程序开发时我们不必要知道计算单元的个数。

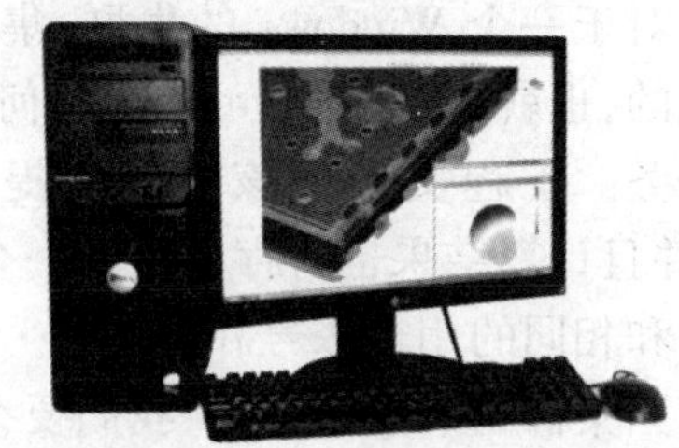

图3.4　一个典型的多核处理器工作站

如同多核处理器一样，OpenMP也可以用于多处理器计算机并能够使用一个计算机内的所有计算资源。但是，同样也要求所有的处理器具有同一个主机名。目前一个4 CPU计算机可以有多达48个核和48个VALU单元，AMD已经可以把12个核放在一个处理器中，Intel可以做到8个核和8个VALU。虽然AMD包括的物理核比Intel要多一些，但是对于同样价格的处理器来说，它们的性能基本上差不多。除了Intel的时钟频率比AMD高之外，Intel处理器在同样的指令周期内可以处理更多的操作。根据作者的经验，Intel处理器的缓存命中率也要比AMD的高一些。但是，因为AMD具有更多的物理核，对于VALU加速来说，AMD处理器比Intel处理器具有明显的优势。

3.3　MPI

并行计算已经成为一个不可阻挡的大趋势，例如一个简单PC集群利用高性能网络的支持可以提供强大的计算能力。一个简单的PC集群很容易具有超过一个昂贵服务器或者工作站的计算能力，并且也很容易安装较多的内存。我们甚至可以通过一条简单的网线把两个PC机连起来形成一个两节点的小集群而不需要任何网络设备。

MPI库是一个国际并行标准库，它是一个库描述而不是一种新的语言[4]。它可以直接被C语言，C++语言，或者Fortran语言调用。在20世纪80年代至90年代早期，MPI库还不存在，并行开发者必须在移植性、效率、价格和功能性之间作出选择。1992年4月在美国并行研究中心召开的研讨会议上定下了MPI的基本内容。接下来1992年Minneapolis召开的MPI工作会议上，美国Oak Ridge National Laboratory第一次递交了一份关于并行MPI的报告。这个会议同时也成立了一个MPI论坛，该论坛包括来自40个研究机构和大学共175位科学家和工程师。第一个版本的MPI库出现在1993年的一个超级计算机会议上。1994年5月MPI就可以从MPI的官方网站上下载了。

一个基于PC的计算机集群，通常是由一个千兆网连接在一起的，如图3.5所示。这些计算机可以用作集群的节点，也可以单独用作一个普通的计算机。它们可以安装Windows

系统也可以安装 Linux 系统。在 Windows 7 出现之前，Linux 系统集群的并行效率总是要比 Windows 系统高出 15% 左右。但是，一个集群安装 Windows 7 与安装 Linux 系统具有同样的并行效率。一个由千兆网连接的集群最多有四个节点，超过四个节点时，它的并行效率很难保证。

图 3.5　一个典型的 PC 计算机集群

对于一个 Windows 的集群，集群中的 PC 是对等的，也就是说，我们可以从任何一个 PC 上提交任务。工程文件应该放置在提交任务的 PC 上，并且计算结果也将存放在同一个机器上。每一个计算机上都必须具有相同版本的并行程序和相同的用户账号和密码。

当集群的节点增加时，我们要么把网络改为万兆网或者 InfiniBand 网络，要么改变网络的同时也改变 PC 为高性能服务器或者工作站，如图 3.6 所示[5]。虽然网络带宽对高性能计算是十分重要的，但是并行 FDTD 程序更加关注的是网络的时延。因为时延对并行 FDTD 的效率能够起决定性作用。对于一个中等规模的计算机集群来说，一般都会安装 Linux 系统，除了 Linux 资源是免费的外，基于 Linux 系统的免费软件也十分方便，例如免费的任务提交和管理软件 PBS 和 SGE[6,7]。但是这些管理软件都要求一个额外的计算机作为管理节点。这样的集群一般都具有两套网络设备，一套高速网络用于数据交换，另一套普通网络用于集群管理。

我们也可以把实验室 PC 连接在一起形成一个中等规模的 PC 集群，如图 3.7 所示。一个典型的实验室 PC 集群可以包括多达几十个 PC 和超过 100 GB 的内存。

图 3.6　一个典型的小型计算机集群

图 3.7　一个典型的实验室计算机集群

3.4　网卡、交换机和网线

在一个集群上仿真一个大问题对网络具有很高的要求。在 20 世纪 70 年代，集群的一个主要设计目的就是如何减少节点间网络的信息传输量。但是，这与解决的问题有关，并不是所有的问题都能把通信的数据量减少到理想的水平。最近由于高性能网络设备的高速发展如万兆网、光纤网和 infiniBand 网络,并行计算的吸引力极大地提高了。除了性能的改进,网络设备的价格也呈现锐减的趋势,这极大地刺激了高性能计算技术及其应用的快速发展。

与 CPU 和内存的快速发展相比,网络包括网卡和交换机的发展就显得相当缓慢了。虽然网络带宽在高性能计算领域里是一个极其重要的参数。但是,对于时域有限差分方法来说,时延显得更加重要,因为子域之间传递的信息量很少但很频繁。时延是指一个数据包从一端发送到另一端接收所花费的时间。它包括为数据传输作准备的数据编码时间,花费在网络上的传输时间以及接收和数据解码的时间。

千兆网络交换机是一个基本的网络设备,对于一个 PC 集群来说它是相当便宜的[8]。网卡可以是集成的(已经包含在计算机当中)也可以是独立的,如图 3.8 所示。所要求的网线是 5 类或者 6 类均可。千兆网设备的时延范围一般为 120 μs ~ 160 μs。

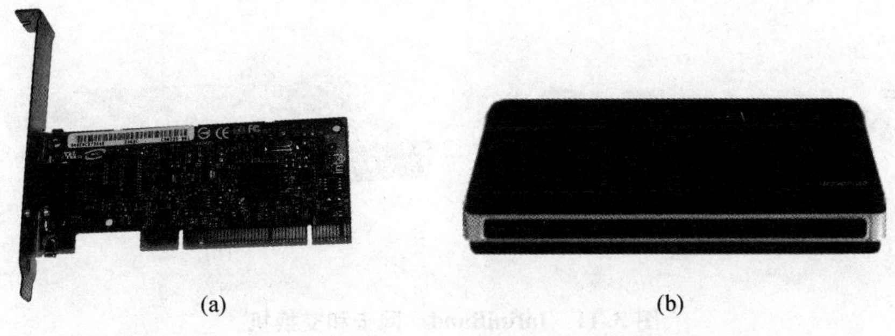

(a)　　(b)

图 3.8　典型的千兆网卡和交换机

千兆网络设备近期也有很大的发展,在 1983 年出现了 10Base-T (IEEE 802.3);在 1995 年出现了快速 Ethernet (IEEE 802.3u);在 1998 年出现了 1-Gigabit Ethernet (802.3z);在 2002 年出现了 10-Gigabit Ethernet (802.3ae)[9]。快速 10-Gigabit Ethernet 标准对网络带宽提供了重要的改进,并保持了与 802.3-standard 的兼容性。10-Gigabit Ethernet,如图 3.9 所示,在早期的并行计算中起着重要的作用。10-Gigabit Ethernet 的时延大约为 2.6 μs ~ 4.0 μs。

(a)　　(b)

图 3.9　典型的 10-Gigabit Ethernet 网卡和交换机

Myrinet 是一种快速光纤网络交换设备,如图 3.10 所示。它是 Myricom 公司的产品。它用于连接多个计算节点并实现节点之间的通信。因为 Myrinet 的通信并不遵从 TCP/IP 协议,所以它的时延要比标准的 Ethernet 小得多。它的 end-to-end 时延范围是从 2.0 μs 到 3.2 μs[10]。

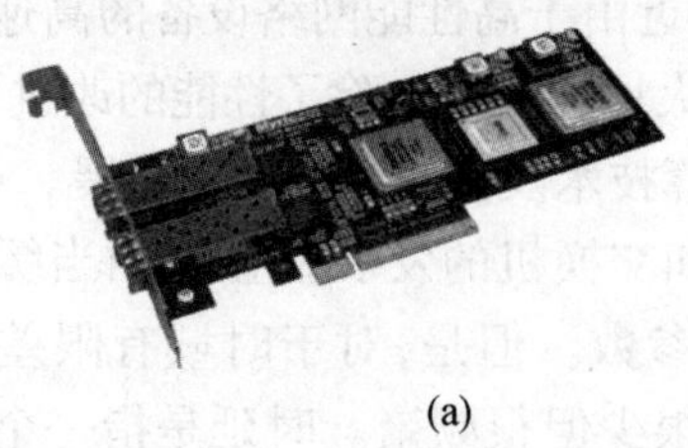

(a)

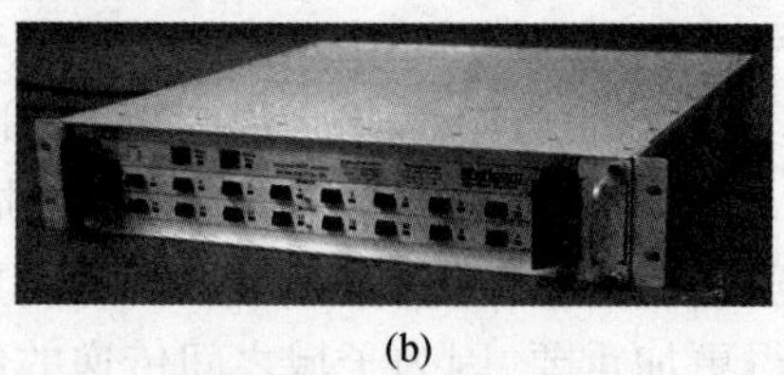

(b)

图 3.10 Myrinet 网卡和交换机

InfiniBand 是一种光纤通信设备,因此它的性能是很好的,如图 3.11 所示。除了光纤设备外,InfiniBand 也提供同轴网络设备,其价格与光纤设备相比要低得多。它的 end-to-end 时延大约为 1.07 μs ~ 2.6 μs。InfiniBand 是一个协议,它由许多家厂商生产,性能不同价格也变化很大。

(a)

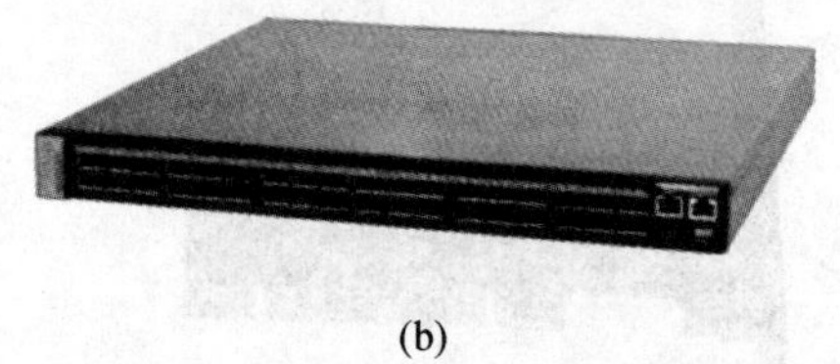

(b)

图 3.11 InfiniBand 网卡和交换机

网线的花费与交换机和网卡相比是相当小的,但是它也同样的重要。如果网线成为并行系统的瓶颈,那么它就决定了整个系统的性能。目前市场上有两种常用的网线,即 5 类和 6 类网线,如图 3.12 所示。与 5 类线相比,6 类线具有较小的线间耦合和系统噪声。

图 3.12 典型的千兆网线

参 考 文 献

[1] Yu W, Mittra R, Su T, et al. Parallel finite difference time domain method[M]. Norwood: Artech House, 2006.

[2] Yu W, Yang X, Liu Y, et al. High performance conformal FDTD techniques[J]. IEEE Microwave Magazine, 2010, 11(4): 42 – 55.

[3] Chandra R. Parallel programming in OpenMP[M]. SanFrancisco: Morgan kau fmann Publshers, 2000.

[4] Gropp W, Lusk E, Skjellum A. Using MPI: portable parallel programming with the message – passing interface[M]. 2nd ed. Cambridge : MIT Press , 1999.

[5] Surhone L. Portable batch system[M]. Wydawca: Betascrip publisher, 2010.
[6] Cunha J. Grid computing: software environments and tools[M]. New York: Springer, 2005.
[7] GEMS-A full 3-D high performance EM simulation software and system, State College, PA 16801
[8] Farrelly P, Ongz H. Communication performance over a Gigabit ethernet network[J]. 19th IEEE International Performance, Computing, and Communications Conference-IPCCC , 2000: 181 – 189.
[9] Hurwitz J, Feng W. End-to-end performance of 10 – Gigabit ethernet on commodity systems [J]. IEEE Micro, 2004(1/2): 10 – 22.
[10] Majumder S. Comparing ethernet and Myrinet for MPI communication, LCR'04 proceedings of the 7th workshop on workshop on languages, compilers, and run-time support for scalable systems[M]. New York: Springer, 2004.

第4章

电磁仿真技术

在这一章中,我们将介绍一些电磁仿真中的关键技术,如网格生成和边界条件选择等,并用一些典型例子,如天线、天线阵列、微波滤波器和信号集成等来解释怎样使用 FDTD 方法求解实际的电磁问题。

4.1 网格生成技术

网格生成技术在 FDTD 仿真中起着至关重要的作用[1,2]。一个适当的网格分布可以显著地加速仿真过程并有效地减少内存需求。即便我们有一个很好的并行商业电磁软件和一个功能强大的计算机集群,我们仍然需要小心谨慎地设计网格以减少仿真时间和内存需求。例如,一个小的缝隙或者一个很小的带状结构,如图 4.1 所示,为了获得准确的 FDTD 仿真结果我们需要两个网格横过细微结构以保证他们不粘连或者不断开。也就是说,我们把计算空间离散化后,问题的材料分布必须与原始的物理问题保持一致。

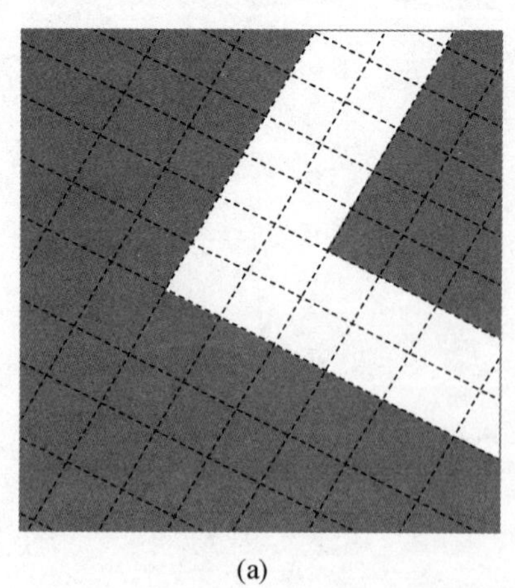

(a)

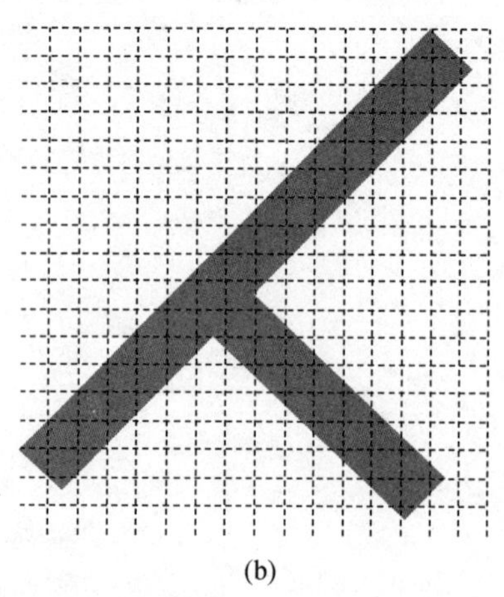

(b)

图 4.1 窄的缝隙和带状结构的网格设计原则

(a)窄缝隙的网格分布(两个网格);(b)窄带结构的网格分布(两个网格)

一般的天线和电路问题都包括各式各样的细微结构。与上面讨论的情况不同,这些细微结构可能只是一个支撑或者是两个结构的过渡结构。它们不是重要的电磁特性单元,即它们的存在可能仅是从力学和美观方面考虑的。但是,它们的存在有可能对天线特性或者电路端口特性有一定的影响。所以在电磁仿真中,我们可以不考虑它们的完整状态,但是必须考虑它们是短接还是断开的。图4.2(a)是一个手机模型,它包括一些细微模型,例如一些细微结构,特别是这些细微结构可能并不与坐标轴或者坐标面平行,如图4.2(b)所示。对于这样的结构,如果想通过使用小网格来描述是不现实也是不可能的。一种比较实际的办法是,在一些重要的位置上设置一些关键点以保证FDTD网格经过这些点,而不会与主体结构分离,如图4.2(c)所示。

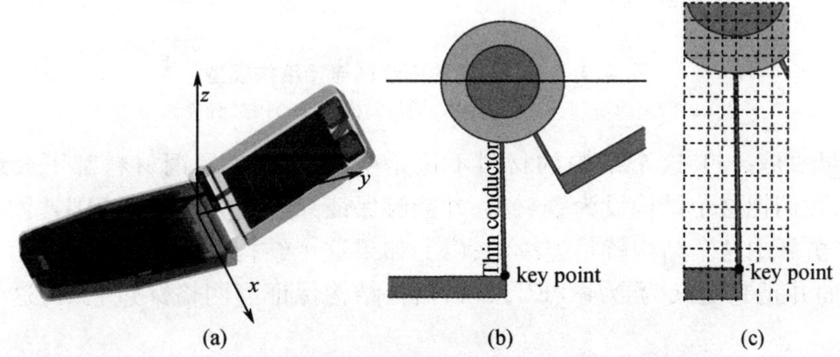

图4.2　一个手机模型包括细微结构时FDTD网格的设计方法

(a) 手机模型;(b) 细微结构;(c) 局域网格分布

为了能将网格与模型的关系看得更清楚,我们把图4.2(c)放大以便读者能够看清楚网格通过细微结构时的情况,如图4.3所示。

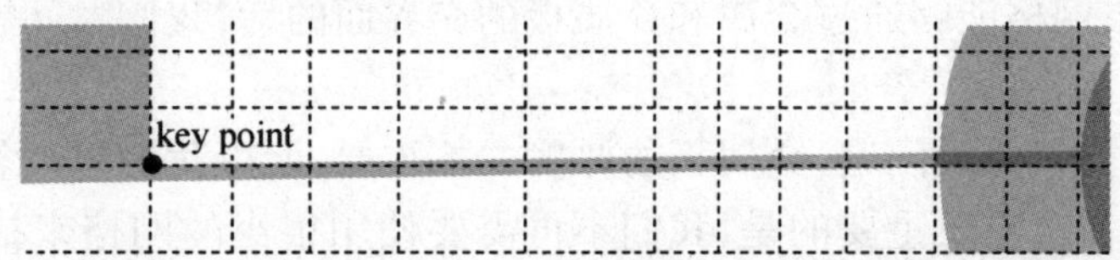

图4.3　使用关键点来保证FDTD网格通过模型中的关键点并保证结构的连续性

如果一个细微结构与坐标轴或者坐标面平行,FDTD网格能够毫无困难地表示这些结构并且也不需要使用很小尺寸的网格。但是如果一个结构如图4.4(a)所示,那么我们既不能通过使用小网格也不能通过使用关键点来保证结构的连续性。假设连接结构材料是金属,并且它的宽度大于一个网格(我们可以有意地设置网格)。下面,我们将介绍两种思路来解决这个问题。对于这样的结构和问题,结构材料无论是铜还是金属PEC都不会对结果有影响。如果我们把它设成铜材料,只要穿过铜材料的FDTD网格构成一个连续不间断的线,那么对应的结构就不会间断,如图4.4(b)所示。对于一般问题,模型是从CAD文件导入的,重新建立这一部分是比较困难的,但是我们可以很容易地复制这个结构的外表面,并且把它定义成PEC材料。对于一个无限薄的PEC面,我们很容易产生一个相应的网格分布。这个功能一般的商业电磁软件都提供。通过网格离散化后,我们能够看到的金属结构如图4.4(c)所示。

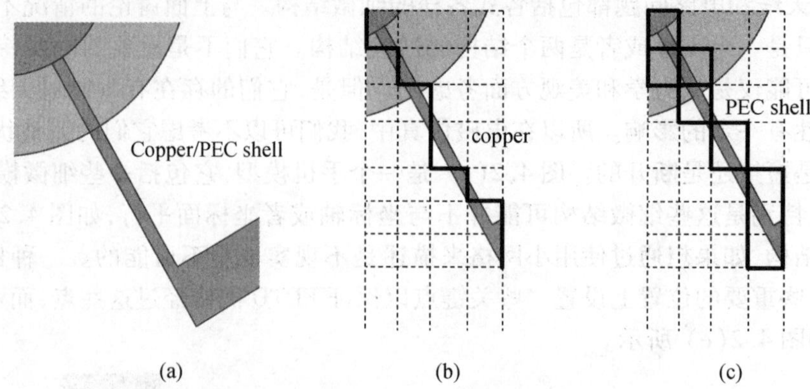

图 4.4　一个倾斜的细金属连接结构模型

(a)倾斜薄金属连接结构;(b)铜材料模型;(c)PEC 外壳模型

需要说明的是:(a) 这个结构的材料不论是金属 PEC 还是铜材料都不会影响仿真结果;(b) 如果我们把这个结构设为铜材料,并能够保证穿过这个结构的 FDTD 网格边界是连续的,那么在仿真中这个结构就是连续的;(c) 如果这个结构是金属 PEC,我们可以复制这个结构的表面并把它定义为金属 PEC,那么拓扑结构保证当网格穿过它时,这个结构是连续的。

下面我们考虑一个包括金属和介质薄板的结构,如图 4.5(a) 所示。对于介质板来说,我们至少要在介质板内部用两个网格来描述它内部场的变化,如图 4.5(b) 和 (c) 所示。与介质板相比,位于它上下表面的金属板的描述要复杂些。如果金属板的厚度很重要,例如对于信号集成问题,我们必须在金属板内部使用至少两个网格来描述金属内部场的变化。在这种情况下,如果网格能够通过金属和介质板的交界面的话,我们对问题模型的描述就是唯一的。

但是对于大部分的天线问题,金属板的厚度并不重要,所以我们可以忽略它的厚度来减少计算时间和内存需求。更重要的是,我们不再需要使用很小的网格来描述金属板的厚度了。我们可以把金属板看作铜材料或者是金属 PEC,对仿真结果都不会有影响。虽然金属板的厚度很薄,但它仍然具有两个面。当它的厚度相对于本地网格尺寸很小的时候,这个厚度将被忽略,金属板的两个界面将合成为一个。否则,我们需要把它当成两个面来处理。一般的电磁仿真软件的网格都是穿过薄板中心的。

首先我们考查铜材料的情况,铜材料具有有限大小的电导率值,所以我们使用介质共形技术。例如,介质板的厚度为 1 mm,金属 PEC 的厚度为 0.01 mm,我们选择最小网格尺寸为 0.5 mm,如图 4.5(b) 所示,就可以得到精确的仿真结果。如果把金属当作铜材料来处理,用图 4.5(b) 所示的网格进行仿真,那么仿真结果将与介质板和金属板输入的顺序有关,后者将把前者抹掉。虽然金属板在一个网格中占的比例少,但是经过加权平均,整个网格将会全部填充为铜材料。因此介质板和金属板就在空间上重叠,后者将会覆盖前者。相反,如果我们把网格设在金属板与介质板的界面上,仿真结果将会更可靠,如图 4.5(c) 所示。金属板和介质板将不会有相互覆盖的关系,并且无论金属板是铜材料或者金属 PEC 都将不会影响仿真结果。

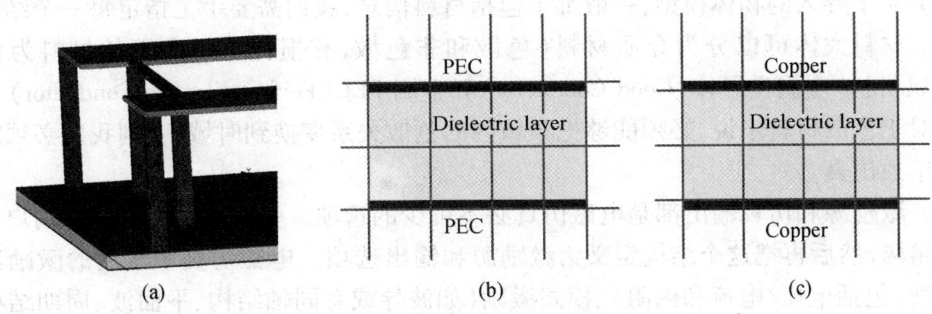

图 4.5　薄金属板的网格设计方案

(a)金属薄板模型;(b)PEC 局域网格分布;(c)PEC 或介质板网格分布

应该指出的是,我们使用不同的方法处理薄金属 PEC 和金属良导体结构。如果 FDTD 网格的一个边与金属良导体交叉,那么 FDTD 的这条边将充满金属导体,只是金属导体的导电率减小些而已。然而,PEC 共形则把 FDTD 的一条边分为两段,其中在金属内部的那一段对应的电场为零,对磁场的贡献仅是在金属外面的那一段对应的电场。弄清楚这些技术我们才能正确理解通过时域有限差分仿真得到的结果。在任何情况下,我们都应该在我们感兴趣的小间隔内或者在小结构(介质或者金属体)内放两个网格以保证仿真结果精确可靠。

4.2　FDTD 仿真的基本过程

虽然不同的商业软件或者读者自己开发的 FDTD 软件在使用上稍有不同,但是当 FDTD 仿真时我们都应该遵从如下的基本过程,以获得精确可靠的仿真结果[3, 4]:

(1) 规定长度和时间单位,单位的选择是由问题的几何尺寸量级决定的,例如,最小感兴趣的几何尺寸为毫米,我们就应当选择毫米作为单位以避免取舍误差给模型描述带来误差。也就是说,我们应当尽可能地避免使用像“0.000 01”这样的数来描述一个长度。一般的建模软件的精度是 10^{-5},也就是说,小数点后的第五位数将是近似的。如果使用商业软件,最好了解其精度要求。

(2) 创建物体模型,一般的电磁软件只能画一些简单的几何形状。这里所说的简单模型对于在大学和研究机构工作的人来说也许已经很复杂了。大部分的实际模型都是由专业的建模软件做的,然后导入到电磁仿真软件中。电磁仿真软件的基本功能应该能够对导入的问题模型进行修改。

尤其重要的是,实际的模型经常包含一些病态单元,如果不对其作修改的话,很可能得到错误的结果。一个病态模型可分为两类:① 一个平面各个顶点的高度不一样,它要么是一个曲面,要么是一个病态的封闭曲面,所以一些与 FEM 或者 MoM 相关的软件要求用户在作仿真之前修正这些问题,基于 FDTD 方法的软件基本可以做到自我修正;② 一个实体物体各表面的法线方向不一致导致物体不封闭。当我们用它与另一个物体相互操作时,根本无法操作或者导致错误的结果。一个软件处理病态模型的能力是至关重要的。当然,我们自己在电磁软件上画的模型原则上不存在上述问题。

(3) 对于导入的物体模型,一般都不包括材料信息,我们需要手工指定每一个结构相应的材料。材料大体可以分为介质材料(色散和非色散,有损耗正切定义的材料为色散材料)、金属材料[金属良导体(Good Conductor)和金属 PEC(Perfect Electric Conductor)]、铁磁体等。对于色散材料来说,必须能够把频域内的色散关系变换到时域,否则我们必须对每一个频率单独仿真。

(4) 激励源和仿真输出都是电磁仿真必不可少的选项。一般的软件都要求用户先画一个端口结构,然后再把这个结构定义为激励源和输出选项。电磁仿真中常用的激励源包括端口激励(包括电压/电流和内阻)、模式激励(如波导或者同轴结构、平面波、周期结构的平面波)。输出包括电压、电流(S 参数或者矩阵)、物体表面上的场或者电流分布、远场参数等。

(5) 与频域方法不同,FDTD 方法的一个主要特征是宽频特性,也就是说,一次仿真就可以得到一个很宽频带上的频率响应。FDTD 方法的激励源一般都是一个窄脉冲,例如高斯脉冲或者微分高斯脉冲。我们使用高斯脉冲的原因是高斯脉冲的频谱也是一个高斯形状,它在我们感兴趣的频带范围内所有的频率分量都不为零。高斯脉冲具有很大的直流频率分量,与此不同的是,微分高斯脉冲能够保证时域信号收敛到零。在 FDTD 仿真中,原则上讲,激励脉冲的选择与激励源的类型无关。但是实际上,对于像平面波和模式激励这样的源,高斯脉冲会引入直流分量到时域结果中。

(6) 在 FDTD 的仿真中,我们通常把计算区域与边界条件放在一起,因为边界条件的位置和性质与问题结构和求解精度有直接的关系。一般来讲,计算区域应该是物体所占空间的大小。对于有限大小的问题,我们需要在物体和吸收边界之间设置一个间距(称之为 White Space)。我们一般用网格个数来定义间距大小,当然也可以用绝对尺寸,如果用绝对尺寸的话,在间距内的网格数是随着本地网格尺寸变化的,而这通常是我们不希望看到的。对于一个无限大的物体,意思是说,我们不想看到物体的边界效应(可能只在某一个方向上),在这个方向上物体应该接触到吸收边界。

(7) 网格设计在 FDTD 仿真中是非常重要的。原则上讲,网格越小仿真结果越精确。但是除非对于很小的问题,否则我们付不起由于网格减小的代价。例如,网格减小一倍,内存需求将变为原来的 8 倍,同时仿真时间将变为原来的 16 倍。同样地,网格太大仿真结果将不精确。通常我们应该遵守这样的原则:找到我们感兴趣的最小结构的尺寸,取最小结构尺寸的一半作为最小网格。最小网格尺寸在三个方向可以相同也可以不同。对于非均匀网格来说,在同一方向上相邻网格尺寸比值要小于 2.5,最大网格尺寸与最小网格尺寸的比值要小于 10。不同方向上最大网格尺寸与最小网格尺寸的比值要小于 20。

(8) 对于一个并行程序而言,除了应该遵从串行程序的一切规则外,它还必须考虑并行划分(任务分配即节点任务平衡)、网络特性以及集群环境与配置。例如,如果计算节点是多 CPU 的并支持 NUMA 系统,我们可以以节点为单元分配任务,否则我们就以核为单元分配任务。实质上,不同的任务分配方式会对计算特性有一定的影响。

(9) 完成上述步骤后,我们应该产生一个 FDTD 仿真的工程文件,除此之外,还应该指定仿真收敛条件及仿真程序什么时候终止,程序终止后还需不需要再继续运行等。

(10) 对于 Windows 平台,我们可以在完成设计后直接仿真。对于要在集群中仿真的问题,我们必须把工程文件提交到集群上仿真。一个好的程序,应该支持任务的浏览器提交。

这样的话,使用程序的人在提交任务和下载结果时无须记住任何 Linux 命令。

(11) 打开结果显示和后处理窗口查看仿真结果与进行必要的数据后处理。

下面我们以极具代表性的例子来分析利用 FDTD 程序解决问题的基本思想、方法以及基本过程。这些例子都是很简单的,有兴趣的读者可以自己做仿真实验来验证并得出自己的结论。

4.3　对偶极子

偶极子是最简单的一种天线形式,因为人们对它的辐射和阻抗特性都已了解,所以经常用于测试电磁仿真软件。在这一节中,我们将用 FDTD 程序仿真半波长偶极子。偶极子的长度为 100 mm,中心馈电并且馈电间距长度为 1 mm,偶极子横截面为 1 mm × 1 mm,如图 4.6(a) 所示。偶极子放置在自由空间中,因此我们不考虑它和周围环境的相互作用。我们需要用吸收边界条件截断计算区域的周围来模拟偶极子在自由空间的行为。吸收边界条件的作用就像微波暗室中的吸波材料一样,避免周围环境对测试结果的影响。今天最精确有效的吸收边界条件是 PML,也称为完全匹配层。匹配层内部的各向异性人工材料能够实现与自由空间的完全匹配,即可吸收来自任何方向和任何频率的电磁波。

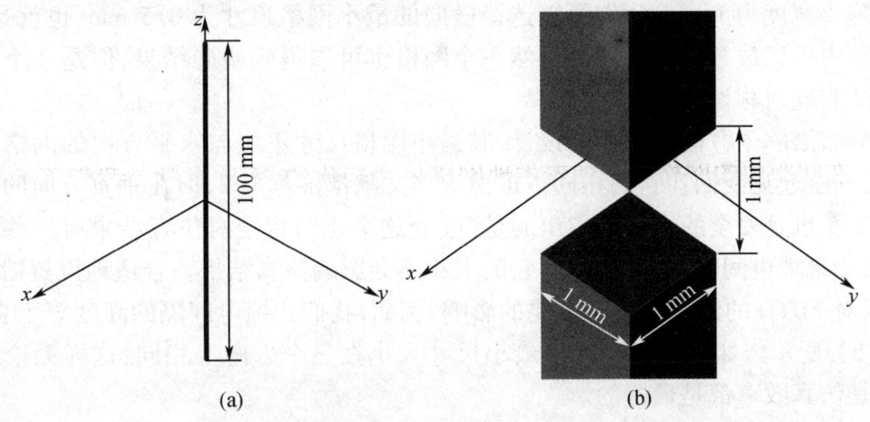

图 4.6　偶极子天线和它的结构尺寸选择

(a)偶极子天线;(b)馈电结构及其尺寸

弄清楚了吸收边界条件的作用,我们就知道为什么要用 PML 截断计算空间,更重要的是,我们还要在偶极子和天线之间建立一个隔离区(称为 White Space),就像我们在微波暗室中做实验一样不能让天线接触到暗室的吸波材料。一般情况下,隔离区的大小为 6 个网格就能够完全消除 PML 的非物理反射而得到精确的仿真结果。虽然隔离区的大小也可以用一个绝对的几何长度表示,但是如果这样的话,隔离区内的网格数就随着本地网格的大小而变化。当然隔离区越大,仿真结果会越精确,但是我们必须在计算时间、内存需求和仿真精度上找到平衡。

因为偶极子的形状是一个长方柱结构,计算区域也将具有相同的形状。我们在偶极子和吸收边界使用相同的间隔,也就是说,围绕着偶极子的空白间隔是相同的。很明显,这个计算区域的高度要比长和宽大得多,我们把这一类计算空间称为病态空间。虽然仿真结果是稳定的,但它的结果可能不精确,特别是远场参数,例如方向性系数和天线增益。造成这个问题的原因是辐射能量的计算有误差,这个误差是由吸收边界条件的非物理反射造成的。

偶极子的激励源可以是一个简单的位于馈电间隔的电压,它的方向由下面的阵子单元指向上面的阵子单元,或者是一个由磁场环路围成的电流,其方向指向上面。通常为了加速收敛,我们要在激励源的位置上放置一个电阻(例如 50 Ω),我们也把它称为激励源的内阻。选择 50 Ω 的原因还在于我们将把反射损耗归一化到 50 Ω。这个内阻的作用是为了吸收谐振能量,减少在偶极子中心形成的谐振。

在这个例子中的输出参数为反射损耗、输入阻抗以及远场场形。我们假设反射损耗和输入阻抗的范围是从 1 GHz 到 5 GHz。反射损耗和输入阻抗的频率输出范围并不影响计算时间,因为反射损耗和输入阻抗是从端口的时域电压和电流通过傅里叶变换得到的。与反射损耗和输入阻抗不同,远场的输出只能在一些指定的频率上,因为这个频率范围必须在 FDTD 仿真之前指出。另外,远场输出的个数直接影响到 FDTD 的仿真时间。

网格分布将直接决定着 FDTD 的仿真时间和精度。决定网格分布有两个因素:一是最小网格;二是相邻网格尺寸的比值。前者是由问题中感兴趣的最小尺寸决定的,而后者则是由用户的经验决定的。在现在的问题中,最小尺寸是阵子的宽度,因此在数值实验中,偶极子的横截面尺寸不能太小,否则,对于这样的简单问题,FDTD 方法的效率是很低的。现在偶极子的阵子宽度为 1 mm,我们可以选择横向的最小网格尺寸为 0.5 mm,也就是说,我们在最小间距内可以放置两个网格。虽然一个网格也可以得到精确结果,但是一个单点激励源没有办法实现对称设置。

网格分布沿阵子方向可以单独设计,其最小网格尺寸不能与水平方向的网格尺寸相差太大,为了安全起见我们让它们相同。虽然很多文献都推荐 1.2,但在垂直方向的相邻网格比例小于 2.5 也是安全的。应该指出的是,改变这个比值将会对仿真结果有一些影响。从理论上讲,如果馈电间隔足够小的话,它的大小不会影响仿真结果。合适地设置馈电间隔的尺寸,可以对 FDTD 的仿真性能有重要的影响,例如,我们让馈电间隔的高度等于它的宽度,如图 4.6(b) 所示。如果我们让网格最小尺寸大小在三个方向上相同,这样无论对仿真结果精度还是仿真效率都是最好的。

一般来讲,如果激励脉冲的频谱足够宽的话,FDTD 仿真结果与激励脉冲的类型没有直接关系。但是激励脉冲的类型和宽度将会影响仿真的收敛速度甚至结果精度。例如,一个高斯脉冲的频谱是高斯脉冲,它的频谱中包含很高的直流分量。高频分量的幅度随着频率的增高而减小。对于 FDTD 方法来说,如果一个频率分量所对应的幅值大于频谱中最大值的 5%,在这个频率上 FDTD 的仿真结果就是可靠的。当然,还要满足最大网格尺寸小于对应于这个频率的波长的十分之一。当有介质时,应该考虑电磁波在介质中的波长。

除了高斯脉冲外,另外一类常用的激励脉冲是微分高斯脉冲,它的频谱仍是一个高斯脉冲,但是其频谱的最大幅值向高频方向移动并且直流分量为零。我们知道,由于电流流动所产生的电荷积累可表示为

$$q = \int_0^{t_0} I\mathrm{d}t \tag{4.1}$$

高斯脉冲频谱中的幅值都为正值,即都在 x 轴之上。我们可以看到上述积分值大于零,

即存在激励电流所产生的电荷积累。如果我们所仿真的问题结构没有回路，这个电荷积累将产生直流分量并导致时域信号不收敛到零。虽然我们也可以通过一些信号处理技术得到它的 Fourier 变换结果，但是这是我们不希望看到的。所以在使用像平面波激励和模式激励时，尽量不要使用高斯脉冲作为激励源。

对于电压激励源，或者一些商业软件中由此定义的 Lumped 端口激励源，如果我们加一个内阻，就会形成一个回路并消除高斯脉冲的电荷积累及其产生的直流分量。

无论使用高斯脉冲还是微分高斯脉冲作为激励源，一个好的选择是让脉冲的 3 dB 带宽频率等于我们所感兴趣的最高频率，例如在这个例子中为 6 GHz。偶极子天线的反射损耗和输入阻抗如图 4.7 和图 4.8 所示。当频率为 1.38 GHz 时，我们得到的 2 - D 方向性系数和 3 - D 远场分布，如图 4.9 和图 4.10 所示。

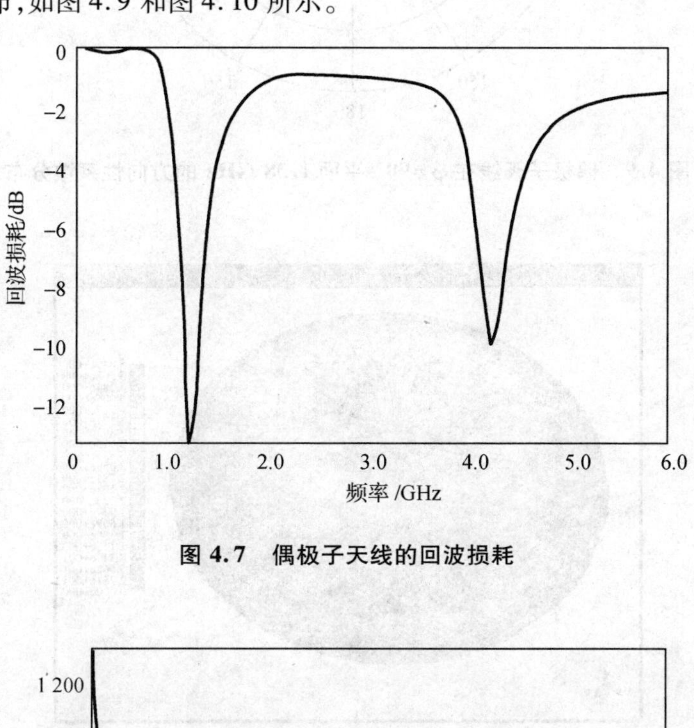

图 4.7　偶极子天线的回波损耗

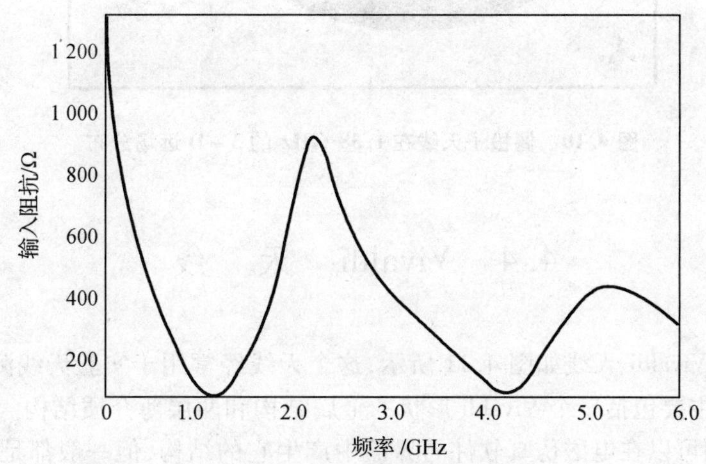

图 4.8　偶极子天线的输入阻抗

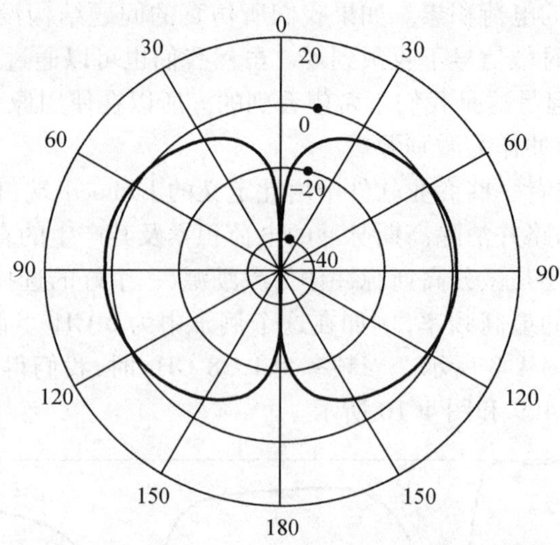

图 4.9　偶极子天线在 $\varphi=90°$ 平面 1.38 GHz 的方向性系数分布

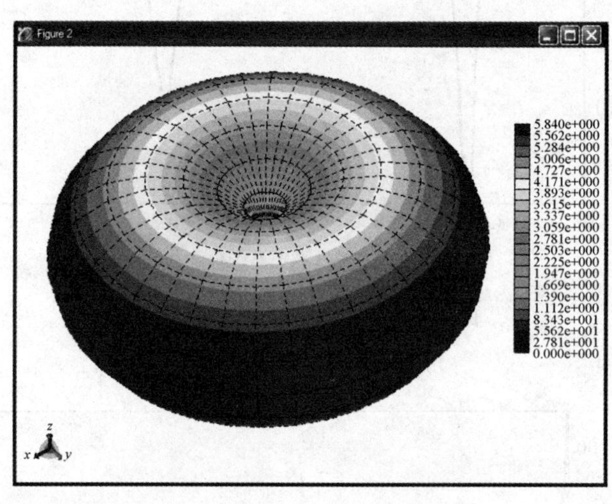

图 4.10　偶极子天线在 1.38 GHz 的 3－D 远场分布

4.4　Vivaldi　天　线

用于仿真的 Vivaldi 天线如图 4.11 所示，这个天线经常用于实验天线测试电磁仿真软件包。这个天线主要包括三个 Vivaldi 形状的金属结构和两层薄介质结构。由于 Vivaldi 形状复杂，虽然我们可以在电磁仿真软件的界面中产生它的结构，但一般都是从一个 CAD 文件导入到电磁仿真软件中。

在导入电磁仿真软件之前，我们需要知道文件格式是否相匹配，包括文件的版本号是否匹配。如果不一致，我们需要通过另外的第三方软件将其转换为一致格式。无论我们是在

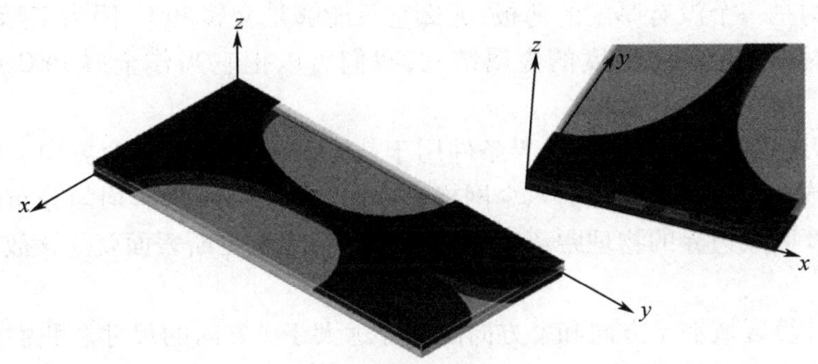

图 4.11　Vivaldi 天线的结构

电磁仿真软件还是在其他软件中产生一个模型时,都不要把材料不同的结构联合成一个物体。否则,我们无法在电磁仿真软件中指定每个结构的参数。如果我们能够正确地将一个 CAD 文件导入到电磁仿真软件中,我们就可以进一步制定结构参数和颜色 。

成功导入模型到电磁仿真软件后,下一个重要的任务就是研究如何激励这个天线。因为图 4.11 并没有给出馈电结构,我们必须构造它的馈电结构。有时候一个天线的馈电结构并不只有一种方式。不同的激励方式可能产生不同的仿真结果。从这个天线结构看,我们需要把馈电端口延伸成一个同轴结构,如图 4.12 所示。外导体与上下两个 Vivaldi 金属结构相连(或称地结构),内导体与中间的 Vivaldi 金属体相连(芯线)。馈电同轴线的长度约为 10 到 20 个网格,如果太短可能会引入高频模式到仿真结果中,如果太长将会增加仿真的计算量。这就是说,在构造馈电结构时,我们需要适当地选择馈电结构的长度。如果我们假设各个方向的最小网格尺寸相同的话,先看看在三个方向最小感兴趣的尺寸大小,然后再决定最小网格尺寸的大小和馈电结构的长度。

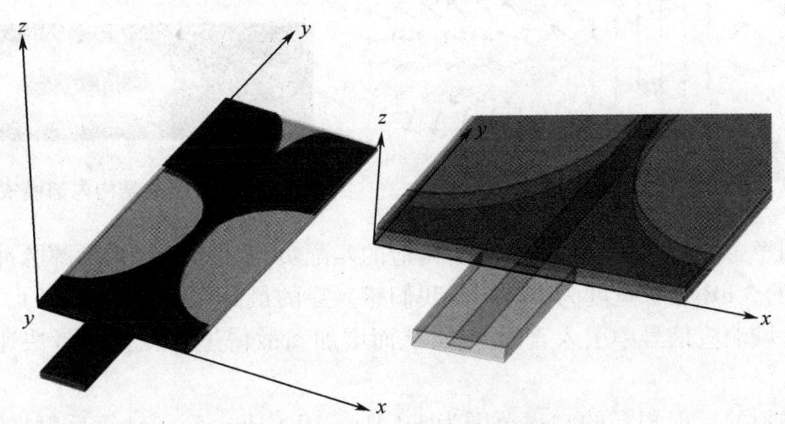

图 4.12　Vivaldi 天线的馈电结构

下面我们将描述如何在 FDTD 仿真中产生一个好的结果。在 FDTD 方法中,为了求解远场参数,我们需要使用一个封闭的表面把天线围起来,这个表面称为惠更斯表面。我们通过求解惠更斯表面的电流和磁流的切向分量分布,通过近远场变换来求解远场参数。也就是说,如果需要求解远场参数,天线结构必须具有有限大小的尺寸。

对于天线问题,金属结构选取 PEC 或者铜材并不影响 FDTD 仿真的结果。如果在构造模型中金属结构是一个没有厚度的薄板,那么它只能够是金属 PEC,因为实际的物理结构都必须有厚度。对于一个有限厚度的金属结构,我们可以把它当作金属 PEC 或者铜材料来处理。

对于有限大小结构问题,吸收边界条件用于截断计算区域的六个方向。我们可以设置天线和计算区域边界的空白区域为六个网格,这六个网格可以是非均匀分布的。这样可以增加天线到计算区域边界的物理距离。上面我们谈到的惠更斯表面就应该放置在这个空白区域内。

这样一个计算区域在 x 方向和 y 方向的尺寸远大于 z 方向的尺寸。我们也把这样结构的计算区域称为病态区域。如果在 z 方向的尺寸与 x 方向和 y 方向的尺寸相比太小,FDTD 的仿真结果很可能不稳定。这个不稳定是由 PML 边界条件引起的。为了克服这个不稳定,我们需要把 z 方向计算区域的尺寸增加一些。我们也可以通过增加 S_x, S_y 和 S_z 中的 α_x, α_y 和 α_z 的值使仿真结果稳定。α_x, α_y 和 α_z 的值一般为 0.2 ~1。

一般来讲,在产生网格分布时,我们也在两层介质的垂直方向放置 2 ~4 个网格。无论如何,我们都应该使 FDTD 的网格线与两种介质的界面重合。

因为我们需要计算远场的参数,馈电结构不能够接触到 PML 吸收边界,所以我们必须把馈电结构终止在计算区域内部。由两种方法来实现:一是用一阶精度的 Mur 吸收边界条件作为匹配负载截断馈电结构;二是用一阶精度的 PML 吸收边界条件作为匹配负载截断馈电结构。前者实现比较简单,计算精度稍差一些,但在工程上一般是可以接受的。

因为馈电结构同轴线的横截面是矩形结构,它支持 TEM 波。我们使用数值方法和频域有限差分方法(FDFD),提取矩形结构所支持的 TEM 波模式分布,如图 4.13 和图 4.14 所示。TEM 波的模式场分布将用作馈电结构的激励源。

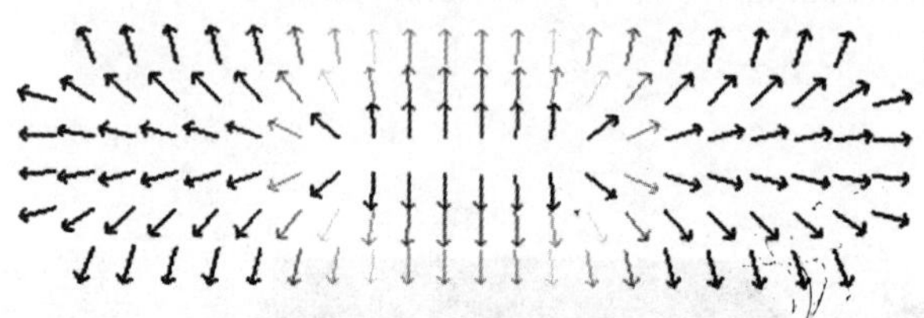

图 4.13　馈电结构内部模式的电场分布

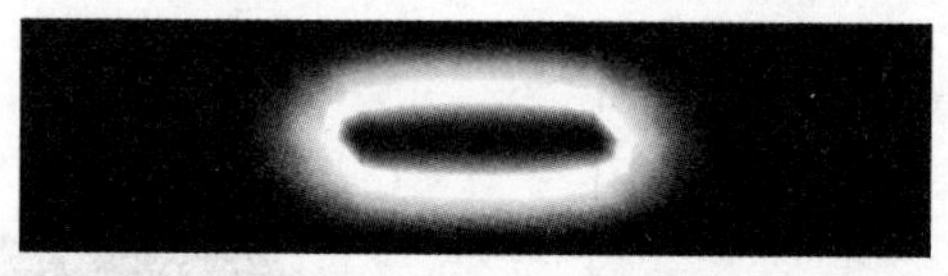

图 4.14　馈电结构内部模式的磁场分布

在这个例子中,馈电结构是由 PML 所构造的匹配负载截断的。激励源脉冲应该用微分高斯脉冲,它的 3 dB 频带宽度为 10 GHz(我们感兴趣的最高频率为 10 GHz)。使用高斯脉冲可能会在时域响应信号中引入直流分量,从而增加离散傅里叶变换或者快速傅里叶变换的复杂性。

我们感兴趣的反射损耗的频率范围为 1 GHz ~10 GHz。为了计算反射损耗,我们需要测量激励端口场的分布,并且把这个场分布投影到 TEM 波的模式上。我们为模式定义一个模式电压和模式电流,通过模式电压和模式电流计算反射损耗。不仅如此,还可以通过模式电压和模式电流以及模式电压和电流在传播方向上的差分计算 TEM 的传播因子和衰减常数。

反射损耗的带宽并不影响计算时间。它在高频段的精度主要是由网格分布中的最大网格尺寸决定的。一般来说,网格中的最大网格尺寸应该小于我们所感兴趣的最高频率所对应的波长的十分之一。在 FDTD 仿真中,最小网格尺寸决定仿真的效率,而最大的网格尺寸决定了高频结果的精度。

最小网格尺寸的选择主要由两个参数决定:其一是我们所感兴趣的最小结构尺寸;其二是我们所感兴趣的最高频率。对于一个多分辨率尺寸问题,我们更关注的是如何描述最小尺寸内部场的变化。但是,我们必须保证在最小尺寸内部至少放置两个网格。最大尺寸的网格一般是由非均匀网格的网格比例来决定的。改变最大网格尺寸是通过改变网格比例来实现的。Vivaldi 天线的反射损耗如图 4.15 所示,它显示了 Vivaldi 天线的宽带特性。

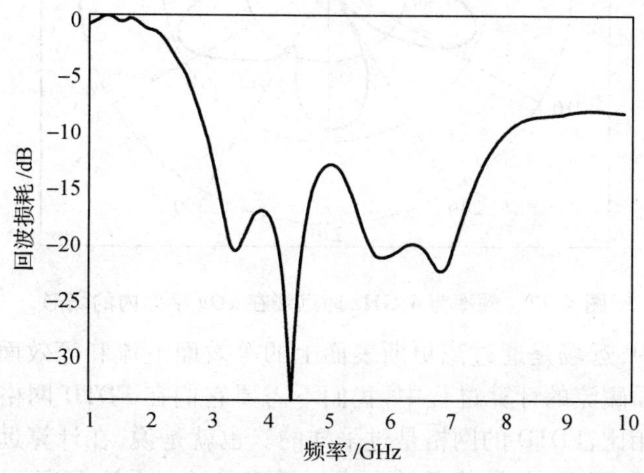

图 4.15　Vivaldi 天线的回波损耗

当频率为 6 GHz 时远场在 xOz 和 yOz 平面场形如图 4.16 所示。从图 4.16 可以看出远场场形是关于 z 轴对称的。当频率为 6 GHz 时远场在 xOy 平面内的场形如图 4.17 所示,它在三个方向上都不具有对称性。

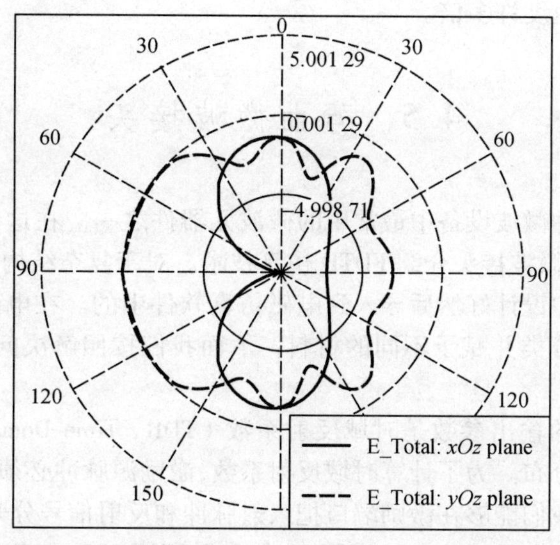

图 4.16　频率为 6 GHz 时远场在 xOz 和 yOz 平面内的场形

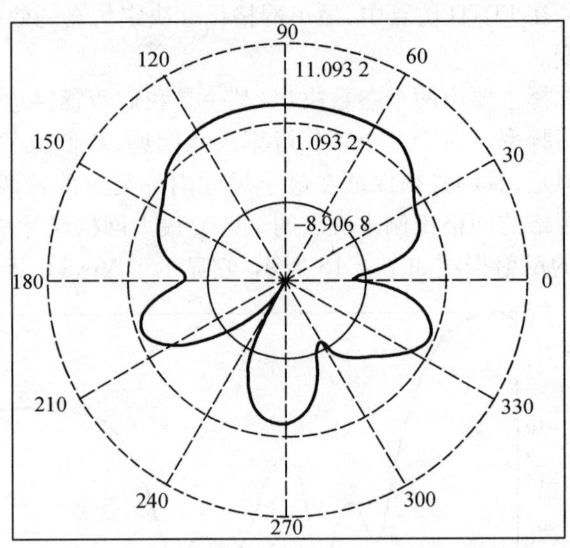

图 4.17 频率为 6 GHz 时远场在 xOy 平面内的场形

在 FDFD 仿真中,远场是通过惠更斯表面上的等效面电流和等效面磁流来计算的。在等效面电流和等效面磁流的计算过程中,我们不需要它们在 FDTD 网格上的分布。与远场计算的分辨率要求相比,FDTD 的网格是过采样的。也就是说,在计算远场时我们不必使用 FDTD 的网格,而是在 FDTD 的网格基础上进行稀疏采样。无论 FDTD 网格大小如何,我们都可以把计算远场的分辨率设定为每个波长 7 至 10 个网格。

我们可以在时域内使用同样的方法处理,例如,我们没有必要在 FDTD 仿真的每一步都在惠更斯表面上作离散傅里叶变换,而是根据奈奎斯特原理(Nyquist-Shannon sampling theorem),只需要在一个周期内有两个采样点就足够了。利用空间和时间上的稀疏采样,我们可以加速近远场变换速度许多倍。

4.5 弯曲微波接头

微波接头是在各种微波设备中最常用的微波元器件之一。在这一部分,我们针对一个如图 4.18 所示的弯曲微波接头介绍 FDTD 仿真技术。对于复杂结构问题,问题的模型一般都是在专业建模软件中设计好然后导入到电磁仿真软件中的。在电磁仿真软件中,我们需要对导入的模型进行分类并赋予不同的材料。下面我们按照解决问题的一般思路来描述 FDTD 的仿真过程。

这里我们所关心的输出参数是时域反射系数(TDR, Time Domain Reflectometry)以及在微波接头内部的场分布。为了计算时域反射系数,激励源脉冲必须是窄的高斯脉冲,其宽度应该足够窄以至于我们能够在激励端口把入射脉冲和反射信号分开。

现在所研究的问题不是开放空间问题,我们只需要用 PML 把两个端口匹配链接即可,这样做是为了把接头的两端均匀地延伸到无穷远。而其他的四个方向只需要用 PEC 边界截断即可。因为输出参数是时域反射系数和结构内的场分布,计算区域就是微波接头所占

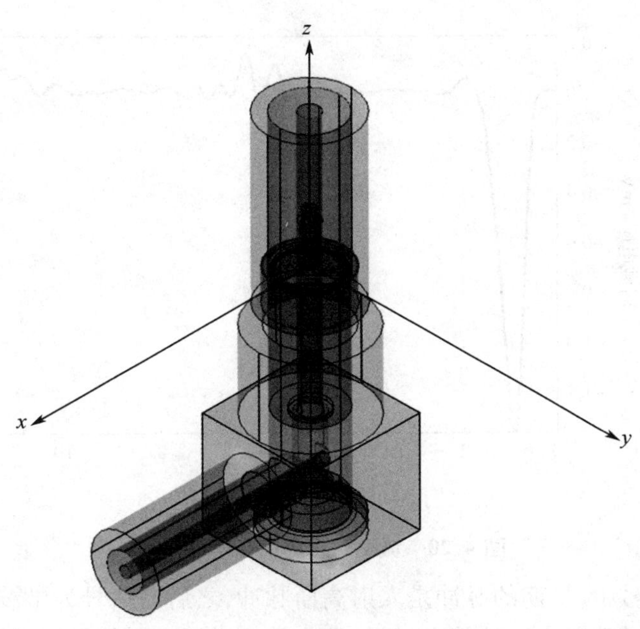

图 4.18　同轴微波接头的结构

的区域。也就是说,我们不需要任何的空白空间。

为了产生网格分布,我们需要找到我们感兴趣的最小结构尺寸。例如,最小结构尺寸如图 4.19(a) 所示,它的尺寸是 0.1 mm,因此最小网格尺寸应该为 0.05 mm。局域网格分布如图 4.19(b) 所示。为了计算时域反射系数,在仿真过程中,我们不需要等到端口测量的时域信号完全收敛,因为时域反射系数是反映时域特征的。当高斯脉冲完全通过微波接头后,我们就可以得到完整的时域结果。但是,为了得到频域响应,我们必须等到时域信号完全收敛。在激励端口测得的时域电压信号如图 4.20 所示。

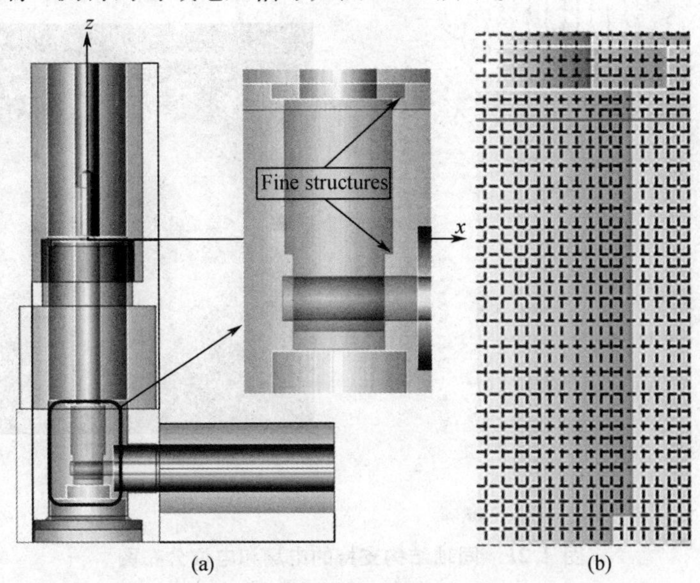

图 4.19　模型中的细微结构和局域网格分布

(a)模型中的细微结构;(b) 局域网格分布

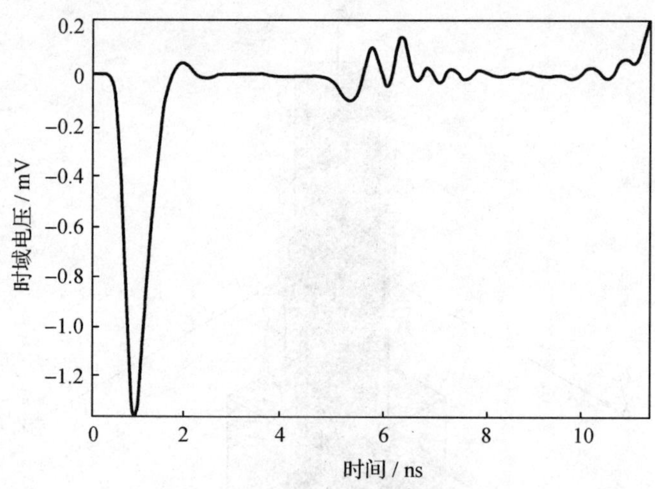

图 4.20　激励端口的时域电压信号

在时域电压信号中,早期的脉冲是入射高斯脉冲,之后的信号为微波接头中不连续结构的反射。如果已知微波接头中的填充材料,那么就知道了入射信号通过微波接头的时间,这样我们就知道了在什么时候停止 FDTD 仿真。所以看似很复杂的问题,其实仿真时间并不是很长。有关时域反射系数的定义请参考附录 9。

假设将上面的端口用作激励端口(参考图 4.19),我们需要提取端口所支持的模式场分布。虽然我们可以使用解析的方法得到由同轴结构支持的 TEM 模式分布,但是从外面导入的模型可能不是标准的同轴结构,这将会引入误差到仿真结果。使用数值方法将不存在上面的问题。数值方法是基于 FDFD 方法,模式提取的网格与 FDTD 的网格分布相同。我们得到的 TEM 模式场分布如图 4.21 所示。

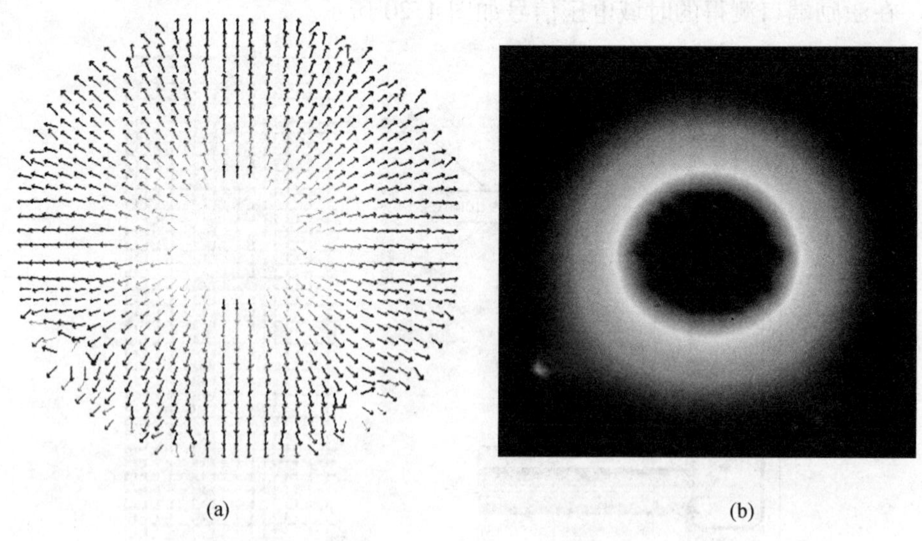

图 4.21　同轴结构支持的电场和电位分布图

(a)TEM 模式的电场分布;(b) TEM 模式的电位分布

如果我们使用3 dB频带宽度为60 GHz的高斯脉冲作为激励源，微波接头的时域反射系数如图4.22所示。

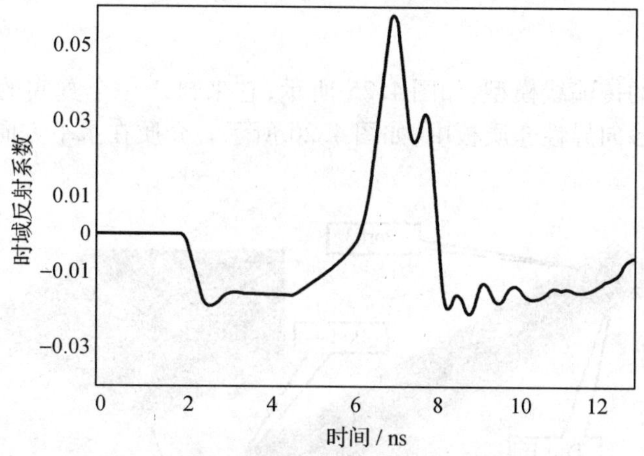

图4.22　微波接头的时域反射系数

为了观察场在微波接头内部的场分布以及传播情况，我们需要定义两个矩形平面并规定我们感兴趣的分量，如图4.23所示。在FDTD仿真中，我们将输出这个平面上每一个点每一时刻的电场和磁场值。这个输出文件可能很大，所以我们要限制输出平面在我们感兴趣的范围内。这就是我们用两个矩形来表示微波接头内部场的原因。电场值在微波接头内部某一时刻的分布如图4.24所示。

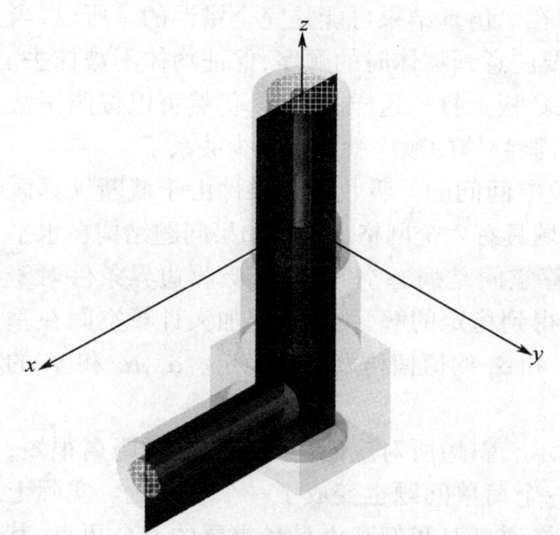

图4.23　用于输出微波接头内部场的两个矩形平面

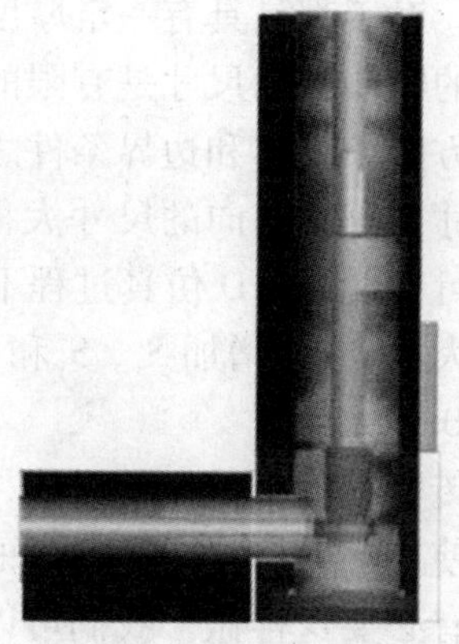

图4.24　电场在微波接头内部某一时刻的分布

4.6 平行传输线

这是一个简化的传输线模型,如图 4.25 所示,它来自于一个真实的芯片模型。两条并行传输线埋在四层各向异性介质板中,如图 4.26 所示。介质在水平方向具有和垂直方向不同的介电常数。

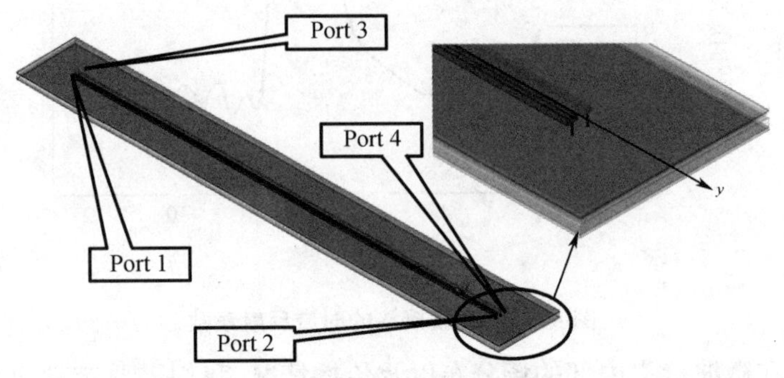

图 4.25 埋在介质板中两条平行传输线和端口定义

四层介质板的尺寸都是有限的,它们有一个共同的金属背板。如果 PEC 地板没有厚度的话,画物体的顺序是很重要的。如果我们先画没有厚度的金属 PEC 地板,再画金属 PEC 地板之上的介质板,那么没有厚度的金属 PEC 地板将被上面的介质板抹去。实际上,没有厚度的金属 PEC 地板在我们仿真过程中并不存在。仿真结果可能是完全错误的。所以,当问题空间包含没有厚度的金属 PEC 板时,一定要注意画物体时的顺序,保证物体不被抹去。但是对于像要用三维物体在没有厚度的金属 PEC 板上打孔这样的操作,仍然可以按照正常过程进行。对于都是具有一定厚度的物体而言,画物体的顺序就没有多少关系了。

目前的物体结构尺寸是有限的,所以是开放空间问题。吸收边界条件由于截断计算区域的六个方向。物体和边界条件之间的空白区域具有六个网格大小。如果问题结构在水平方向的尺寸比垂直方向的尺寸大得多,那么计算空间是病态空间,PML 吸收边界条件对于这类问题可能使 FDTD 仿真过程不稳定。为了得到稳定的解,我们需要加大计算空间在垂直方向的大小,或者增加 S_x, S_y和 S_z中的 α_x,α_y 和 α_z 的值使仿真结果稳定。α_x,α_y 和 α_z 的值一般为0.2 ~1。

两条传输线的横截面是梯形,如图 4.26 所示。斜边所对应的两个点之间的距离很短,如果通过使用小网格来描述梯形的斜边,这样一个简单问题也变成了一个大问题。实际上我们也没有必要这样做。我们可以使 FDTD 网格通过对我们来说是最重要的一个顶点,其斜边使用 FDTD 共形技术来处理。就目前的这问题,底边对应的顶点最重要,所以我们应该使 FDTD 网格通过这个顶点,如图 4.27 所示。这样就能够比较准确地描述两条传输线之间的耦合度。

我们一般需要在两个平行传输线之间放置至少两个网格来描述它们之间场的变化。如果我们在两个平行传输线之间仅放置一个网格,那么两条传输线就有可能粘连在一起导致一个错误的结构模型。

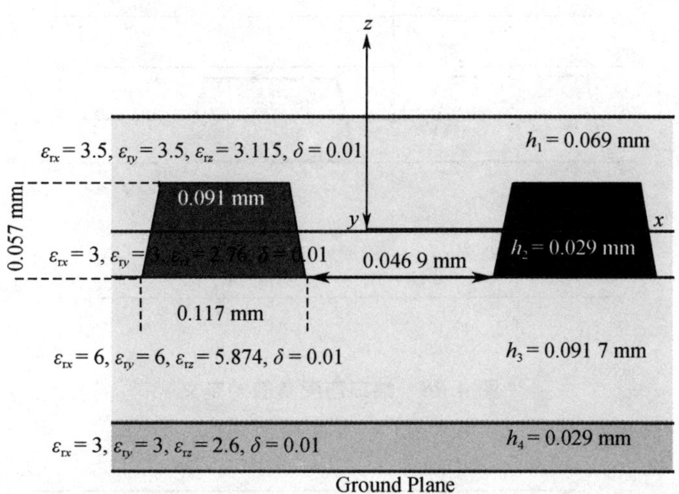

图 4.26　埋在介质板中两条平行传输线截面形状、尺寸以及介质材料参数

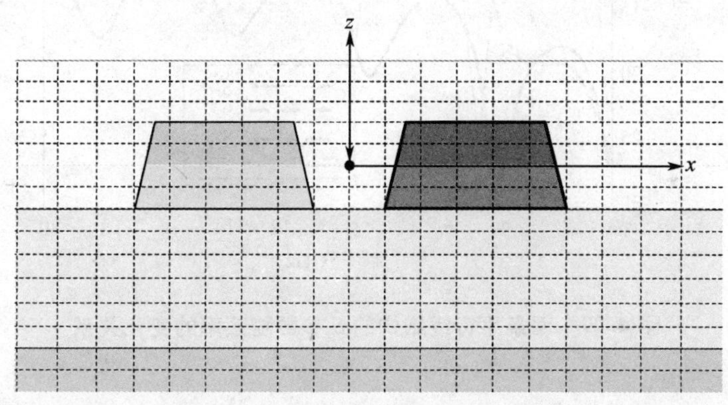

图 4.27　梯形结构周围的网格分布

为了计算 S 参数,我们需要使用 50 Ω 匹配负载连接由传输线和金属板形成的四个端口,如图 4.25 所示。匹配负载的形状可以是和梯形底边宽度一样的一个平面,也可以是一条线,如图 4.28 所示。实际上,后者通常也是一种很好的近似并且比较简单。

为了求解 S 参数,我们需要用 FDTD 程序仿真问题四次,每一次使用激励 Lumped Port (包含一个电压激励和一个 50 Ω 的内阻并返回端口的电压和电流)激励一个端口,而其他三个端口使用匹配 Lumped Port (包括一个 50 Ω 的匹配负载以及返回端口的电压和电流)匹配起来。从四次仿真中,我们得到 $S_{11}, S_{21}, S_{31}, S_{41}, \cdots, S_{14}, S_{24}, S_{34}, S_{44}$ 的 S 矩阵。S_{11}, S_{21}, S_{31} 和 S_{41} 呈现在图 4.29 中。

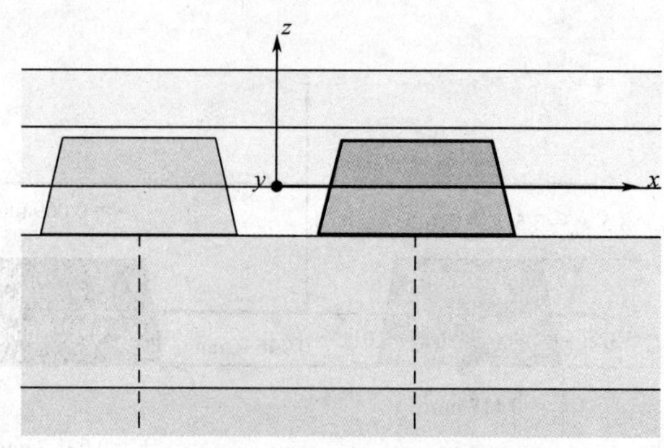

图 4.28　端口匹配负载的定义

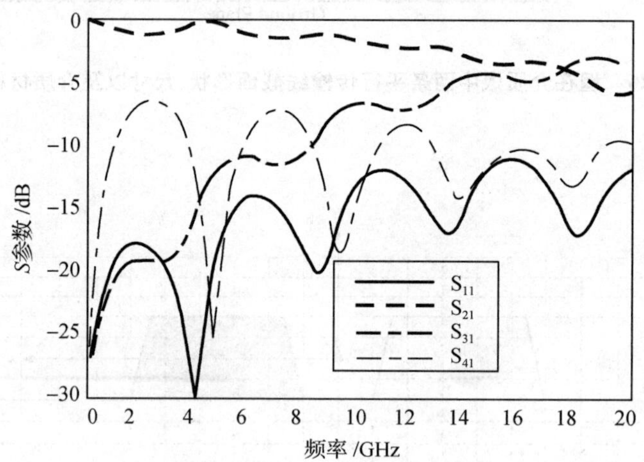

图 4.29　两条平行线结构的 S 参数随频率的变化关系

4.7　两端口天线

这个天线包括两个端口，如图 4.30 所示。在金属地板和弯曲天线之间是一层介质板。耦合隔离器通过六个金属圆柱体与金属地板短接在一起。金属地板和介质板都是有限大小的。

如果两个端口之间的距离足够远并且在它们之间没有其他物体，我们可以为每一个端口定义一个模式端口，如图 4.31 所示。模式端口的高度和宽度会影响 FDTD 仿真的结果，一般来说，模式端口的高度是介质板厚度的四倍即可。而模式端口的宽度也应该是信号线宽度的四倍。对于大多数情况，使用 Lumped Port 激励（仅需要一条在信号线到金属地板间的连线），我们可以得到很好的结果。

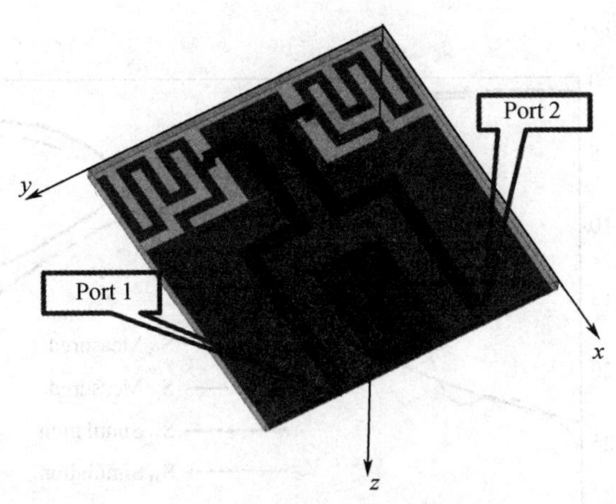

图 4.30　天线结构图和端口定义

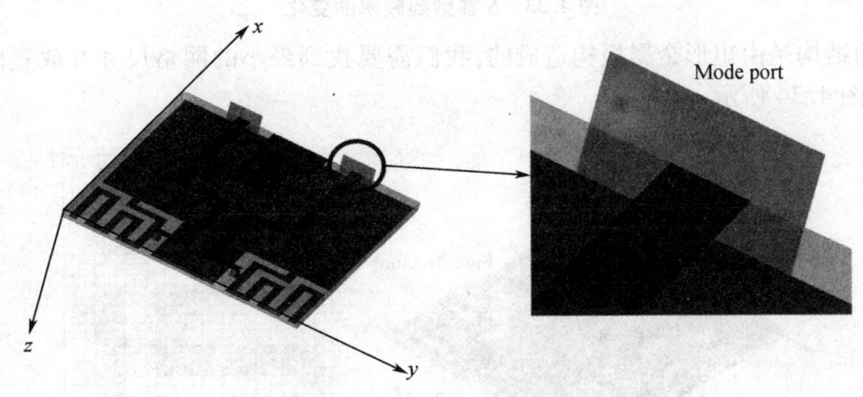

图 4.31　模式激励端口的定义

如果我们使用模式端口激励,在垂直方向的尺寸将是天线介质板厚度的四倍,在大多数情况下计算区域就不再是病态的了,这样得到的仿真结果是稳定的。但是如果发现仿真结果不稳定,我们仍然可以用加大计算区域在垂直方向的尺寸或者调整 PML 参数使结果稳定。

我们使用 FDFD（频率有限差分）数值方法提取模式的场分布,如图 4.32 所示。在模式提取中,我们使用与 FDTD 相同的网格,这样可以避免场值在模式场和 FDTD 网格之间的空间插值。吸收边界条件用于截断计算空间的 6 个方向,天线和吸收边界之间的空白区域为 6 个网格。

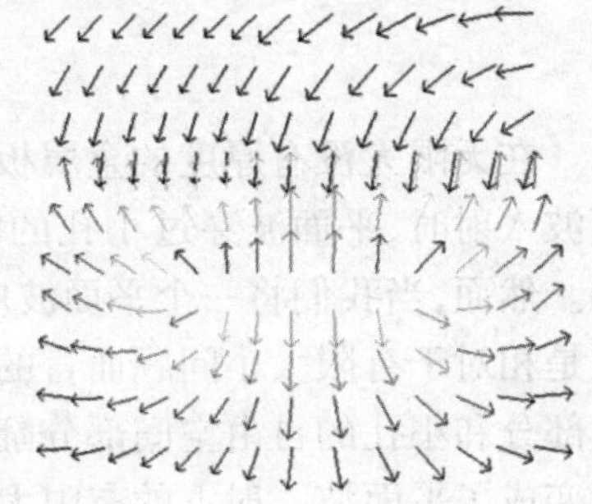

图 4.32　模式电场分布

因为这个天线有两个端口,为了计算 S 参数,我们需要做两次 FDTD 仿真。一次激励一个端口,而用一个 50 Ω 的匹配负载截断另一个端口。为了加速 FDTD 仿真,我们完成一个端口激励的仿真后,实际上 FDTD 程序并不退出并保留所有网格和材料分布信息,我们将重新开始运行第二个激励端口。这样我们省去了每次产生网格和材料分布的时间。而对于大的问题这又是相当费时间的。S 参数的结果显示如图 4.33 所示。

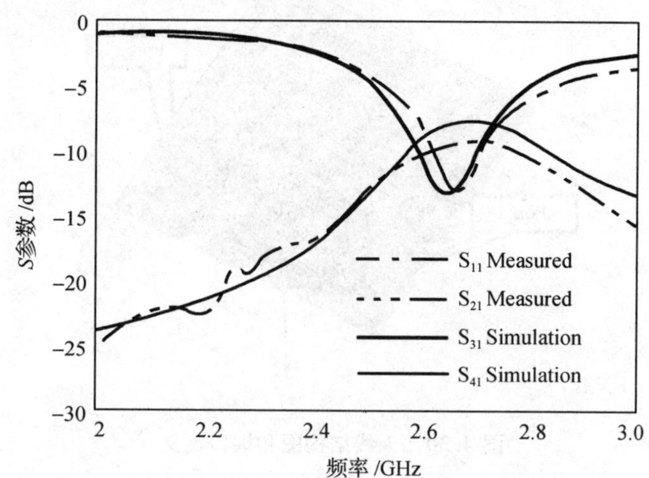

图 4.33　*S* 参数随频率的变化

天线的结构是由矩形金属板构造成的，我们需要找到最小的网格尺寸并放置两个网格在其中，如图 4.34 所示。

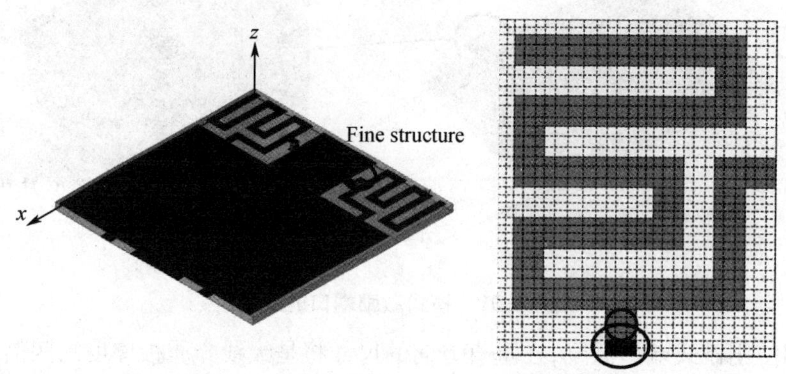

图 4.34　两个端口天线的局域网格分布和最小结构

4.8　小 孔 耦 合

在无限大没有厚度的金属板上刻有两个小孔，如图 4.35 所示。我们需要计算当一个平面波入射时，平面波穿过小孔的能量。如果金属板尺寸是有限的，这个问题将是相当简单的。然而，当我们将一个平面波应用到一个无限大金属板时就有问题了。因为平面波的定义是相对于有限大小问题而言的。这里有两种解决问题的办法。一是利用对偶原理，把金属部分和小孔的自由空间部分翻转，并且把入射场的电场极化和磁场极化翻转。这样问题就变成了平面波入射下的有限大小物体的散射问题了。求出平面波在入射方向的能量即为透射能量。这种方法要求金属板必须没有厚度，否则这种方法将失效。另一种方法是直接求解法，我们把激励平面波源深入到 PML 吸收边界内部，并以高斯分布递减，用这种方式减少平面波的截断效应。

图 4.35　无限大金属板上小孔阵列的分布

在对偶问题中，问题的结构变为如图4.36所示的结构。小孔的结构尺寸已标明在图 4.36 中。原来的小孔现在变成了金属 PEC。这个问题的原始模型是在 MoM 程序中生成的并且已有仿真结果，我们后面还将比较 FDTD 与 MoM 的仿真结果。再一次地，如果金属是有厚度的话，这种方法就不成立了。

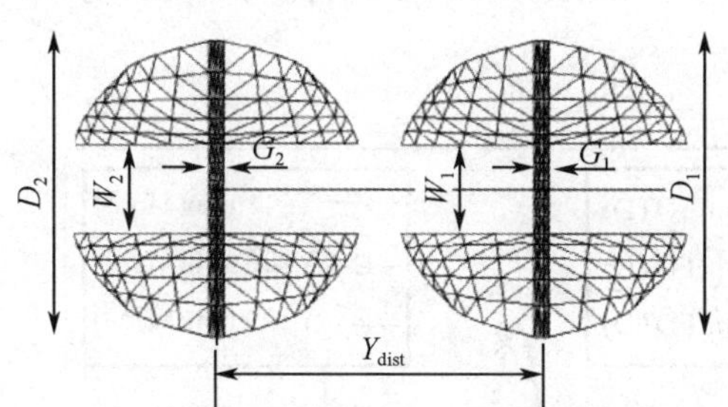

图 4.36　小孔阵列的对偶问题

下面我们用 FDTD 方法求解原始问题，这种方法对尺寸有限的和没有厚度的金属板同样适用。因为金属板在水平方向是无限大的，所以我们用吸收边界条件截断计算区域，并且金属板应当接触到吸收边界。当金属板接触到吸收边界条件时，吸收边界条件将把金属板扩展到无穷远。为了得到精确解，在计算区域内部的金属板尺寸应该比小孔的范围大 4 到 5 倍。因为金属板是无限薄的，它在垂直方向的厚度为零。虽然我们可以用空白空间来控制金属板和吸收边界之间的距离，但是除了惠更斯面之外的所有输出参数都无法设置在空白区域。为此，我们在垂直方向手工加上一个计算区域，例如在金属板的上下各加 3 mm 的空白区域。我们也同样使用吸收边界条件截断计算区域在 z 轴上的两个方向，在金属板和吸收边界之间的距离为 3 mm 加 上空白区域的六个网格。

这个问题中的细微结构为两个金属片之间的小缝隙。对于目前的这个问题，为了得到精确解，我们应该在小缝隙内放置 4 个网格，如图 4.37 所示。

正入射平面波来自于 z 轴，入射到金属板上，它的计划方向为 E_x，如图 4.38 所示。

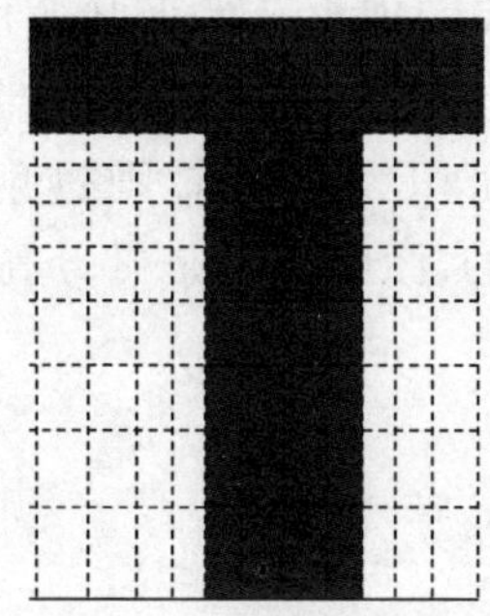

图 4.37　在小缝隙周围的局域网格分布

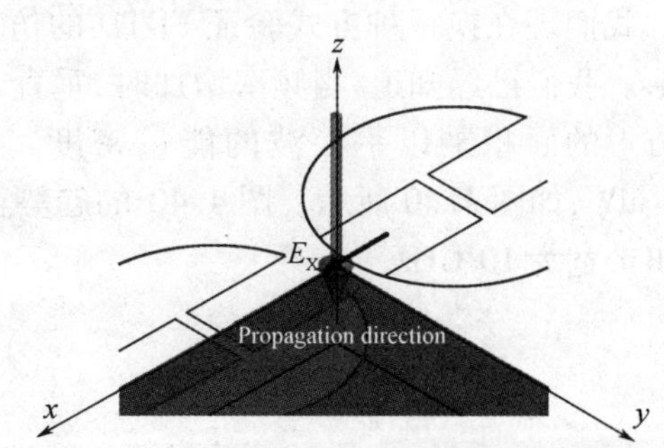

图 4.38　具有 E_x 极化的入射平面波

输出参数为平面波穿过小孔的能量,这个能量应该归一化到入射场的能量密度。从原理上讲,我们可以在小孔的位置上设置一个平面,计算这个平面上波因廷(Poyting)矢量的积分及得到平面波透过小孔的能量。但是,由于在 FDTD 方法中,电场和磁场在空间上相差半个网格,为了求解波因廷矢量,我们必须利用输出面上下的两个磁场得到在该面上的平均值。由于上面的磁场在金属板之上,因此能量的计算误差很大。为此,我们设置一个盒子并放置在小孔之下,去掉它的上表面,使这个无顶面的盒子完全包围小孔的下半空间。我们通过计算通过盒子五个面的能量来计算通过小孔的能量[2]。穿透过小孔的能量随两个小孔之间距离的变化(11 mm,20 mm 和 29 mm)情况如图 4. 39 所示。为了比较,我们也把用 MoM 方法得到的结果画在同一张图上。从图 4. 39 可以看出,FDTD 与 MoM 结果吻合得很好。

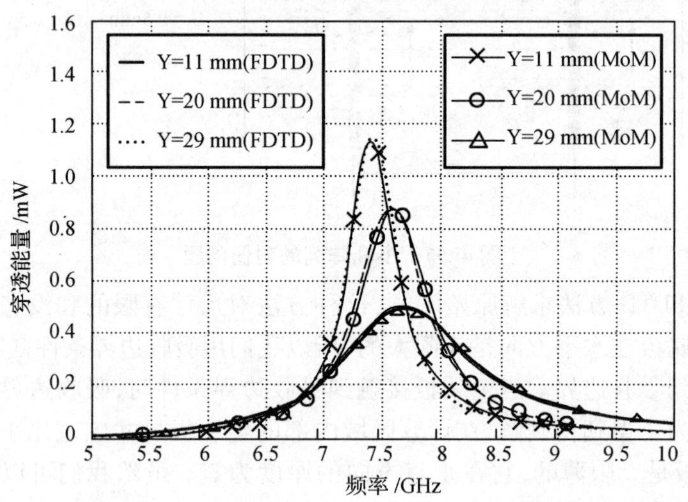

图 4. 39　用 FDTD 和 MoM 方法得到的垂直入射平面波透射过两个小孔的能量

由于对称性,我们可以只仿真实际问题空间的四分之一。此时,我们应当选择适当的边界条件来截断对称边界。对称边界的选取与平面波的极化有关,例如,如果平面波的极化为 E_x,在 x 方向的对称边界就应该用 PEC,而在 y 方向的对称边界就应该用 PMC。如果平面波的极化改变了,相应的对称边界也应该改变。

我们现在换一种方式验证 FDTD 的仿真结果。例如,我们把小孔的形状改成为一个正方形。我们已经知道,当频率增加时,垂直入射平面波透射过这个正方形孔的能量应该等于正方形的面积乘以平面波的能量密度。如果正方形的面积为 4 mm,则透射能量趋于 1.6 mW,如图 4. 40 所示。图 4. 40 的趋势正是我们所期望的,激励脉冲是微分高斯脉冲,其 3 dB带宽为 10 GHz。

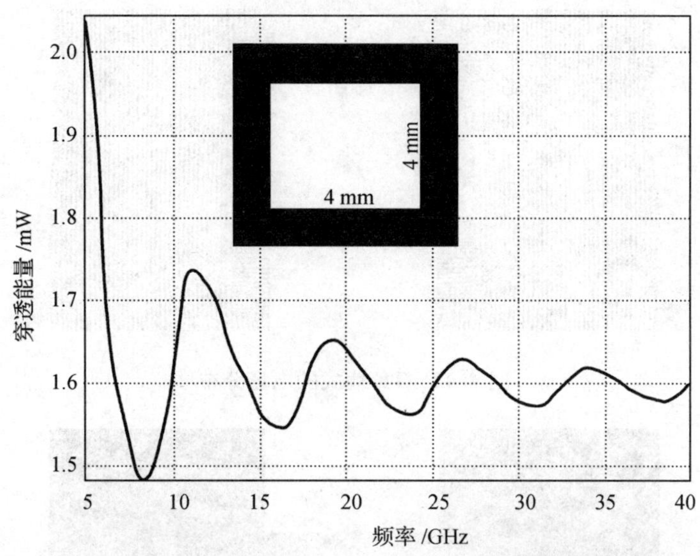

图 4.40　垂直入射平面波透过一个正方形小孔的能量随频率的变化

4.9　微波滤波器

微波滤波器的结构如图 4.41 所示。这个滤波器的文件格式是 STEPS 文件格式的,它可以直接导入 FDTD 图形界面。有时产生一个问题的模型比这个问题的仿真还要困难。我们得到这个模型时,它是个实体模型。为了得到滤波器模型,我们首先选择实体模型的所有表面并复制一个空壳结构,然后删除原始的实体模型。选择除了两端面外的所有表面,把他们联合成一个物体并把它们定义为金属 PEC。选择两端的两个面并把它们定义为激励端口和输出端口。

这是一个闭域问题,滤波器的两端通向无穷远,在仿真中它们与完全匹配负载链接。滤波器的两端用吸收边界条件截断,其他四边用 PEC 边界条件截断。滤波器的两端接触到吸收边界条件而被延伸到无穷远。因为滤波器的壁厚为无穷薄,只要使用合理的网格尺寸(小于最高频率对应波长的十分之一),并且它能够描述滤波器壁弯曲的任何合理网格尺寸,滤波器的壁一定是封闭的。如果滤波器的壁厚是有限的,为了保证波导壁不泄漏,网格尺寸应该小于壁厚的一半。

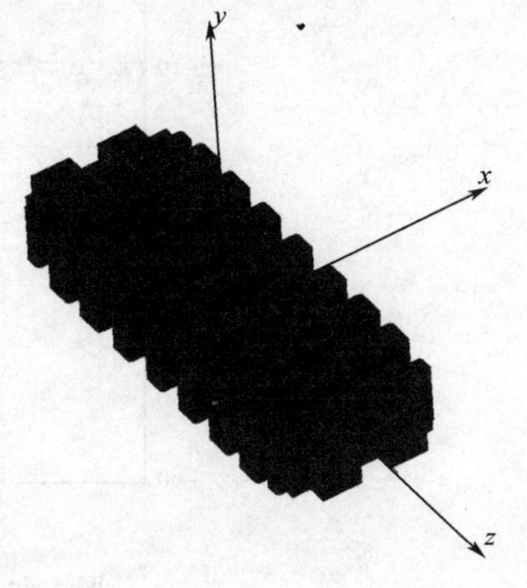

图 4.41　微波滤波器的结构

当产生了网格分布后,我们选择激励端口的平面,用 FDFD 方法提取它所支持的模式。第一个模式是横电场(TE)模式,它的电场和磁场分布如图 4.42 和图 4.43所示。这个模式的截止频率为 2.37 GHz。同样地,选择输出端口并提取输出端口支持的模式,得到对

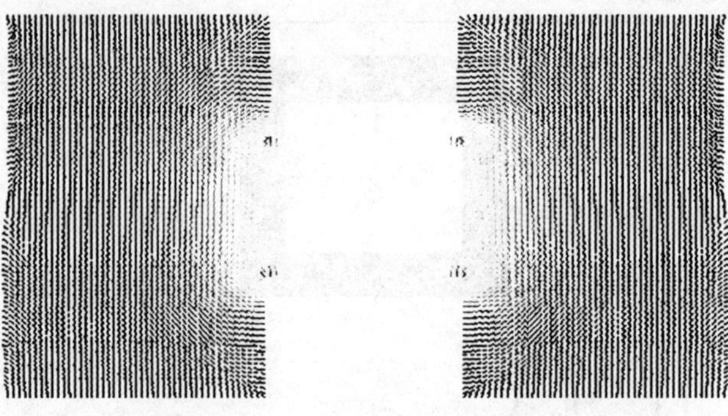

图 4.42　TE 模式的电场分布

图 4.43　TE 模式的磁场分布

应的电场和磁场分布。在 FDTD 仿真中,测量出激励和输出端口的场分布然后把它投影到 TE 模式上,定义模式电压和电流,然后求解出反射和透射系数。

对于一个高 Q 值系统问题,由于在各个谐振腔内的能量释放很慢,所以 FDTD 仿真的收敛将会很慢。并行 FDTD 方法可以使用分布资源加速收敛。我们使用微分高斯脉冲作为激励源,它的 3 dB 带宽为 10 GHz。微波滤波器的反射和透射系数如图 4.44 所示。

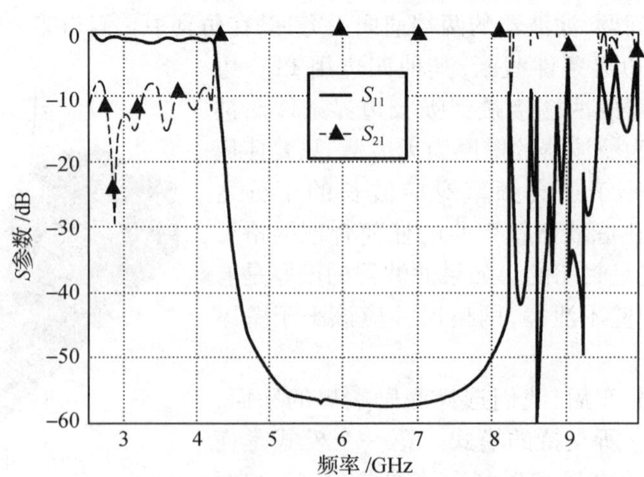

图 4.44　微波滤波器的反射和透射系数

4.10　参数优化和扫描

贴片天线阵列如图 4.45 所示，它的金属地板和介质板尺寸在水平方向都是有限的。四个贴片天线和馈电系统放置在介质板的表面，在介质板和金属板之间有一个自由空间层。这个问题的主题就是考察空间层的高度对天线性能的影响。这个问题的输出参数是回波损耗和远场场形以及它们随自由空间层厚度的变化。在原始问题中，天线是通过同轴线馈电的，如图 4.46 所示。

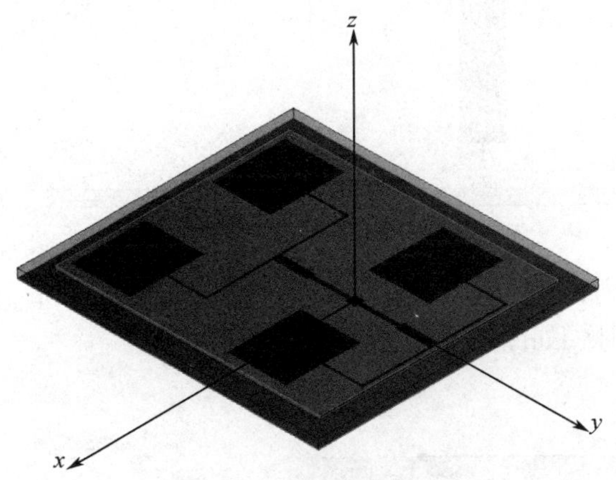

图 4.45　贴片天线阵列结构

图 4.46　同轴馈电的天线阵列

如果我们直接对这个有同轴馈电的天线阵列进行仿真，由于同轴结构的存在，最小网格尺寸就必须取得很小，相应地也会增加计算时间。为了简化仿真模型并且能够保证仿真结果的精度，我们可以用探针馈电取代同轴馈电，如图 4.47 所示。大量的数值实验证明，这个简化的馈电模型能够产生很好的仿真结果包括近场参数和远场场形。使用这个简化的模型除了可以加速仿真过程外，还可以节省大量内存需求。

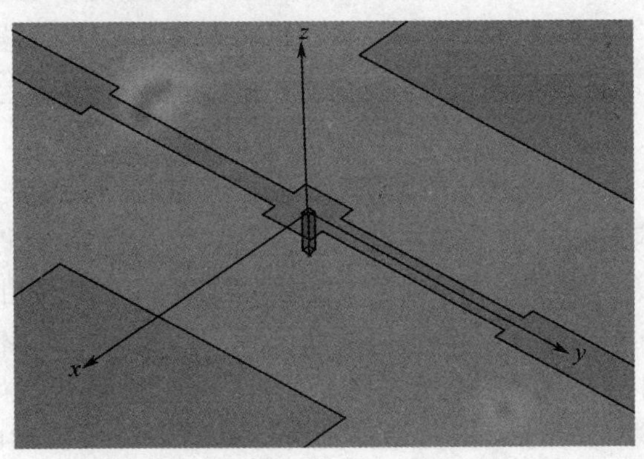

图 4.47　探针馈电的天线阵列

如果我们能够适当地选择探针的横截面面积和探针到金属地板之间的距离，那么不需要很多的计算机资源就可以获得很好的仿真结果。探针横截面的最好选择是 2×2 网格，我们可以使所加的激励源(Lumped Port，在探针和金属地板之间的一条线)关于探针对称。一般来讲，我们需要在探针和金属地板之间放置 2 到 4 个网格。如果间距太大，会有许多高次模式加入到端口电压和电流中，从而导致结果的不精确；如果只有一个网格在探针和金属地板之间，很容易造成探针和金属地板的粘连，导致错误的仿真结果。

我们在这个例子中，需要考查输出参数随着介质板和金属地板之间的间距变化的情况。当介质板和金属地板之间的间距变化时，探针到金属地板之间的距离不变，如图 4.48 所示。

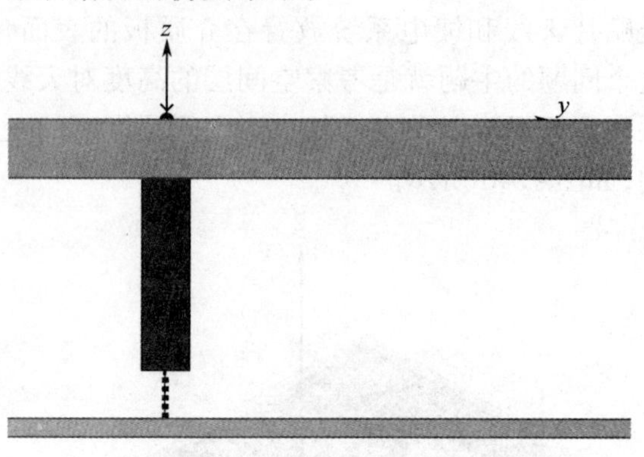

图 4.48　简化的天线馈电结构

在参数优化和扫描的过程中，如果只是局域的几何参数或者材料参数变化，我们没有必要重新计算所有区域的网格分布和材料分布，而只需要重新计算一个局部区域的材料分布即可。为了简化问题的复杂性，一开始就把几何参数变化的情况考虑在内，生成一个可以覆盖参数变化的网格分布。我们就可以在这个过程中使用一个不变化的网格，如图 4.49 所示。

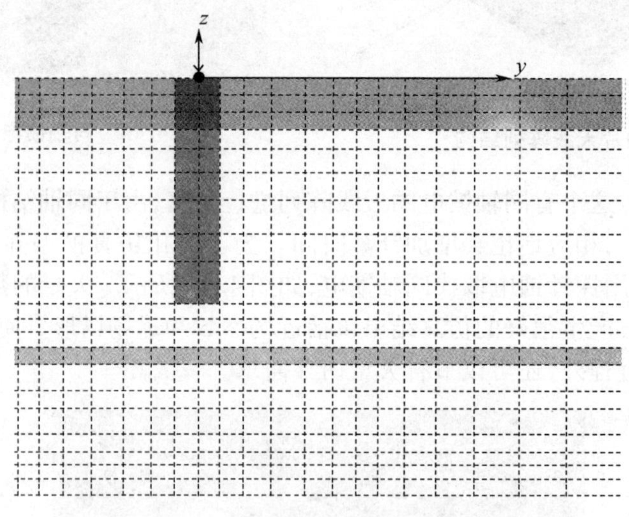

图 4.49　考虑到结构变化时的网格分布

为了考查输出参数随着几何参数的变化，我们通常在工程文件设计的时候定义一个参变量例如 H，通过调整 H 的值来实现几何参数和材料参数的变化，如图 4.50 所示。

为了精确描述所仿真的问题，FDTD 的网格必须尽可能地与物体几何体的边界重合从而精确描述电磁场在材料或者形状变化时的变化。一些重要的位置如馈电系统的位置和宽窄、介质板的上下表面以及探针的位置等都是对仿真结果有重要影响的，如图 4.51 所示。我们可以在贴片天线所在平面画一个矩形平面，它在水平面的大小与介质板的大小相同，我们规定要在这个平面上输出所要的参数分量。贴片天线和馈电网络所在平面的电流分布如图 4.52 所示。

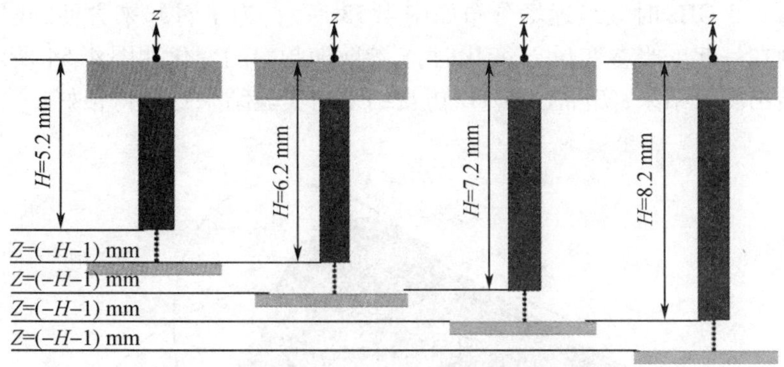

图 4.50　在参数优化过程中参变量 *H* 的变化

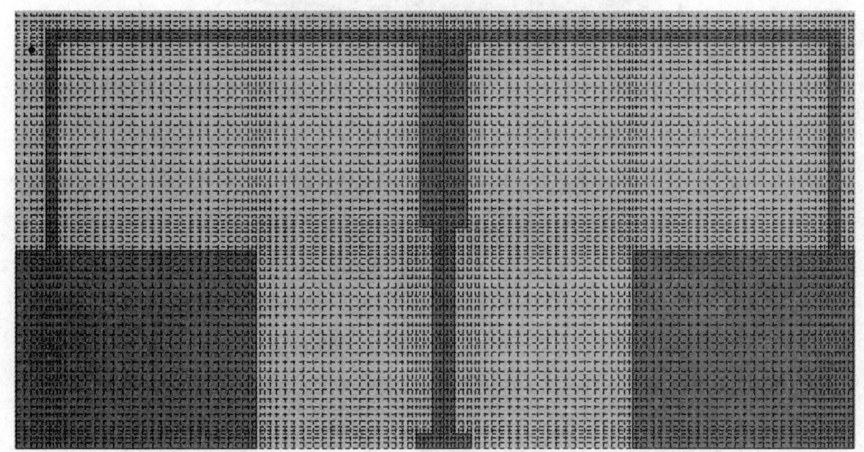

图 4.51　馈电结构和贴片周围的局域网格分布

图 4.52　在贴片天线和馈电系统表面的电流分布

当频率为 2.3 GHz 时三维远场分布如图 4.53 所示，为了看起来方便，我们把三维远场和问题模型画在一起。当参变量 H 变化时，S 参数随频率的变化如图 4.54 所示。虽然我们在这里没有给出测量结果，实际上 FDTD 仿真结果与实验结果吻合得很好。

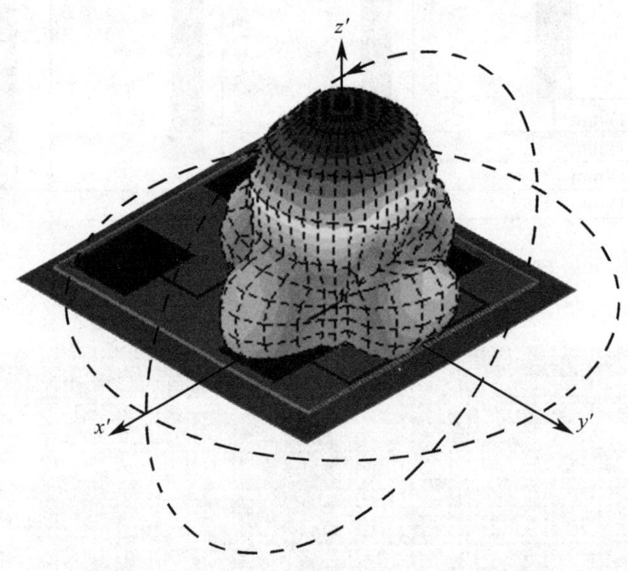

图 4.53 频率为 2.3 GHz 时的三维远场分布

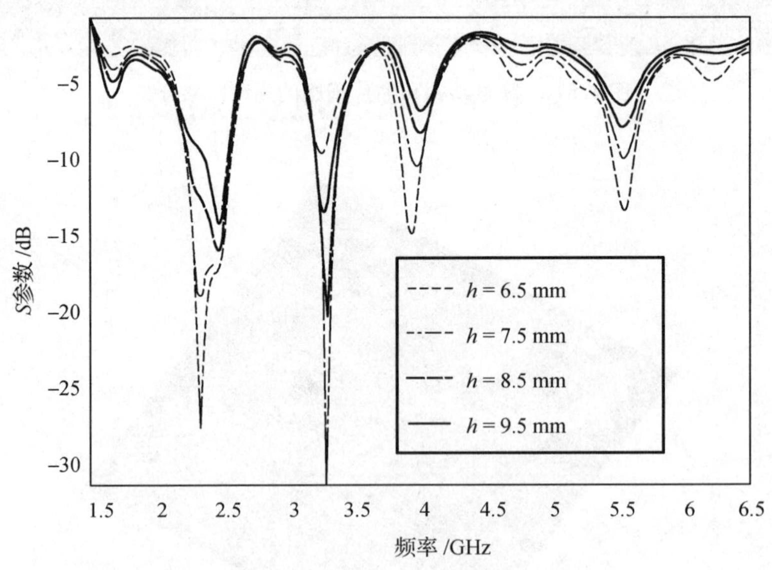

图 4.54 不同参变量 H 值时 S 参数随频率的变化

4.11 周期结构

周期结构的几何结构如图4.55所示。周期结构的一个重要特点就是它的一个单元在一个方向或者两个方向重复出现并一直延伸至无穷远。对于这类问题，我们不需要对整个问题仿真，而只需要仿真其中的一个单元，从一个单元的仿真得到原始问题的解。

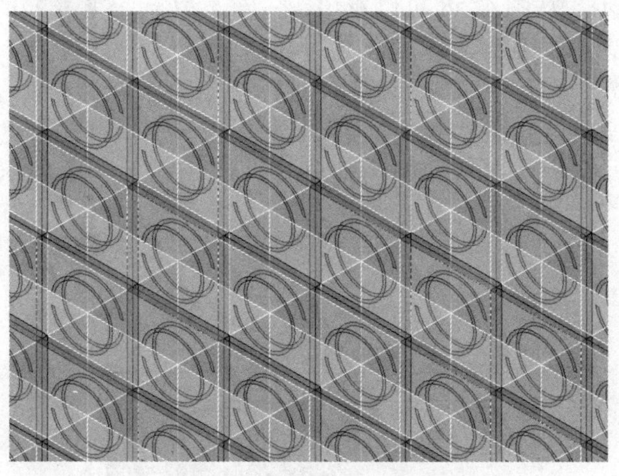

图4.55　周期结构的分布情况

周期结构的单元尺寸和形状如图4.56所示。平面波沿着 $-z$ 轴垂直入射到周期结构上。输出参数是反射和透射系数。反射和透射系数都是近场参数，实质上它们都是从远场计算得到的。

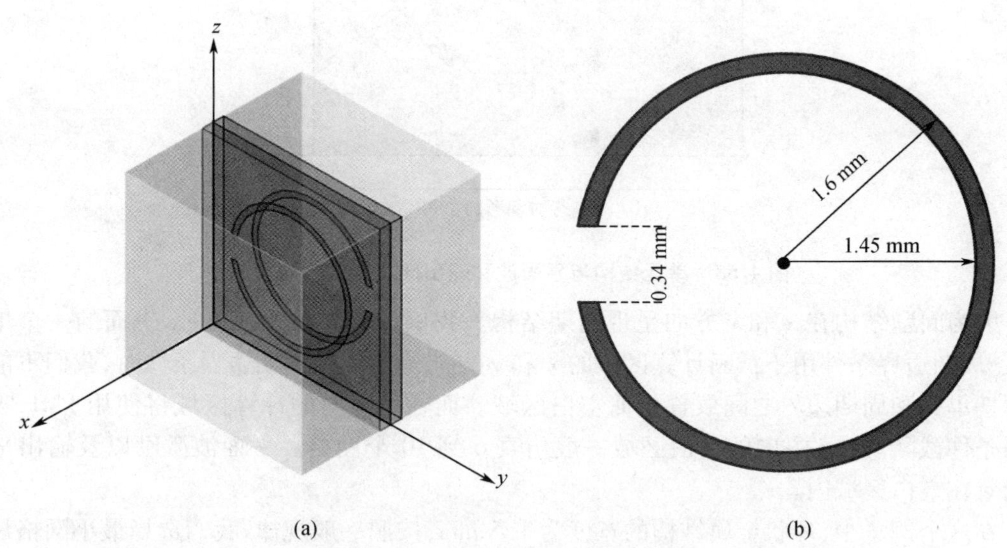

图4.56　周期结构的单元结构与尺寸

(a)周期结构的一个单元；(b) 周期结构中金属的尺寸

金属结构放置在介质板的两侧，如图 4.57 所示。因为在周期结构中介质板之间有一定的间距，我们需要手工设置计算区域的大小，这样能够使我们所仿真的单元呈现周期结构。也就是说，计算区域的尺寸是两个介质板中点之间的距离。

平面波和输出测量的位置与周期单元的相对位置如图 4.58 所示。从图 4.58 可以看出，平面波和输出平面都是可以接触到计算区域边界的。而所接触的区域边界就是周期边界条件，这个周期边界条件把周期单元周期性地扩展到无穷远。平面波极化方向的选择与问题的特性及要求有关。

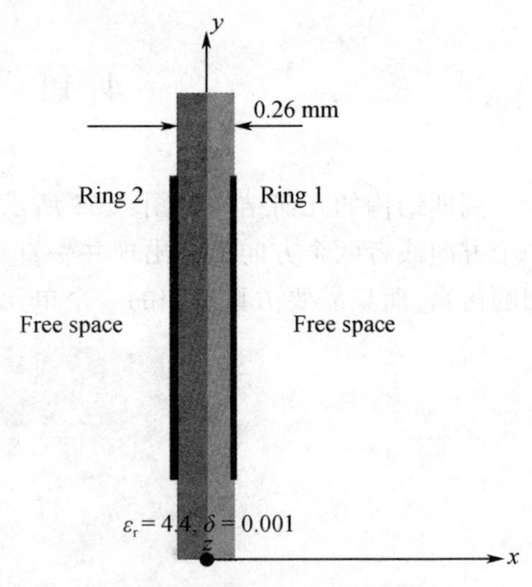

图 4.57　单元结构的侧视图

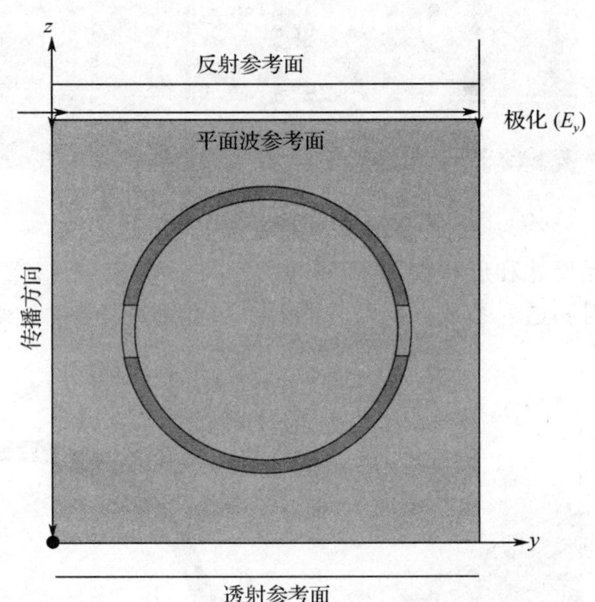

图 4.58　单元结构与平面波和输出测量量的相对位置

因为问题结构在 x 和 y 方向呈现周期结构。我们仅需要仿真在 $x-y$ 平面的一个单元即可，周期边界条件用于截断计算区域的 x 和 y 方向。在使用周期边界条件时，我们不能够在周期单元和周期边界之间放置任何空白区域。而在 z 方向的计算区域将使用 PML 吸收边界条件截断。在 z 方向的空白区域一般仿真 6 到 10 个网格。平面波激励以及输出平面要放置在空白区域内。

在这个例子中，环状金属结构的宽度为 1.5 mm，按照一般规律，我们选择最小网格尺寸为 0.75 mm，及在环宽度上有两个网格。此时，谐振频率发生在 10.2 GHz，如果我们将网格尺寸减少到 0.5 mm，谐振频率发生在 10.5 GHz；进一步，如果我们取网格尺寸到 0.375 mm

如图 4.59 所示,谐振频率发生在 11 GHz。若再进一步减小网格尺寸,谐振频率将不发生变化。周期结构的反射和透射系数随频率变化,如图 4.60 所示。正如我们所期望的一样,其谐振频率发生在 11 GHz。

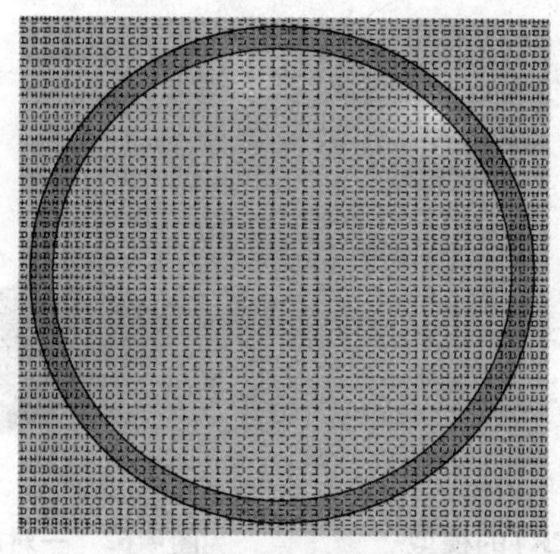

图 4.59　金属环所在区域的局部网格分布

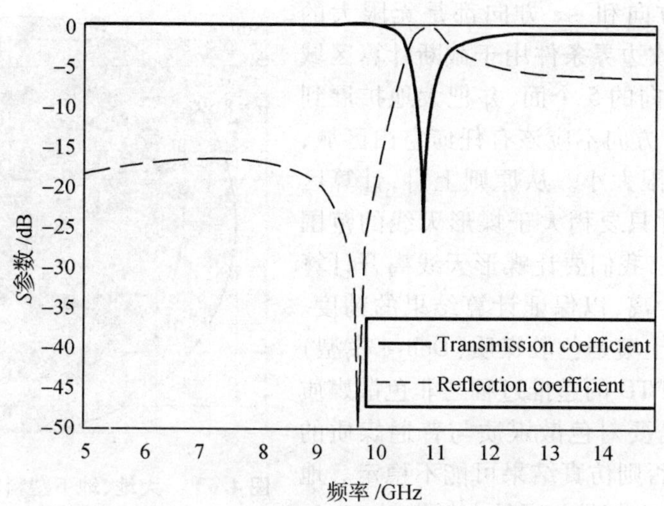

图 4.60　周期结构反射和透射系数随频率的变化

4.12　探地雷达模型

一个简化的探地雷达（GPR, Ground Penetrating Radar）模型如图 4.61 所示。一副蝶形发射天线和接收天线用于发射时域脉冲信号和接受地下管道的散射信号。蝶形天线(利用它的宽带特性)安装在一个金属盒子内部,为了能够使电磁波向大地入射,金属盒子没有底面,如图 4.62 所示。上面的金属盒子是为了屏蔽来自外面的干扰。蝶形天线的四个角通过一个200Ω的电阻与金属盒子相连。激励源在蝶形天线的中心。为了实现匹配,我们把馈

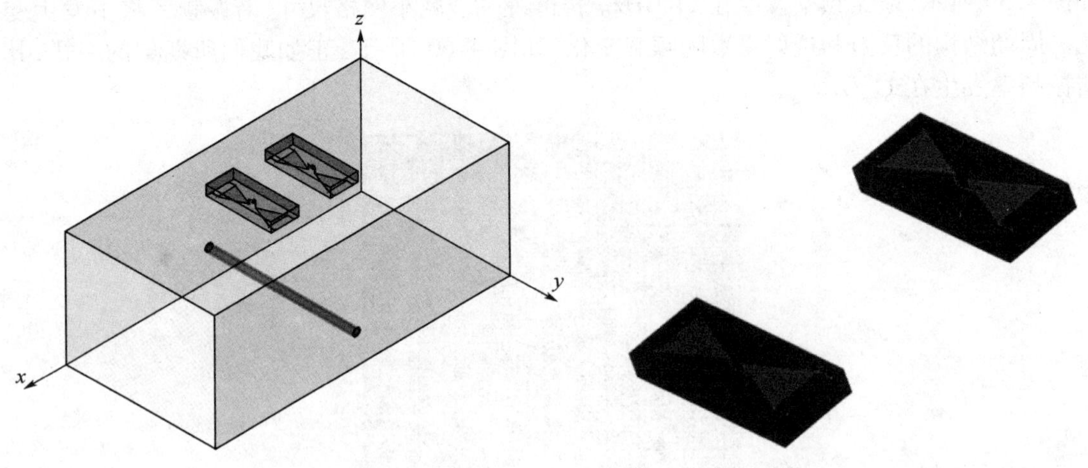

图 4.61　探地雷达(GPR)的模型　　图 4.62　一对放置在金属盒子内的宽带蝶形天线

电点用一对平行传输线导出。激励源就设置在平行传输线的终端。

大地在水平方向和 $-z$ 方向都是无限大的(见图 4.61)。吸收边界条件用于截断计算区域在 x、y 以及 $-z$ 方向的 5 个面,并把大地扩展到无穷远。在这 5 个方向不应该有任何空白区域,否则,大地将为有限大小。从原则上讲,计算区域在水平面的尺寸只要稍大于蝶形天线的范围即可。但是实际上,我们要让蝶形天线离开计算区域边界一定的距离,以保证计算结果的精度。在目前的问题中,土壤是色散媒质(Debye 模型)如图 4.63 所示,FDTD 的递推过程与非色散媒质有所不同。我们需要对色散媒质与普通媒质的边界作特殊处理,否则仿真结果可能不稳定。地下塑料管和其中的水都是普通的有耗材料。

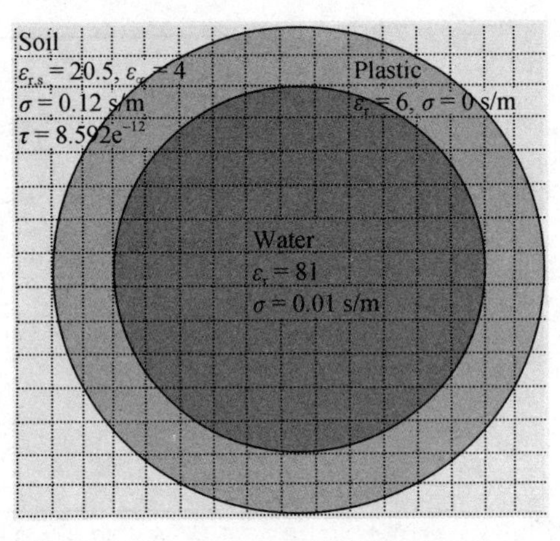

图 4.63　大地、地下塑料管和水的材料参数

平行传输线的横截面是正方形,为了简单我们选择横截面的大小为 2×2 网格,这样我们很容易实现关于平行线的对称激励。我们可以用高斯脉冲或者微分高斯脉冲作为激励源。但是脉冲的宽度是由地下水管的横截面尺寸决定的,脉冲太宽我们没有办法观察到地下水管。

为了观察电磁波在地下的传播过程,我们画一个平面并制定输出的场分量。电场在某一时刻的分布如图 4.64 所示。

为了计算地下水管的散射场,我们需要对问题仿真两次。在第一次仿真中,我们把地下水管拿掉,得到的是入射场。在第二次仿真中,再把地下水管放回计算空间,我们得到的是总场。我们把在接收天线两次测到的值相减得到地下水管的散射场,如图 4.65 所示。

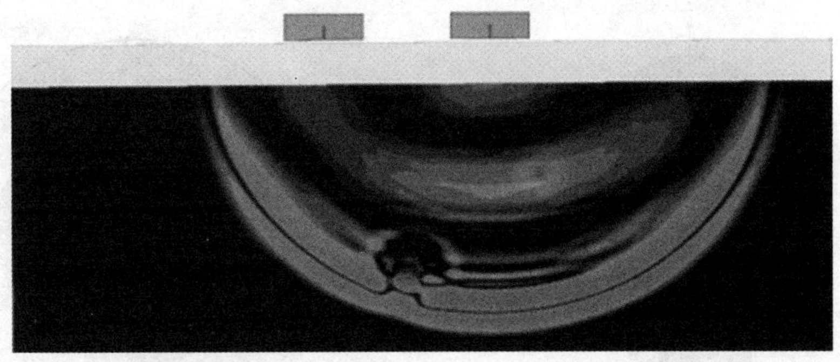

图 4.64　在某一时刻电场在一个断面的分布情况

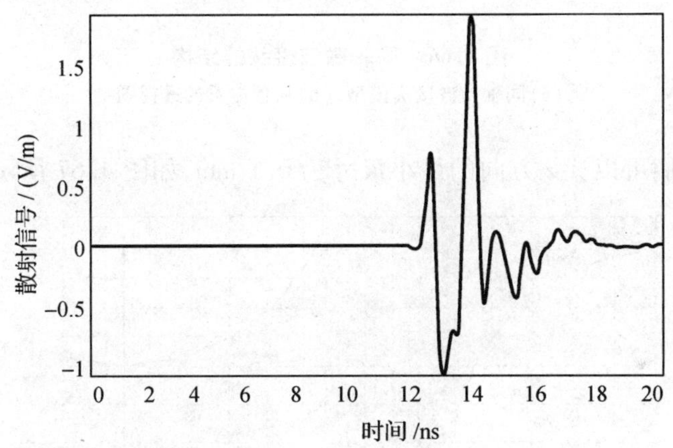

图 4.65　地下水管的时域散射信号

4.13　同轴微波接头

在这一章的最后，我们将用并行 FDTD 程序仿真一个同轴微波接头，如图 4.66(a) 所示。同轴微波接头中的介质填充包括六个小孔，如图 4.66(b) 所示。

这是一个闭域问题，我们只需要用吸收边界条件截断两端的同轴结构把它扩展得无穷远。需要注意的是，不应该在微波接头和吸收边界之间放置任何空白区域。而计算区域的其他的四个面可以使用 PEC 边界条件截断。为了节省内存和提高计算速度，PEC 边界应该紧贴着微波接头。

我们注意到，在这个问题中的最小尺寸是两个相邻的介质孔之间的距离，为 0.329 mm。虽然我们看到在中心轴和填充介质之间有一个很小的缝，它是在原始建模软件中的误差，因为它将远小于最小网格尺寸，所以我们可以忽略它。在结构中，最小尺寸并不与坐标轴平行，为了得到精确结果，我们设置最小网格尺寸为 0.1 ~ 0.164 5 mm 之间。在 z 方向的最小

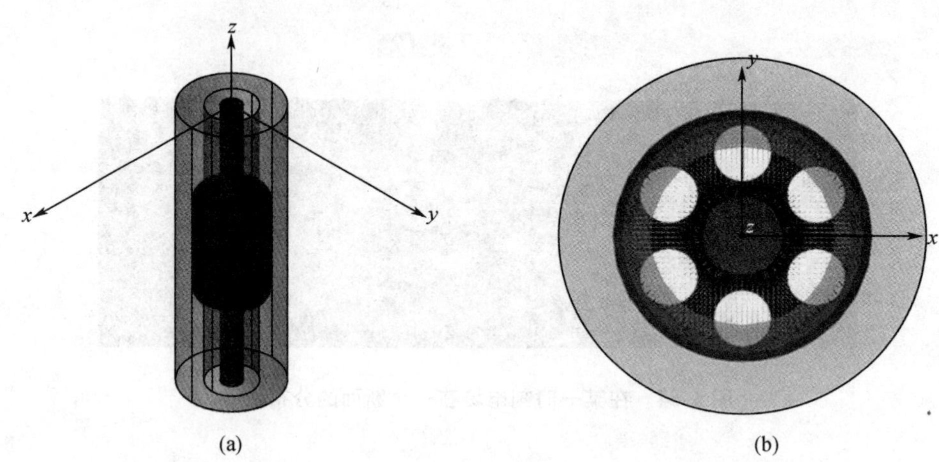

图 4.66　同轴微波接头的结构

(a)同轴微波接头模型;(b)从顶端看的透视图

尺寸为 0.2 mm,我们可以让 z 方向的最小尺寸为 0.1 mm,如图 4.67 所示。

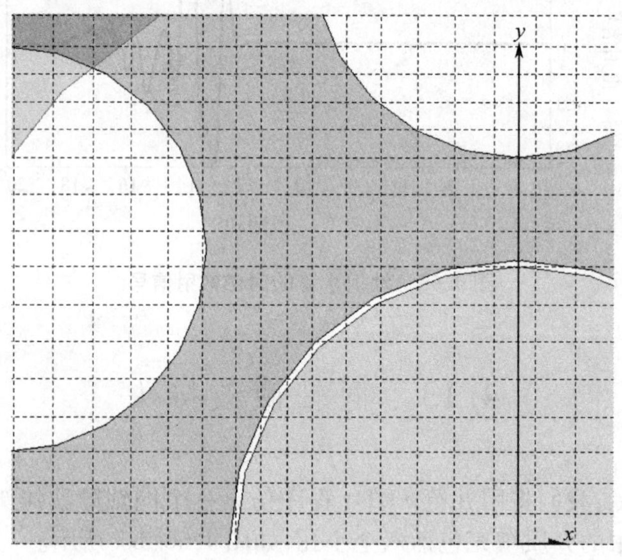

图 4.67　同轴微波接头内部的局域网格分布

同轴结构所支持的模式是 TEM,它可以用解析的方式也可以通过数值的方法提取 TEM 模式。TEM 模式的场分布将作为同轴接头的激励源。对于输出为时域反射系数的问题,激励脉冲必须是高斯脉冲,并且为了得到理想的时域分辨率,高斯脉冲的宽度必须足够窄。例如,高斯脉冲的 3 dB 带宽为 65 GHz,它的上升时间为 0.538 ps $\left(=\dfrac{0.35}{65\times10^9}\right)$,并且时间分辨率为 0.27 ps。

如果仅为了得到时域反射系数，我们不必等到时域信号完全收敛，而是在高斯脉冲完全通过微波接头后就可以终止仿真。但是，为了得到频域反射系数，我们必须使时域信号完全收敛，通过模式电压和模式电流得到频域反射系数，如图 4.68 所示。从图 4.68 可以看出，微波接头的反射系数直到频率为 50 GHz 仍然低于 -27 dB。

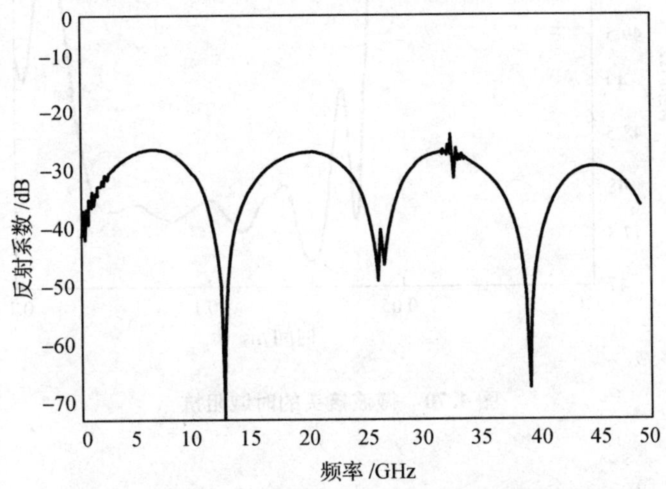

图 4.68　微波接头的反射系数随频率的变化

微波接头的时域反射系数 *TDR* 如图 4.69 所示，它的值在 -0.025 和 0.01 之间。*TDR* 值在零之下的部分呈现容性而在零之上的部分呈现感性。微波接头的时域阻抗如图 4.70 所示。

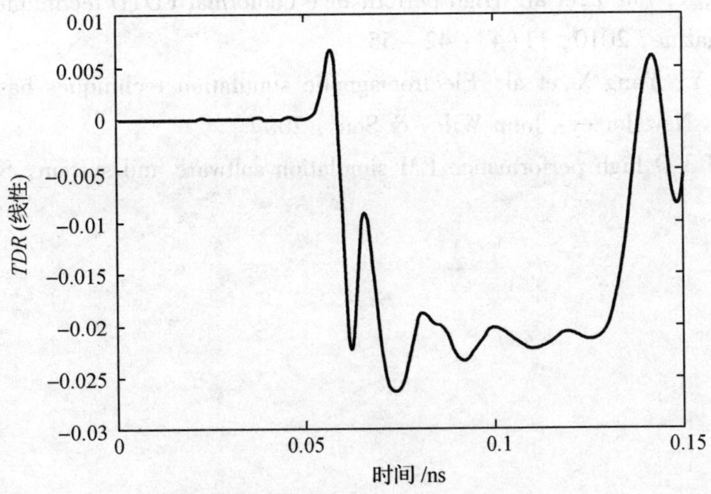

图 4.69　微波接头的时域反射系数

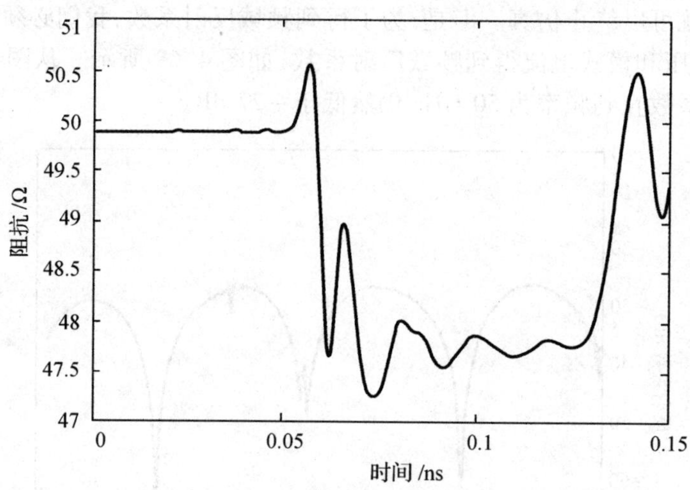

图 4.70 微波接头的时域阻抗

参考文献

[1] Yu W, Mittra R, Su T, et al. Parallel finite difference time domain method[M]. Norwood: Artech House, 2006.

[2] Yu W, Yang X, Liu Y, et al. High performance conformal FDTD techniques[J]. IEEE Microwave Magazine, 2010, 11(4): 42 –55.

[3] Yu W, Liu Y, Yang X, et al. Electromagnetic simulation techniques based on the FDTD method[M]. New Jersey: John Wiley & Sons, 2009.

[4] GEMS-A full 3-D high performance EM simulation software and system, State College, PA 16801.

第5章

电磁仿真软件性能比较

在这一章中，我们基于内存为2 GB的普通个人电脑，使用四种最常用的商业软件仿真一些典型电磁问题。为了完整地描述仿真思想，作者根据所掌握的知识和能力，尽可能全面公正地分析和讨论每个实例的重要步骤。对于我们非常熟悉的GEMS软件，我们会给出更加详细的解释。为了保证公平性，所有软件将不使用GPU或VALU硬件加速。

5.1 电磁仿真的基本过程

在这一节中，我们将向用户介绍使用常用商业软件解决电磁问题的基本步骤。这里总结的程序都是未经优化的，仅用来演示在不同软件中问题仿真设计的基本步骤。再一次说明，作者仅根据个人所掌握的知识，对每个软件包作了基本的描述，对于任何深入问题和具体说明请参阅软件制造商的技术手册或网站。下面，我们将解释每个软件包的主要特点。

5.1.1 HFSS

HFSS是基于频域有限元法(FEM)研发的[1]。其基本的仿真步骤如下所述：

(1) 选择项目长度和时间单位；

(2) 生成项目模型或通过CAD文件导入项目模型，然后指定各部分材料类型；

(3) 设定边界条件；

(4) 建立端口并设置属性；

(5) 设定频率范围和频率步长；

(6) 验证项目中设置和选项；

(7) 执行项目仿真；

(8) 显示仿真结果和结果后处理。

其主要的特征包括：

(1) 基于ACIS的3-D建模，并且支持常用CAD格式文件导入；

(2) 参数化设计和优化；

(3) 自适应网格划分。

5.1.2 CST

CST 是基于有限积分技术(FIT)研发的[2]。其基本的仿真步骤如下所述:
(1) 选择项目长度和时间单元;
(2) 选择背景属性;
(3) 生成项目模型或通过 CAD 文件导入项目模型,然后指定各部分材料类型;
(4) 设定感兴趣频率范围;
(5) 设定边界条件;
(6) 创建激励端口;
(7) 设置输出参数;
(8) 设定每个波长的网格数,并检查网格分布是否足以描述精细结构;
(9) 选择求解器,并设定收敛准则;
(10) 执行项目仿真;
(11) 查看仿真结果和结果后处理。
其主要特征包括:
(1) 基于 ACIS 的 3-D 建模;
(2) 参数化设计和优化;
(3) 自适应网格划分。

5.1.3 FEKO

FEKO 是基于矩量法(MoM)研发的[3]。其基本的仿真步骤如下所述:
(1) 选择项目长度和时间单元;
(2) 生成项目模型或通过 CAD 文件导入项目模型,然后指定各部分材料类型;
(3) 创建激励或者输出端口,但是端口不能在介质表面;
(4) 设置端口属性;
(5) 设定感兴趣的频率范围;
(6) 设置输出参数;
(7) 设计网格划分;
(8) 执行项目仿真;
(9) 查看仿真结果和结果后处理。
其主要的特征包括:
(1) 基于 PARASOLID 的 3-D 建模;
(2) 参数化设计和优化;
(3) 自适应网格划分。

5.1.4 GEMS

GEMS 是基于并行共形 FDTD 研发的[4],可以使用计算机集群来仿真电特大尺寸问题,并具有较高的并行效率。由于 FDTD 是时域方法,我们在一次 GEMS 仿真中可以获得带宽频率响应。利用 FDTD 共形技术,我们可以使用相对较大的单元尺寸来仿真曲面。在 GEMS 仿真中,我们需要提供最感兴趣的频率范围,最小单元尺寸(通常等于问题中精细结构尺寸的一半),相邻单元之间的比例和并行处理器数量。其基本的仿真步骤如下所述:

(1) 选择项目长度和时间单元;

(2) 创建一个新 GEMS 项目;

(3) 在 GEMS 界面建立项目模型或者导入 SAT,STEP,IGES,ProE,Catia 和 DXF 格式的 CAD 文件来建立模型,然后指定各部分的材料类型;

(4) 设置激励源和输出选项;

(5) 设定最感兴趣的频率;

(6) 设定边界条件;

(7) 提供最小单元尺寸;

(8) 为远场设置输出参数;

(9) 设计并行处理中处理器的分配方式;

(10) 设定收敛准则并检查项目设置;

(11) 通过 GEMS 求解器在一台个人电脑上仿真工程,或者通过 GEMS WBI 在集群上仿真;

(12) 打开 GEMS 显示窗口来查看仿真结果和通过 GEMS 数据后处理中心得出更多的数据结果。

其主要的特征包括:

(1) 基于 ACIS 的 3-D 建模,支持常用的 CAD 文件格式,包括 DXF 文件;

(2) 参数化设计和优化;

(3) 自适应网格划分;

(4) 支持 32 位和 64 位 Windows 和 Linux 平台;

(5) 支持 MPI 和分布式计算技术;

(6) 支持自适应硬件加速;

(7) 支持 IBM BlueGene 平台;

(8) 支持网络任务提交,检查任务状态和结果显示;

(9) 提供并行软件和硬件系统的系统集成。

5.2　硬 件 平 台

硬件平台对一个电磁软件的性能有很重要的影响。这里我们所选择的硬件平台是一个最基本的笔记本电脑,目的是让几乎所有对这些问题感兴趣的人都可以重复这些例子。为了公平对比 HFSS,CST,FEKO 和 GEMS 四种软件的仿真时间、内存使用和准确度,所有的软件都不使用除了 CPU 之外的任何硬件加速技术,数值实验都在相同的硬件平台上进行,其配置如下:

联想 ThinkPad T400

CPU: Intel 双核 2.4 GHz (L2 Cache: 3 MB)

内存: 2GB (PC3-850 DDR3 1 067 MHz)

操作系统：32 bit Microsoft Windows XP

由于 GEMS 基本版本支持多核处理器，我们使用了四核处理器来测试 GEMS 性能。该 GEMS 工作站配置如下：

电磁仿真工作站

CPU：Intel 四核 2.4 GHz（L2 Cache：6 MB）

内存：8 GB（DDR2 - 667 800 MHz）

操作系统：优化的 GEMS Linux/ Windows

由于 GEMS 工作站专门针对 GEMS 仿真软件进行了优化，其性能明显优于其他电磁仿真软件和系统。

5.3 贴片天线

贴片天线是一个最基本和最常用的天线之一，它的主要优点是可以实现与电子设备共形，如图 5.1 所示。微带天线包括矩形贴片、四分之一匹配线和微带馈线。天线尺寸和材料参数如表 5.1 所示。在目前的这个问题中输出参数是回波损耗。

表 5.1　天线中结构的尺寸和材料

部件名称	尺寸	材料
介质板	28.89 mm × 35.58 mm × 0.775 mm	$\varepsilon_r = 2.2, \sigma = 0$
贴片	9.63 mm × 11.86 mm	金属 PEC
匹配线	0.59 mm × 5.65 mm	金属 PEC
馈线	2.39 mm × 3.98 mm	金属 PEC
金属地板	28.89 mm × 35.58 mm	金属 PEC

在表格 5.1 中，我们看到天线中金属材料用 PEC。如上一章所述，对于天线问题，导体材料可以是铜材料也可以是金属 PEC，它们对天线的特性都没有太大的影响。铜材料与金属 PEC 的选取原则是看哪一种材料对仿真更有利。如果我们选用铜材料，那么铜材料就至少有一个网格的厚度，因为只有 PEC 才可以厚度为零。铜材料的一个网格的厚度将成为我们在网格设计时的主要瓶颈。我们没有必要再额外给自己增加麻烦。好的选择应该是金属部分选用 PEC。但是对于 GEMS 来说，我们要首先画没有厚度的金属 PEC，然后再画介质板。

虽然金属地板和介质板的尺寸都是有限的，但这个天线问题的仿真仍然是比较简单的。

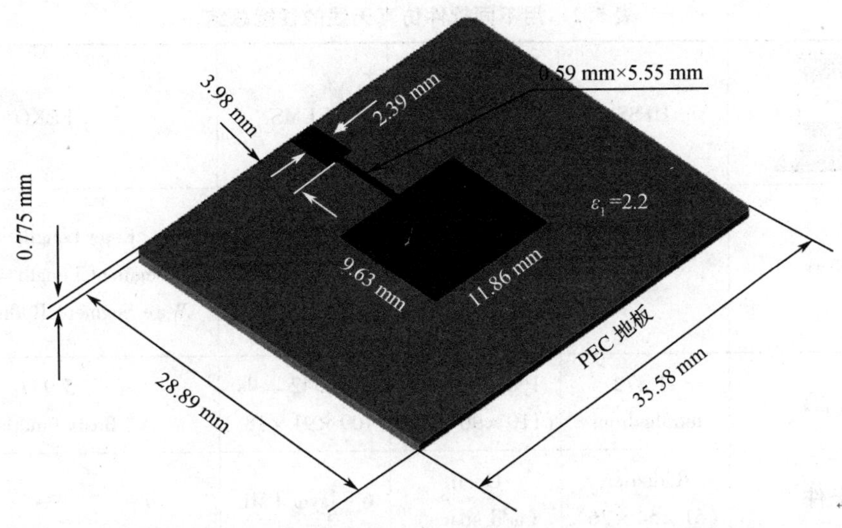

图 5.1　贴片天线的结构和尺寸

针对该天线,不同软件程序的基本参数设置和仿真性能列于表 5.2 中。再次强调,上述实验都是在相同硬件平台上进行的,所有软件都没有使用任何硬件加速技术。在仿真过程中,我们从资源管理器中注意到四种软件包都使用了双核处理器的两个核,也就是说,都使用了 OpenMP 或者多线程技术。与 CST,HFSS 和 FEKO 不同,GEMS 可以通过 OpenMP 或 MPI 在单处理器上实现在计算机内核之间的通信。OpenMP 在 GEMS 中是默认选项,并且无论计算机内核的个数是多少,GEMS 和操作系统将会自动地在内核之间分配任务。在仿真过程中,我们可以看到有两个"GEMS_Solver. exe"应用程序。一个"GEMS_Solver. exe"是使用所有内核来求解电场和磁场,另一个是用于管理任务以达到良好的代码性能。与此相反,GEMS 中的 MPI 选项自动将双核处理器的求解域分为两个子域,四核处理器分为四个子域,每个内核只仿真自己的子域。在处理复杂问题时,MPI 选项将大大提高仿真性能。当我们使用 MPI 选项时,在仿真中"GEMS_Solver. exe"应用程序数量在双核时为 3,四核时为 5。在双核处理器中两个"GEMS_Solver. exe"被用于求解域,一个用于任务管理。在四核处理器中四个"GEMS_Solver. exe"被用于求解域,一个用于任务管理。除了"GEMS_Solver. exe",我们还可以看到在 GEMS 仿真中另一个应用程序"Solver. exe",这是 GEMS 求解器窗口的进程。与 HFSS,CST 和 FEKO 不同,在 GEMS 仿真中我们不必使 GEMS 设计程序一直处于开启状态,因此,GEMS 设计所需要的内存不会被纳入 GEMS 仿真中。值得一提的是,HFSS,CST 和 FEKO 的图形界面在处理复杂图形时都需要大量的内存。

表 5.2 用不同软件仿真天线的性能总结

	HFSS	CST	GEMS	FEKO
网格尺寸	—	λ/42； Mesh line ratio limit：10	Δx = 0.44 mm； Δy = 0.44 mm； Δz = 0.4 mm； Ratio：1	Edge Length = 2； Segment Length = 0.775； Wire Segment Radius = 0.01
未知量个数	11 872 tetrahedrons	168 300 cells (110 × 90 × 17)	178,542 cells (109 × 91 × 18)	5 937 Basis functions
边界条件	Radiation (61 × 54 × 26)	Open (add space)	6 - layer PML	—
仿真时间/s	332	154	89	1 155
环境内存需求/MB	156	158 (Designer：75，Modeler：83)	23 (Controler：11，Solver：12)	104 (cadfeko)
仿真内存需求/MB	207	(Matrix：100，Solver：76	28.6	270.9
内存使用总量/MB	363	>258	54	374.9
时间步数	—	4 900	2 698	—
收敛标准	Δs = 0.011	-30 dB	-30 dB	

对于同一个问题和同样的网格数量，我们使用 GEMS 工作站进行仿真，GEMS 的仿真性能如表 5.3 所示。首先，一个四核计算机比一个两核笔记本电脑速度快，其次，优化的 Linux 要比 Windows XP 快许多。需要指出的是，数值实验表明 Windows 7 具有和 Linux 几乎同样的特性。

表 5.3 GEMS 在 GEMS 工作站上的性能

	计算机配置	操作系统	问题大小	仿真时间
GEMS 工作站	Intel Q6600 quad core 2.4 GHz	GEMS Linux	178 542 cells (109 × 91 × 18)	21 s

采用不同的软件的仿真结果如图 5.2 所示。尽管我们在这里不显示远场模式，但是从不同的软件包得到的远场结果匹配得非常好。四个仿真软件要么使用 OpenMP 要么使用多线程技术来利用多核资源。其中，OpenMP 是属于细颗粒（Fine Grain）并行技术。它通常只

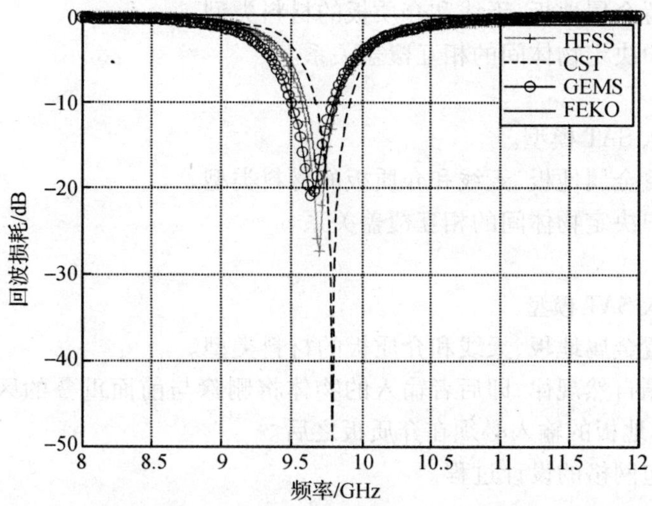

图 5.2　用不同的电磁仿真软件得到贴片天线的回波损耗

对 C 语言中的 For 循环和 Fortran 语言中的 Do 循环语句加速。而 MPI 则是从一开始就把问题空间按照节点或者计算核的个数划分为同样数量的子区域,然后把每一个子区域分配给不同的计算单元。了解这些基本原理,对于理解一个电磁仿真软件的性能是很有帮助的。

除了 GEMS 求解器引擎,GEMS 运行环境所需要的内存约为 25 MB,其中10 MB用于 GEMS 控制器,15 MB 用于 GEMS 窗口。

虽然 HFSS 软件允许用户在仿真过程关闭模型,但是不允许其关闭设计窗口。没有模型加载的 HFSS 软件设计窗口占用内存约为 100 MB。

CST 和 FEKO 都不允许用户关闭设计窗口和当前项目模型。因此,它们设计窗口内存的使用量取决于问题的规模和复杂性。对于上述例子,CST 设计窗口和建模窗口需要 135 MB 内存,而 FEKO 则需要 104 MB 内存。

FEKO 网格设计强烈依赖于用户的经验。在这里,为避免涉及详细的网状设计,我们调整了全局网格参数以减少未知数来与其他三个软件包比较。进一步地减少单元的数量将导致仿真结果不准确。由于这种结构相当简单,我们在其他三个软件包中不需要人为干预网格设计。我们调整了 GEMS 网格使之与 CST 中所使用的单元数量相等,因为 CST 和 GEMS 使用类似的时域方法。

因为不同仿真软件使用不同的方法计算远场,所以比较远场计算所花费的时间有一定困难。例如 GEMS,CST 和 FEKO 中远场计算是在仿真过程中,但是 HFSS 是在后处理中计算远场参数的。下面我们简单介绍不同软件基本特点。

1. 不同软件包的建模过程

(1) HFSS

① 导入 SAT 模型。

② 设置金属地板、天线和介质板的材料类型。

③ 用户决定物体间的相互覆盖关系。

(2) CST

① 导入 SAT 模型。

② 设置金属地板、天线和介质板的材料类型。

③ 用户决定物体间的相互覆盖关系。

(3) FEKO

① 导入 SAT 模型。

② 设置金属地板、天线和介质板的材料类型。

③ 用户决定物体间的相互覆盖关系。

(4) GEMS

① 导入 SAT 模型。

② 设置金属地板、天线和介质板的材料类型。

③ 遵循自然规律,即后者输入的物体将删除与前面重叠的区域,无限薄的贴片和金属地板的输入必须在介质板之后。

2. 不同软件包网格的设计过程

(1) HFSS

① 用户提供感兴趣的频率范围。

② HFSS 软件生成自适应网格。

(2) CST

① 用户提供频率、每波长单元的数量和最大网格比。

② CST 生成自适应网格,但用户需要检查网格分布。

(3) FEKO

① 用户提供网格的尺寸包括边缘长度、段长和线范围。

② FEKO 软件生成自适应网格。

(4) GEMS

① 用户提供最小感兴趣结构和网格尺寸比。

② GEMS 软件生成自适应网格。

3. 不同软件包的激励源设置

(1) HFSS

① 创建一个激励端口。

② 设置端口属性。

(2) CST

① 创建一个端口。

② 设计端口属性。

(3) FEKO

① 在激励源所在的位置的基板上挖一个洞。

② 创建一个端口。

③ 设计端口属性。

(4) GEMS

① 画一条由金属地板到信号线的线。

② 设计这条线作为激励端口。

4. 不同软件包的输出参数

(1) HFSS

① 在数据后处理过程中获得输出参数。

② 观察输出参数。

(2) CST

① 预设输出参数。

② 观察输出参数。

(3) FEKO

① 预设输出参数。

② 观察输出参数。

(4) GEMS

① 预设输出参数。

② 观察输出参数。

③ 在数据后处理过程使用公式库生成用户定义的参数。

感谢密西西比大学的 Atef Elsherbeni 教授提供的 GPU 数据,使我们有机会比较 GPU 和 GPU 的性能。用这样一个简单例子来比较 GPU 和 CPU 的性能,即测试的例子不需要远场计算、没有色散介质、没有三维场或者电流分布输出,因为这些都是对 GPU 不利的。输出的参数只是回波损耗。这意味着 GPU 只进行场的递推和吸收边界(PML)运算。GPU 的数据由密西西比大学的 Atef Elsherbeni 教授提供(atef@ olemiss. edu)。计算区域离散为 105 924 (97 ×80 ×14)个单元。仿真资料概述见于表 5.4,其中的仿真时间是 2 700 时间步的时间。

表 5.4　GPU 和 CPU(没有使用 VALU)的性能比较

硬件平台	仿真时间/s	
	Windows XP 系统	GEMS Linux 系统
Intel Core 2 dual 2.4 GHz	61	—
Intel Q6700 2.66 GHz	32	—
Intel Q6600 2.4 GHz	—	21
两个 Intel Q6600 2.4 GHz	—	12
nVidia 7 500 M	21	
nVidia 8 800 GTS	10	
nVidia 280 GTX	6.4	

小结:贴片天线的金属地板和介质板的尺寸都是有限大小的,四个软件包都可以准确地对它仿真。实际上,一个电磁软件的性能在很大程度上取决于用户的经验,读者们可以使用不同的软件程序包对这个问题进行独立仿真并得出自己的结论。

5.4 Vivaldi 天 线

Vivaldi 天线的结构如图 5.3 所示，它由于特殊的结构而成为测试电磁仿真软件的一个很好的例子。有关这个天线的仿真测试和比较已经发表过多次了[5]。但是，这些测试都只是侧重于仿真结果的比较，而忽略了测试过程的细节说明。因此，读者根本无法重复给出测试结果。在这一部分，我们将介绍不同软件包仿真过程的详细说明。由于 GEMS 和 CST 相似，我们先用 CST 来仿真 Vivaldi 天线，然后再用 GEMS 以相同个数的单元来仿真 Vivaldi 天线。FEKO 和 HFSS 是以频域技术为基础，我们尝试使用它们的默认设置参数来仿真 Vivaldi 天线。

图 5.3 Vivaldi 天线的结构

Vivaldi 天线的尺寸如图 5.4 所示。从图 5.4 我们可以看出，天线是关于中心上下对称的结构。如果上下两层介质的材料是对称的话，我们可以利用对称性只仿真天线的一半。如果要使用对称性的话，位于中间的金属结构必须具有有限厚度，否则，当我们利用对称边界条件 PEC 或者 PMC 时，位于中心的金属结构就会被抹去。

如果位于中心的金属结构的厚度很薄的话，受它的限制，我们可能必须用小网格来描述这个细微结构。因此，仿真一半结构并不一定能够提高仿真速度或者节省内存。所以，对于天线问题，金属结构的厚度并不影响天线的特性，我们可以直接仿真原始问题。

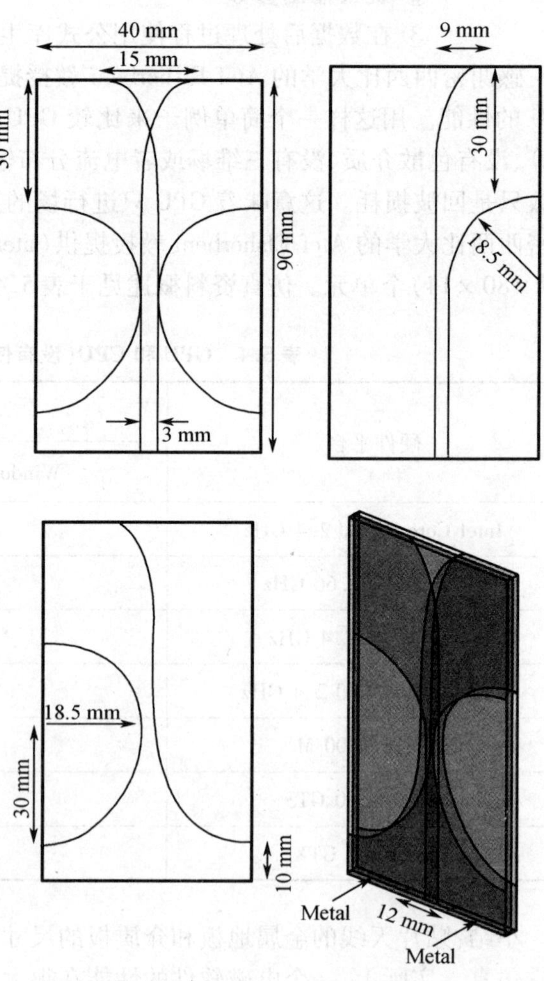

图 5.4 Vivaldi 天线的结构和尺寸

从图 5.4 看，构造这样一个天线模型是一个复杂的过程。读者可以根据图 5.4 的资料生成 Vivaldi 结构，或者上网可以找到 Vivaldi 天线的 SAT 模型，而直接将 SAT 模型导入到电磁仿真软件中。

Vivaldi 天线具有特殊的馈电结构，如图 5.5 所示，我们需要在不同的电磁仿真软件包中找到一个方法激励天线。从天线的结构来看，我们可以将矩形端口和中心金属结构形成的芯线结构扩展成为一个同轴馈电结构。但是我们必须单独构造馈电结构。

无论使用什么样的馈电结构，当计算回波损耗时，激励端口必须加一个匹配负载。有几种方法来截断 Vivaldi 天线激励端口：①延长馈电结构到矩形同轴电缆；②让馈电端口触及到吸收边界；③直接在馈电端口中添加一个匹配负载。扩展的同轴馈电结构如图 5.6 所示。

四种软件包都采用把馈电结构扩展成一个同轴电缆的方法，但是它们需要如下一个比较复杂的建模过程：

图 5.5　Vivaldi 天线的馈电结构

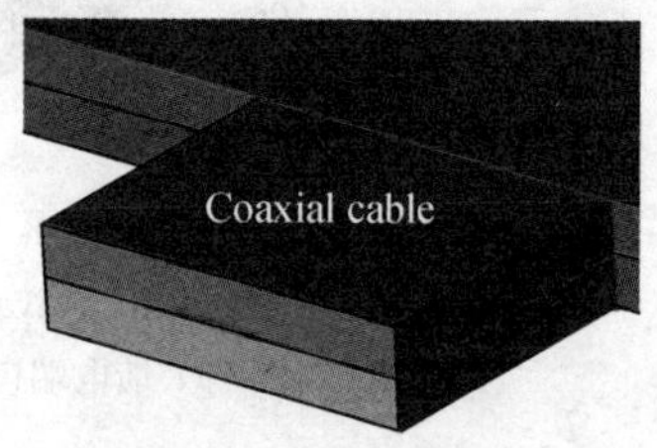

图 5.6　扩展的 Vivaldi 天线的同轴馈电结构

① 画一个和馈电端口有相同横截面的方块；

② 选择四个表面来形成导波或者绘制四个表面作为导波壁；

③ 绘制一个介质块（顶层介质板）扩展成上层电解质导波；

④ 绘制一个介质块（底层介质板）扩展成下层电解质导波；

⑤ 绘制一条线扩展成同轴结构的中心导体；

⑥ 指定波导壁和中心导体为金属 PEC，并规定同轴线中的介质具有和天线介质同样的材料参数。

我们可以用 TEM 波模式作为天线馈电端口的激励，其支持的模式可以用 FDFD 数值方法得到。此外这个同轴馈电结构将会增加仿真的复杂性。除了同轴馈电结构外，这种天线还有如下两种馈电方式。

（1）馈电端口接触吸收边界（如图 5.7 所示）

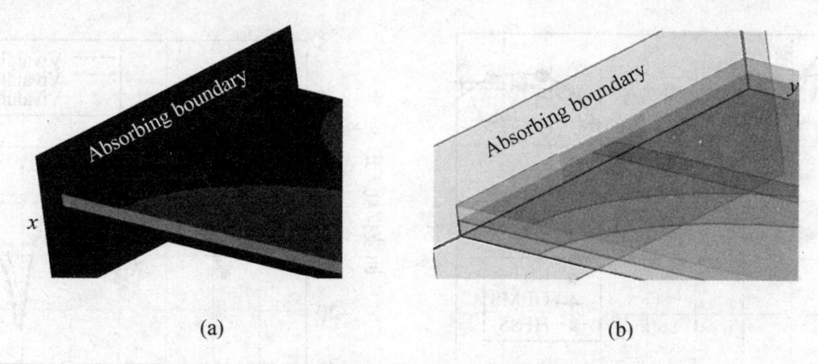

图 5.7　馈电端口接触吸收边界条件

（**a**）馈电端口接触吸收边界条件；（**b**）透明显示格式

我们可以让馈电端口接触计算域的吸收边界并把它扩展到无穷远。在这种情况下，我们在模型上不需要做任何额外工作,直接让天线端口触摸计算区域的吸收边界即可。而且,我们还可以使用一个常规的行波端口波激发端口来计算回波损耗。当我们计算远场模式时会遇到一个大问题,即我们没有办法构造一个封闭的惠更斯表面。

(2) 直接在馈电端口加一个匹配负载(如图 5.8 所示)

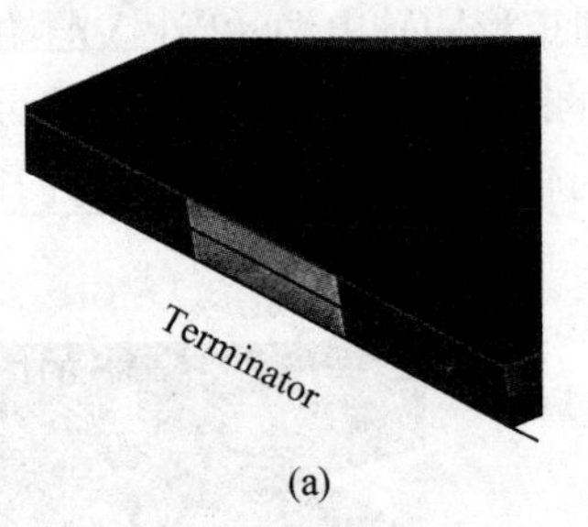

(a)

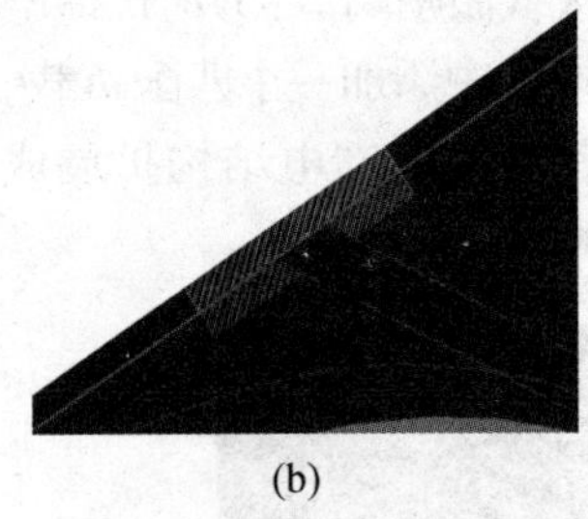

(b)

图 5.8 Vivaldi 天线馈电端口的匹配负载模型

(a) 馈电端口的匹配负载模型;(b) 透明观察格式

在这种馈电结构模型中,添加匹配负载是一个很容易的工作:

① 在馈电端口画一个矩形;

② 指定它为匹配负载。

GEMS 提供这种匹配负载的类型。在这个馈电模型里,我们将用常规的行波端口来激励端口,如图 5.9 所示。

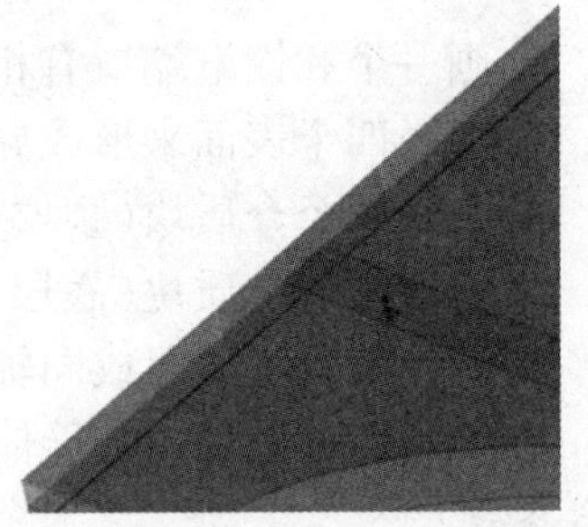

图 5.9 GEMS 中定义的行波端口

几种电磁软件的仿真结果总结如图 5.10 所示。为了在 HFSS 中获得与其他几个软件相匹配的结果,我们尝试用不同的馈电端口、不同的边界条件和不同大小的计算区域。但是,我们始终无法得到合理的结果,我们把从 HFSS 获得的结果绘制在图 5.11 中。我们从图 5.11 中可以看出不同设置的结果是一致的。我们试图用 FEKO 来仿真这个天线,但是我们不能得到与 GEMS、CST 和 HFSS 相似的合理结果。

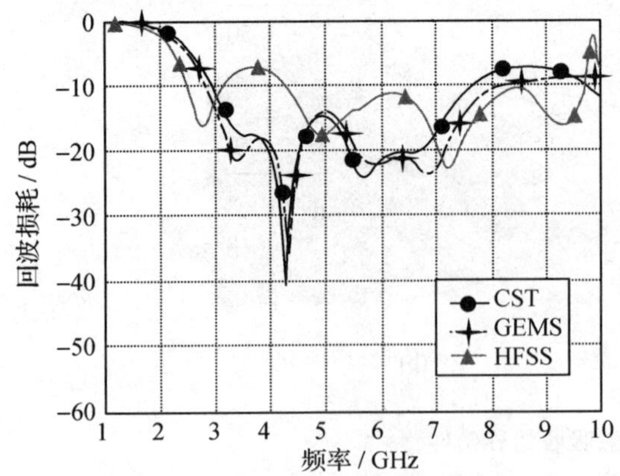

图 5.10 使用不同软件得到的 Vivaldi 天线的回波损耗

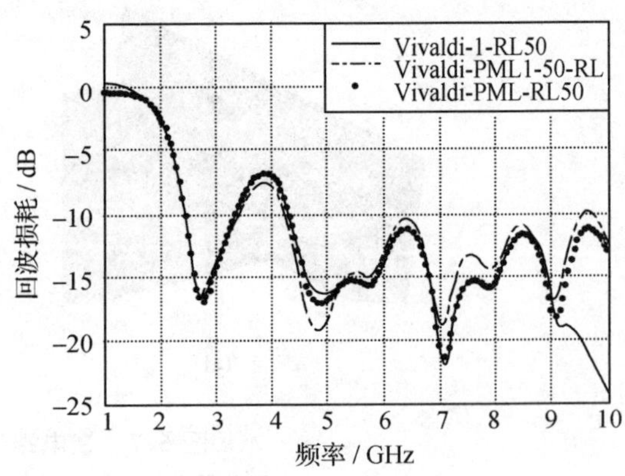

图 5.11 在 HFSS 中使用不同的边界条件得到的回波损耗

使用 HFSS 对这个 Vivaldi 天线的仿真结果已发表在 2000 年 11 月份的 *Microwave Engineering Europe*[5]。文献中的结果呈现在图 5.12 中。然而，我们在 HFSS 中使用不同的选项却无法得到相同的结果。

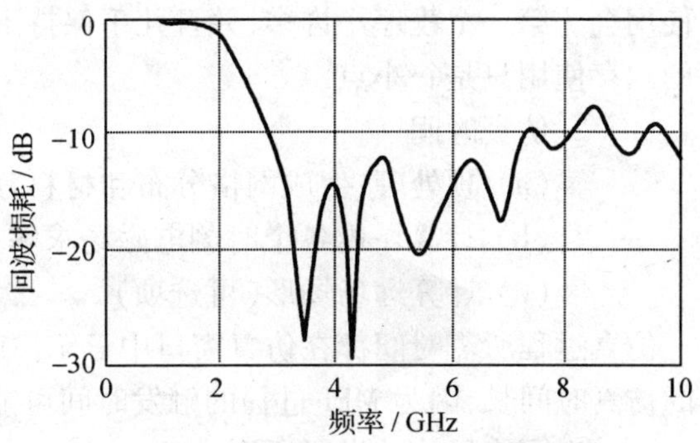

图 5.12　文献中 HFSS 的仿真结果

天线仿真的设置和每个软件包的性能见表 5.5。当仿真结束时，每个软件都提供内存使用情况和仿真时间。

表 5.5　Vivaldi 天线的仿真总结

	HFSS	CST	GEMS
网格尺寸	—	0 ~ 10 GHz：λ/21， Mesh line ratio limit：10	Δx = 0.85 mm； Δy = 0.85 mm； Δz = 1 mm； Ratio：1
未知量个数	65 183 tetrahedrons	114 240 cells (60 × 119 × 16)	119 040 cells (62 × 120 × 16)
边界条件	Radiation (190 × 170 × 150)	Open (add space)	6 - layer CPML
仿真时间	5 h 8 min 55 s	100 s	59 s
仿真内存使用/MB	1 320	Matrix：113.8， Solver：56.9	24.7
环境内存使用/MB	174.7	139	25.6
总内存使用/MB	1 490	>252.8	50.3
仿真步数	—	1 650	1 798
收敛条件	0.006	-30 dB	-30 dB

在这里我们介绍表 5.5 中的结果是如何得到的。

(1) GEMS

① 内存使用

(a) GEMS 求解器(GEMS 引擎)；

(b) GEMS 控制器(并行环境或者 MPI)；

(c) GEMS 求解其窗口。

在运行 GEMS 时，上述三项的内存使用是存在的，也就是说，上述三个程序是同时开始同时结束。第一程序的内存使用在仿真过程中可能会有所不同。第二程序在仿真过程中内存使用会比第一个程序小许多,并且几乎保持不变。与第一个和第二个程序相比,第三个程序的内存使用只是一小点。

② 仿真时间

(a) 预处理:生成网格分布和材料分布;

(b) 计算域内各个时刻电磁场求解;

(c) 计算远场场形(可选项)。

仿真过程所需时间都在仿真窗口中显示。时间栏里的时间可能比在仿真窗口中每个进程的仿真时间长,因为 MPI 过程的触发时间可能不包括在内。

③ 网格尺寸的设置原则

(a) 选择所关心的最小尺寸,输入最小尺寸的一半;

(b) 输入相邻网格尺寸比值;

(c) 网格自动生成,没有必要检查网格分布。

(2) CST

① 内存使用

(a) Matrix_cal (内存使用在仿真过程改变);

(b) 电磁场求解器(内存使用在仿真过程改变);

(c) Modeler(仿真过程存在);

(d) CST 设计环境(仿真过程存在)。

(a)和(b)所用的内存可能不同时达到峰值。

② 仿真时间

(a) 矩阵计算;

(b) 场求解;

(c) 其他。

③ 网格尺寸的设置原则

(a) 输入每波长的网格线数;

(b) 输入网格线比;

(c) 检查网格划分来避免病态网格。

(3) HFSS

① 内存使用

(a) HFSS. exe(运行环境);

(b) HFSScomengine(求解器)。

输出文件中的内存只是求解器的内存使用。

② 仿真时间

总结文件中仿真会被记录。

③ 网格尺寸的设置原则

自适应网格。

(4) FEKO

① 内存使用

(a) 峰值内存(从仿真文件中读取);

（b）cad_feko（运行环境）。

我们不能确定峰值内存是否包括运行环境的内存。

② 仿真时间

从仿真文件中读取。

③ 网格尺寸的设置原则

（a）边缘长度；

（b）线段长；

（c）线比。

对于同一个问题相同的未知量个数，我们使用 GEMS 工作站仿真。仿真情况总结在表 5.6 中。

表 5.6　GEMS 在 GEMS 工作站上的特性

	计算机配置	操作系统	问题大小	仿真时间
GEMS 工作站	Intel Q6600 quad core 2.4 GHz	GEMS Linux	119 040 cells ($62\times120\times16$)	24 s

小结：由于 Vivaldi 天线特殊的馈电结构，在不同的软件包下找一个正确的方式来激励 Vivaldi 天线是很重要的。软件的性能对于使用者的经验有很强的依赖，读者能够运用不同的软件包以他们自己的方式来激励 Vivaldi 天线并且得出他们各自的结论。

5.5　介质球体的散射问题

在这节中，我们会展示一个计算 3 - D 雷达散射截面（RCS）的例子[6]。介质球（见图 5.13，介质球半径为 30 mm，相对介电常数为 4）由一个入射角 =0 平面波照射，如图 5.14 所示。输出参数是在频率为 9.368 MHz 的双站 RCS（自由空间波长为 32 mm，在介质中为 16 mm）。我们选择网格尺寸为 0.75 mm。

双站 RCS 的计算是指平面波从一个方向入射时，电磁波能量在各个不同方向的散射。在时域有限差分方法中，有两种方法计算 RCS：其一是散射场公式，即在整个计算空间应用散射场；其二是总场/散射场公式，即应用平面波在所谓的惠更斯表面上并把场分为总场区和散射场区。后者的计算效率高，但是对于大问题的计算误差大，原因是平面波入射到物体上时就有很大的误差。

我们选择介质球作为例子是因为它结构简单，而且它的 RCS 有 MIE 解以便我们检查仿真结果是否准确。由于在计算区域内没有精细结构，我们可以基于最高频率来选择网格尺寸。然而，我们需要把介电常数为 4 的因素考虑在内。总结不同软件包的输入参数设置如下。

（1）HFSS

① 单元尺寸：$\Delta x=\Delta y=\Delta z=0.75$ mm。

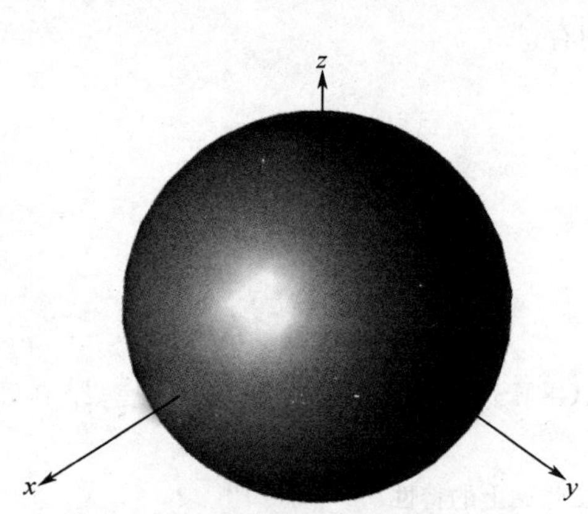

图 5.13 半径等于 30 mm 相对介电常数为 4 的介质球

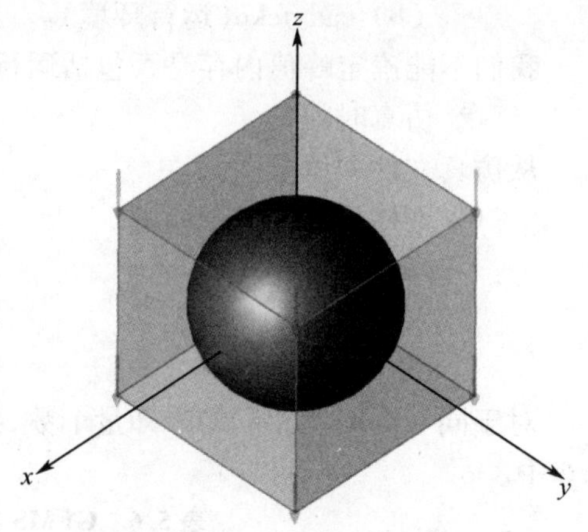

图 5.14 平面波从 z 轴方向照射介质球

② 边界条件:辐射边界条件,在介质球和计算边界间有半波长的缓冲空间。

③ 激励源:平面波源入射。

④ 收敛标准:0.042。

⑤ 输出结果:RCS(在后处理中得到相应结果)。

(2) CST

① 最小网格长度为 0.71 mm,最大网格长度为 1.5 mm。

② 边界条件:开放边界条件(增加空间)。

③ 网格个数:52×52×52。

④ 激励源:平面波源入射。

⑤ 收敛标准:-40 dB。

⑥ 输出结果:RCS(在后处理中得到相应结果)。

(3) FEKO

① 边界长度为 1.5 mm,它是 9.368 GHz 频率对应波长的十分之一。

② 激励源:平面波源入射。

③ 输出结果:RCS(直接输出参数)。

(4) GEMS

① 网格尺寸:$\Delta x = \Delta y = \Delta z = 0.75$ mm。

② 边界条件:开放边界条件(6 层 CPML 吸收边界条件)。

③ 网格个数:52×52×52(不包括 PML 层)。

④ 激励源:平面波源入射。

⑤ 输出结果:RCS(直接输出参数)。

图 5.15 中给出了采用 GEMS 计算的 3-D RCS 分布图。尽管我们不能比较 3-D RCS 分布图的不同,我们从它们的形状和电平知道,从不同软件包得到的结果有很好的一致性。GEMS 和 CST 能够同时生成 RCS(dB)和 RCS(dBsm),尽管如此,在进行数据后处理时我们不能在 FEKO 和 HFSS 中找到同样的方式生成 RCS(dB)。GEMS 提供了三种可视化格式的

3 - D 远场方向图,即连续彩色图,轮廓彩色图及带有网格的彩色轮廓,如图 5.16 所示。

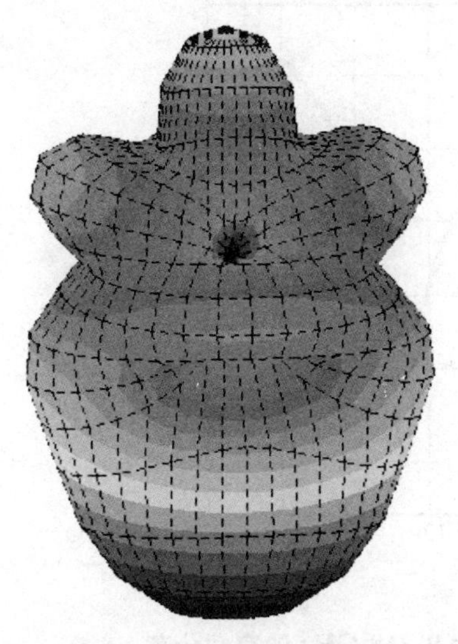

图 5.15　3 - D RCS 在频率为 9.368 GHz 的分布

图 5.16　没有网格时的 3 - D RCS 分布

绘制仿真结果如图 5.17 和图 5.18 所示。我们可以从图 5.17 观察到,除了 HFSS,其余使用不同软件仿真的介质球的双站雷达散射截面结果几乎是相同的。我们尝试在 HFSS 中更改计算区域的尺寸,尽管仿真结果随着计算区域的增大而改进,但是仍然不能获得其他三种软件接近的结果。

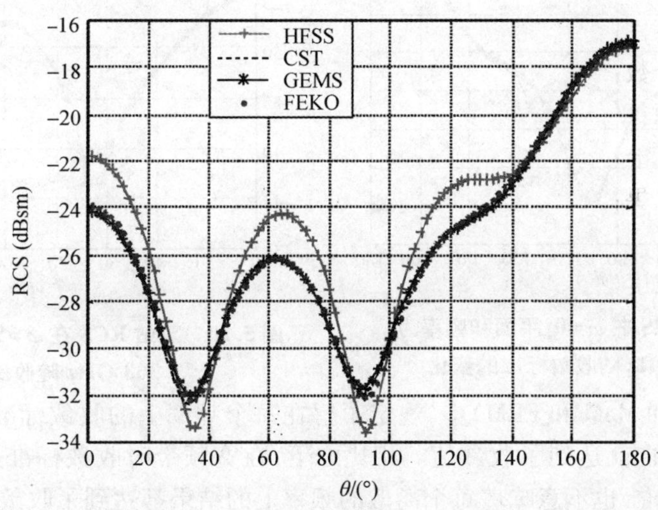

图 5.17　双站 RCS 在 $\varphi=0°$ 平面和频率为 9.368 GHz 的空间分布

HFSS 不会要求用户根据已知问题选择网格尺寸。基于最好的理解我们在 FEKO,CST 和 GEMS 中选择最合适网格尺寸。例如,在 CST 和 GEMS 中,选则网格尺寸为 0.75 mm(大约每波长有 20 个网格)。

为便于比较,我们在 CST 和 GEMS 中使用相同的网格个数。像介质腔一样,电磁波在介质球体内衰减很慢。对于 RCS 问题,远场参数对近场及区域电流分布是不敏感的。然

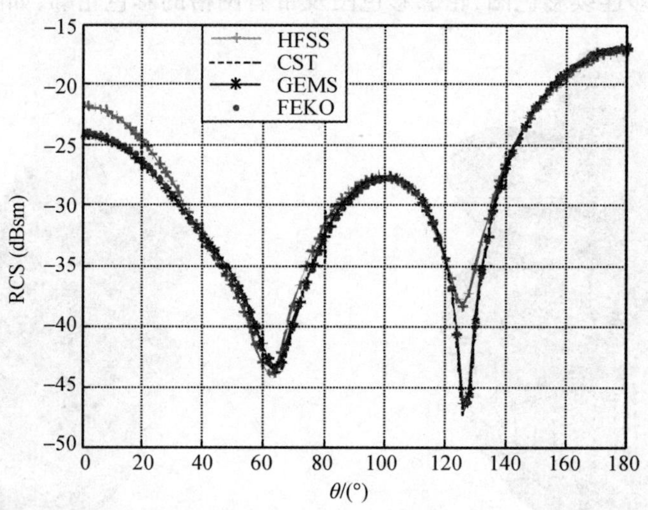

图 5.18 双站 RCS 在 $\varphi=90°$ 平面和频率为 9.368 GHz 的空间分布

而，在这个例子中，−30 dB 的收敛准则可能不足以达到精确解。在 CST 和 GEMS 中我们通过增加收敛标准来提高仿真精度，如图 5.19 和图 5.20 所示。

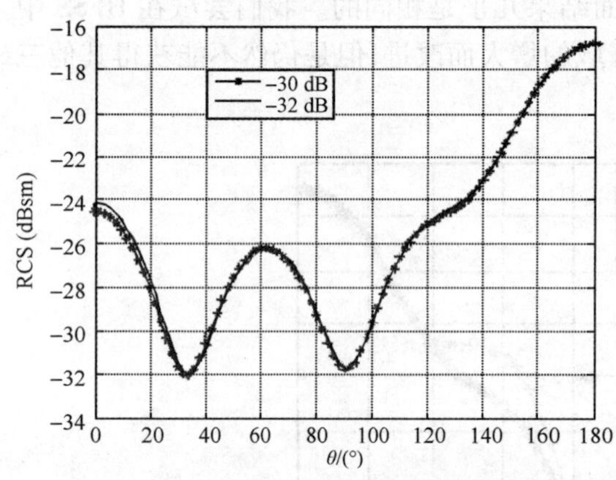

图 5.19 双站 RCS 在 $\varphi=0°$ 平面和频率为 9.368 GHz 随收敛标准的变化

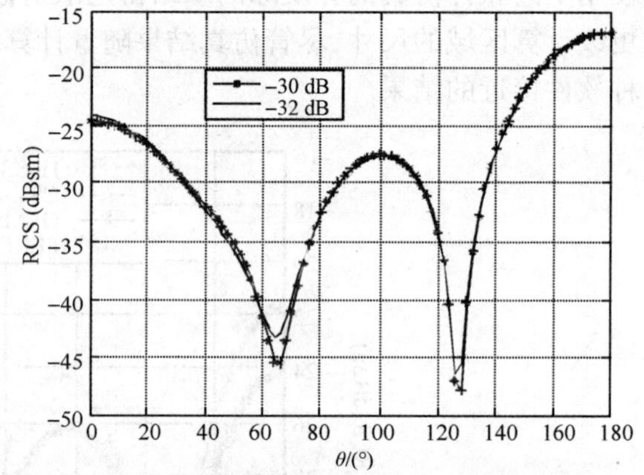

图 5.20 双站 RCS 在 $\varphi=90°$ 平面和频率为 9.368 GHz 随收敛标准的变化

在频域方法（如 MoM 和 FEM）中，规定了解在每个频率上的收敛标准，因此，当满足收敛标准时仿真结果也就达到了收敛值。相比之下，在宽频带时收敛标准是统计意义上的。即使达到了收敛标准，也不意味着每个离散的频率上的结果都达到了收敛。事实上，它取决于激励脉冲形状。在 GEMS 中，我们除了要检查时域信号的收敛之外，还要检查解在每一个频率上的收敛。

相同的情况出现在 CST 中，−30 dB 和 −40 dB 收敛标准的雷达散射截面面积不同，如图 5.21 和图 5.22 所示。

每种软件包都会生成一个仿真报告，包括一些仿真信息如仿真时间、内存使用、预处理时间、计算机状态等等。很难比较出不同方式下的资源利用率。这里我们列出了每种软件包的典型仿真报告。除了一些仿真信息外，GEMS 在工程报告中也列出了计算机名称和可

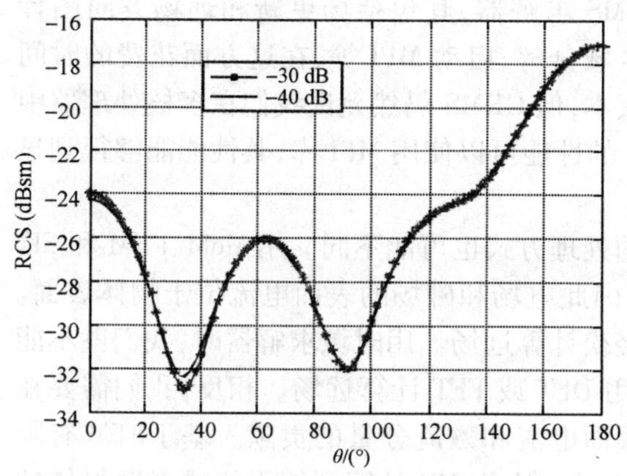

图 5.21　双站 RCS 在 $\varphi=0°$ 平面和频率为 9.368 GHz 随收敛标准的变化

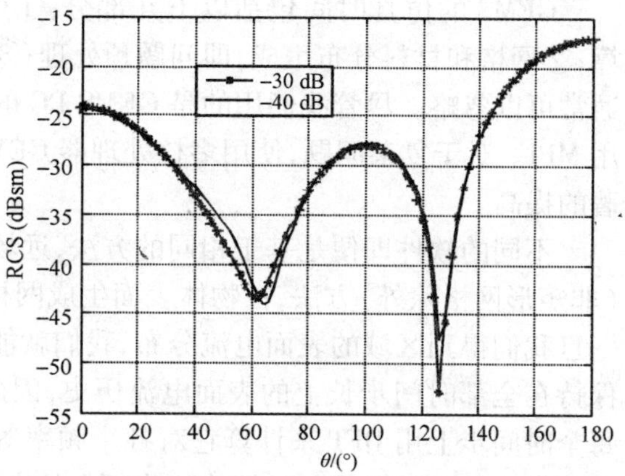

图 5.22　双站 RCS 在 $\varphi=90°$ 平面和频率为 9.368 GHz 随收敛标准的变化

用内存。仿真信息汇总在表 5.7 中。

表 5.7　用不同软件仿真的总结报告

	HFSS	CST	GEMS	FEKO
网格尺寸	—	0 ~ 15 GHz：λ/14，Mesh ratio limit：10	$\Delta x=0.75$，$\Delta y=0.75$，$\Delta z=0.75$，Ratio：1	Edge Length：1.5 mm，(λ/10)
未知量个数	5 385 tetrahedrons	140 608 cells (52×52×52)	140 608 cells (52×52×52)	11 214 basis functions
边界条件	Radiation (46×46×46)	Open (add space)	6 – layer CPML	—
仿真时间/s	59	54	44	792
仿真内存/MB	153	82.8	26.4	961.7
环境内存/MB	160.2	147.1	25.3	104.3
总内存/MB	313.2	>191.9	51.7	1 066
时间步数	—	1 854	1 649	—
收敛标准	0.042	−40 dB	−32 dB	—

GEMS 的应用程序包括 GEMS 求解器、GEMS 控制器和 GEMS 求解器窗口。当 GEMS 运行时，我们可以通过 Windows 任务管理器模块查看内存使用情况。GEMS 求解器窗口的内存使用量不随问题大小改变。GEMS 控制器的内存使用量可能随问题的条件而小小改变，如激励尺寸和输出参数。然而，GEMS 求解器的内存使用量在很大程度上取决于问题的大小。

GEMS 的仿真时间包括以下几部分:①GEMS 求解器,其包括场更新和远场方向图计算;②网格和材料分布生成,即问题预处理;③区域分解、启动 MPI 等,在这方面花费的时间通常可以忽略。尽管我们用的是 GEMS PC 的版本,但 GEMS 仍然允许我们在多核处理器中用 MPI。对于复杂问题,使用多核处理器 GEMS 的性能可以使用 MPI 库,其性能能够得到显著的提高。

不同的软件即便是基于相同的方法,远场的处理方式也可能不同。用 MoM、FEM 和 FIT(非矩形网格除外)方法,在物体表面生成网格,因此电场和磁场的表面电流位于物体表面。一旦我们得到区域的表面电流分布,我们就能轻松计算远场。用时域求解器时,我们就不能保持在全部时间步长上的表面电流历史,因此用 DFT 或 FFT 计算远场。相反,我们需要在每个时间步上用 DFT 来计算它对各个频率等效面电流和磁流分量的贡献。基于时域有限差分方法的 GEMS 将不计算物体表面上的电流分布,但 GEMS 计算环绕天线或者散射体的封闭惠更斯表面上的等效电流分布。可以通过在惠更斯面上的等效表面电流来计算远场。在 GEMS 中可同时将 2 - D 和 3 - D 远场作为直接输出参数。但是远场输出的频率列表必须在电磁仿真之前给出。

```
GEMS 求解器内存使用总结 :

Available memory in compute nodes:
Host name : wen - laptop , available memory 1 146.801 MB
----------------------------------------------------------------
Memory needed in compute nodes :
Host name : wen - laptop
Total memory needed in all processors: 33.8 MB
----------------------------------------------------------------
GEMS Solver simulation time summary :
Time for Project pre - processing:            ≪0: 0: 1 ≫
Time for initialization:                      ≪0: 0: 0 ≫
Time for Field update:                        ≪0: 0:29 ≫
Time for Frequency Domain output:             ≪0: 0: 0≫
Time for Far Field calculation:               ≪0: 0: 5≫
----------------------------------------------------------------
总仿真时间:                                    ≪0: 0:35≫
```

CST:

```
Number of meshcells:                       140 608
Excitation duration:                       2.369 699e - 001 ns
Calculation time for excitation:           9        sec.
Number of calculated pulse widths:10.5292
Steady state accuracy limit:               - 40 dB
Simulated number of time steps:            1 854
```

Maximum number of time steps:　176 082
Time step width:
　without subcycles:　1. 345 790e −003 ns
　used:　1. 345 790e −003 ns
Number of threads used:　2
Matrix calculation time:　13
Solver time:　41　sec.
Total time:　54　sec.
总仿真时间:　54　sec.

HFSS:

Task　Real Time CPU Time Memory Information
Desired RAM limit not set.
mesh3d_init　00:00:01　00:00:00 38. 5 M 1537 tetrahedra
Mesh RefinementLambda Based
wave_1_seed_FT　00:00:01　00:00:01 39. 1 M 3734 tetrahedra

Adaptive Pass 1
Frequency: 9. 368 GHz
adapt_part1　00:00:02 00:00:01 19. 4 M 3734 tetrahedra
Solver CSS　00:00:09 00:00:09 90 M 24140 matrix, 13 MB disk
adapt_part2　00:00:01 00:00:00 15. 4 M 3734 tetrahedra
Adaptive Pass 2
Frequency: 9. 368 GHz
mesh3d_adapt_FT　00:00:02 00:00:01 39. 5 M 4485 tetrahedra
adapt_part1　00:00:02 00:00:02 20. 1 M 4485 tetrahedra
Solver CSS　00:00:14 00:00:14 117 M 28966 matrix, 15 MB disk
adapt_part2　00:00:01 00:00:00 17 M 4485 tetrahedra

Adaptive Pass 3
Frequency: 9. 368 GHz
mesh3d_adapt_FT　00:00:02 00:00:01 39. 7 M 5385 tetrahedra
adapt_part1　00:00:02 00:00:02 22. 3 M 5385 tetrahedra
Solver CSS　00:00:21 00:00:21 153 M 34738 matrix, 19 MB disk
adapt_part2　00:00:01 00:00:01 18. 9 M 5385 tetrahedra
Adaptive Passes converged
Elapsed time　00:01:07
Total　00:00:59　00:00:53

FEKO：

SUMMARY OF REQUIRED TIMES IN SECONDS

	CPU-time	Run-time
Reading and constructing the geometry	0.109	0.109
Checking the geometry	0.062	0.063
Initialization of the Greens function	0.000	0.000
Calcul. of coupling for PO/Fock	0.000	0.000
Calcul. of matrix elements	289.110	289.140
Calcul. of right - hand side vector	0.093	0.094
Preconditioning system of linear eqns.	19.047	19.046
Solution of the system of linear eqns.	464.766	464.766
Determination of surface currents	0.000	0.000
Calcul. of impedances/powers/losses	0.015	0.016
Calcul. of averaged SAR values	0.000	0.000
Calcul. of power ideal receiving ant.	0.000	0.000
Calcul. of cable coupling	0.000	0.000
Calcul. of electric near field	0.000	0.000
Calcul. of magnetic near field	0.000	0.000
Calcul. of far field	17.829	17.828
other	0.594	0.563
total times：	791.625	791.625
(total times in hours：	0.220	0.220)

在仿真过程中内存需求的峰值为：961.734 MB

在 CST 中，“Matrix calc”和“solver”的内存使用并不同时达到峰值。因此，我们使用标记“>”表示内存使用范围。我们在这个例子中选择收敛判断标准为 -40 dB，因此我们不能选择 -30 dB 和 -40 dB 之间的其他值。

对于同一个问题相同的未知量个数，我们使用 GEMS 工作站仿真同样的问题。仿真情况总结在表 5.8 中。

表 5.8　GEMS 在工作站上的仿真特性

	计算机配置	操作系统	问题大小	仿真时间
GEMS Workstation	Intel Q6600 quad core 2.4 GHz	GEMS Linux	140 608 cells (52 × 52 × 52)	11 s

小结：因为介质球的雷达散射截面积能用 MIE 系列表示，所以我们能用解析解比较仿真结果。再一次阐述，软件性能主要取决于用户经验，而且读者应该使用不同的软件包来得出自己的结论。

5.6 智能手机天线

在这一部分，我们要仿真一款智能手机天线，其结构如图5.23和图5.24所示[7]。天线结构包括一个PEC板（因为在原设计中它没有厚度，它被设置为PEC），介质板（介电常数=4.4）和两个馈电端口。天线模型是从FEKO导出的SAT格式的。当SAT模型被导入HFSS时，HFSS给出在电介质物体里存在错误的信息，这个仿真被终止。当SAT模型被导入GEMS时，GEMS从一个ACIS函数返回一个错误信息，仿真也被终止。当SAT模型被导入CST时，CST能仿真它，但是CST仿真结果不正确。当我们用GEMS，HFSS和CST提供的自我纠正功能时，上面所说的病态问题仍然存在。

图5.23　MIMO天线结构

对于一个实际问题，模型正确是第一位的。SAT模型是ACIS的基本数据格式，基于ACIS模块的软件之间的转换是不会有问题的。现在的这个问题在于FEKO的建模是基于ParaSolid，从FEKO导出的SAT模型可能并不是ACIS的原产模块。这就是为什么从FEKO导出病态模型的原因。对于一般的病态模型问题，几个电磁仿真软件都具有自我修正的功能，它们是可以修复大部分病态问题的。当我们逐个检查模型中的每一个问题时，我们发现问题出在介质板上。

图5.24　MIMO　天线的馈电结构

因为天线结构简单，所以我们手动地重画介质板。HFSS，CST和GEMS能够获得合理的仿真结果。对于所有软件包而言，如图5.24所示的馈电结构及其小孔和桥状结构都是网格设计的瓶颈。因为它规定最小网格尺寸的大小，时域有限差分方法的时间步将要因此而明显减小。类似问题亦出现在频域方法中。

我们首先用GEMS来仿真这个问题。在GEMS里我们选择网格尺寸基于以下规则：①找到最小结构的尺寸，例如，在x，y和z方向上的最小尺寸分别为0.5 mm，0.5 mm和0.1 mm，如图5.25所示；②一般来说，我们需要在最小结构里设置两个网格来描述里面的场变化。在这个问题中，z方向上的最小尺寸是介质的厚度，它要比水平方向大得多。一般来说，我们在x，y和z方向上能选择的网格尺寸分别为0.25 mm，0.25 mm和0.1 mm。如果这个区域除了馈电结构外不包括其他精细结构，我们能选择的网格尺寸上升到最小结构的60%。例如，在x，y方向上能选择单元的尺寸分别为0.30 mm和

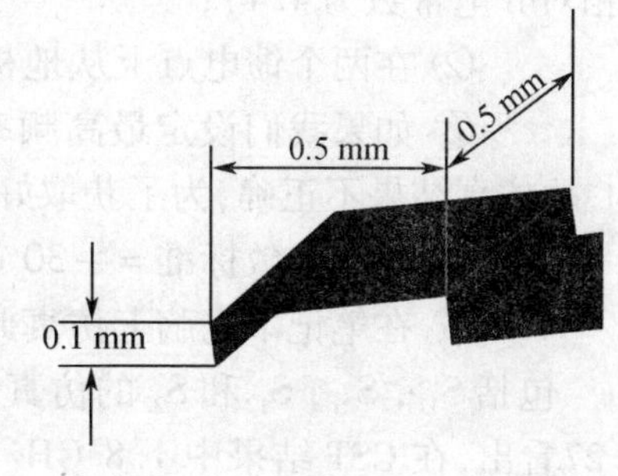

图5.25　MIMO天线的桥状馈电结构

0.30 mm。当在 x 和 y 方向网格尺寸从 0.3 mm 减小到 0.25 mm，内存使用和仿真时间都会缩减 12%。尽管如此，我们并不能看出关于 S 参量和远场方向图的任何改变。

在这个例子中，正常情况下我们不必在仿真软件里画任何物体，因为所有部分已经被包含在 SAT 模型中。我们需要做的是为 SAT 模型的每部分选择材料类型，设置激励和输出参数。但是由于介质板的病态特性，我们需要手工绘制介质板并把原始的介质板删除。在这个问题中的精细结构是馈电部分，不论我们选择哪种方式，我们都应该确保激励通道接触到馈电结构方形部分的中心点。在这四个电磁仿真软件中，我们都能够将 SAT 模式导入图形界面。接下来，我们将介绍使用这四个软件仿真的基本步骤。

（1）用 GEMS 来仿真这个天线，其基本步骤如下：

① 将 SAT 模型导入 GEMS 界面，定义材料类型为天线（PEC）、地板（PEC）和基板（相对介电常数为 4.4）；

② 在两个馈电点上从地板到馈电画两条线，然后设定它们为集总端口；

③ 在不同的高斯脉冲里设定最高频率为 6 GHz；

④ 设定初始化网格尺寸（$\Delta x = \Delta y = 0.3$ mm，$\Delta z = 0.1$ mm，比值 = 1.05），来生成自适应表格；

⑤ 设定收敛标准为 −30 dB；

⑥ 用 GEMS 求解器来仿真此问题。

（2）用 HFSS 来仿真这个天线，其基本步骤如下：

① 将 SAT 模型导入 HFSS 界面，定义材料类型为天线（PEC）、地板（PEC）和基板（相对介电常数为 4.4）；

② 在两个馈电点上从地板到馈电画两条矩形导入线，然后设定它们为集总端口；

③ 设定扫描频带为 0.5 GHz ~ 6 GHz，频率步长为 0.1 GHz；

④ 设置收敛标准为 0.02；

⑤ 在笔记本电脑上仿真此工程（仅用单核来仿真）；

⑥ 处理结果。

（3）用 CST 来仿真这个天线，其基本步骤如下：

① 将 SAT 模型导入 CST 界面，定义材料类型为天线（PEC）、地板（PEC）和基板（相对介电常数为 4.4）；

② 在两个馈电点上从地板到馈电画两条线，然后设定它们为集总端口；

③ 如果我们设定最高频率 = 6 GHz，每波长 20 单位，网格不能获得很好的馈电结构，故仿真结果不正确，为了获取好的馈电结构，我们需要设定最高频率 = 20 GHz；

④ 设定收敛标准 = −30 dB；

⑤ 在笔记本电脑上仿真此工程（用双核进行仿真）。

包括 S_{11}，S_{21}，S_{12} 和 S_{22} 的仿真结果如图 5.26 至图 5.28 所示。我们可以从图 5.26 和图 5.27 看出，在 CST 结果中 1.8 GHz 和在 HFSS 结果中 4.5 GHz 到 6 GHz 都有奇怪的表现。除此之外，这三种软件生成结果都是可接受的。

图 5.27 中 CST 的结果在 1.6 GHz 到 1.9 GHz 部分大概跳到了 −6 dB，这明显不是正常物理现象。我们试着增大或缩小网格尺寸，但这种现象仍然存在。两个天线之间的隔离度如图 5.28 所示。

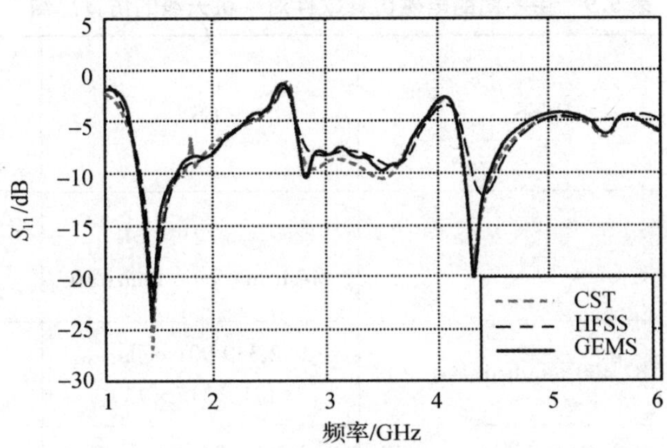

图 5.26　不同仿真软件得到智能手机天线的 S_{11}

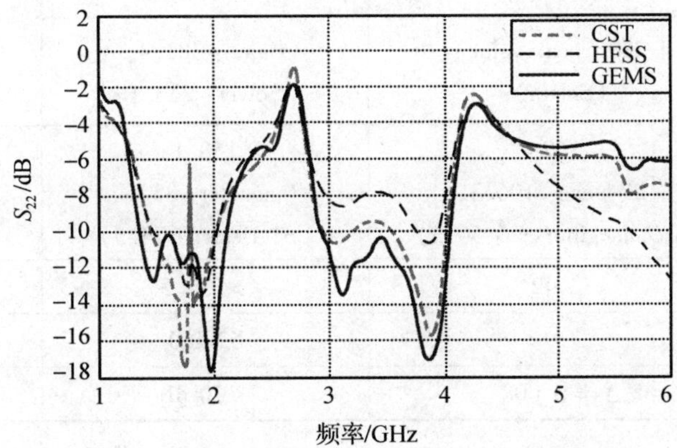

图 5.27　不同仿真软件得到智能手机天线的 S_{22}

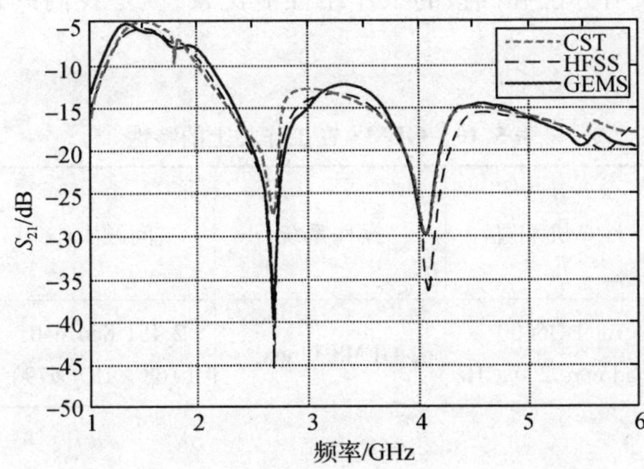

图 5.28　不同仿真软件得到智能手机天线的 S_{12} 和 S_{21}

用不同的电磁仿真软件对手机天线的仿真特性总结在表 5.9 中。应该指出的是，当我们比较几种电磁仿真软件时，我们总是使用相同的硬件平台。

表 5.9　用不同的电磁仿真软件对手机天线的仿真总结

	HFSS	CST	GEMS
网格尺寸	—	$\lambda/21$， Mesh line ratio limit：10	$\Delta x=0.3$，Ratio：1.05 $\Delta y=0.3$，Ratio：1.02 $\Delta z=0.1$，Ratio：1.2
未知量个数	82 400 tetrahedrons	2 339 901 cells （171×317×43）	2 481 864 cells （168×187×79）
边界条件	Radiation （355 mm×400 mm×320 mm）	Open（add space）	6 – layer CPML
仿真时间/min	479	294	90
仿真内存/MB	1 280（peak value） （Solver）	Calc.：381.4， Solver：226.1	125 （GEMS_solver）
环境内存/MB	162 （hfss. exe：106.3， hfsscomengine. exe：56.5）	158.1 （modeler：83.6， CST Design：74.5）	25.6 （Controller：11.2， Solver：14.4）
总内存/MB	1 442	>539.5	150.6
时间步数	—	52 560	13 012
收敛条件	$\Delta s=0.008$	–30 dB	–30 dB

对于相同问题和相同未知数，我们用 GEMS 工作站仿真，仿真信息汇总在表 5.10 中。虽然双核笔记本电脑没有办法和四核的工作站性能比较，但是我们只是想介绍 GEMS 在不同平台上的特性。

表 5.10　GEMS 在工作站上的特性

	计算机配置	操作系统	问题大小	仿真时间
GEMS Workstation	Intel Q6600 quad core 2.4 GHz	GEMS Linux	2 481 864 cells （168×187×79）	46 min. 6 sec.

当在 CST 用笛卡儿网格时，有限积分技术转变为 FDTD 方法，我们能在内存，仿真时间和准确性方面对 CST 和 GEMS 进行直接比较。在这里，我们用这个例子来探讨不同软件处理病态模型的能力。SAT 格式的天线模型是从 FEKO 导出的。当它导入到 HFSS 软件时，HFSS 软件显示基本错误信息并停止仿真。当同一模型导入到 CST 时，CST 不显示任何错

误信息,并可以进行仿真,但结果显然是错误的。当同一模型导入到 GEMS 时,如果网格尺寸选择在 x 轴,y 轴和 z 轴方向均为 0.1 mm,则介质模型是病态的,在仿真一开始的时候就退出而不能继续进行。但是,如果网格尺寸大小为其他的值(不是 0.1 mm,0.1 mm 和 0.1 mm),如在 x,y 轴和 z 方向为 0.3 mm,0.3 mm 和 0.1 mm,对于同样的病态 SAT 模型,GEMS 可仿真并产生正确的结果。仿真结果汇总在图 5.29 至图 5.31 中。在图 5.29 至图 5.31 中,如果 HFSS 软件的仿真结果用于参考,我们可以看到,除了 CST 的 S_{11} 和 S_{22} 在低频(频率 <1.3 GHz 的)的行为有些奇怪外, HFSS 和 CST 软件的仿真结果有较大的偏差。

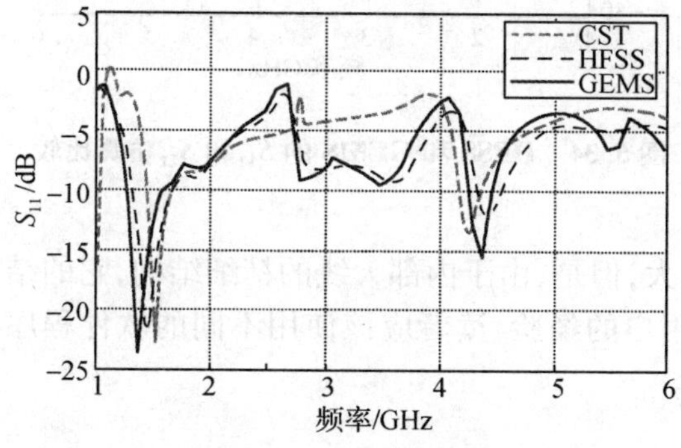

图 5.29　用不同的软件得到的智能手机的 S_{11} 随频率的变化

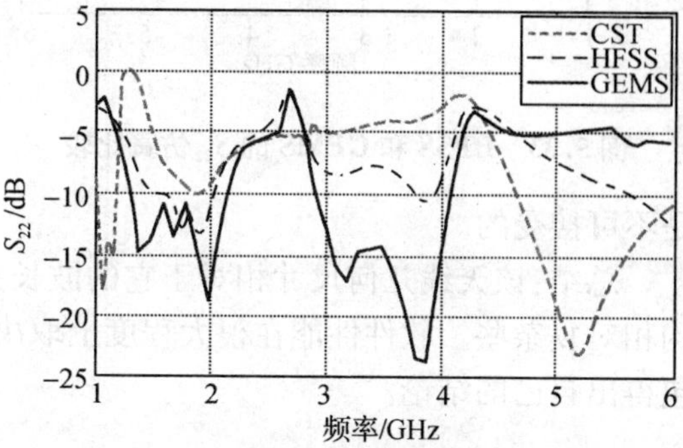

图 5.30　用不同的软件得到的智能手机的 S_{22} 随频率的变化

我们不能简单地比较 GEMS 和 HFSS 的内存使用和仿真时间,因为这两个软件应用的方式不同。如果 HFSS 仿真中的未知数减少,我们还可以得到好的结果吗?为此,我们将 HFSS 仿真中的未知数量减少到 25 000 四面体,并在 GEMS 中设置相似单元数。此时,GEMS 与 HFSS 软件的仿真时间几乎是相同的。GEMS 和 HFSS 的仿真结果总结在图 5.32 至图 5.34 中。

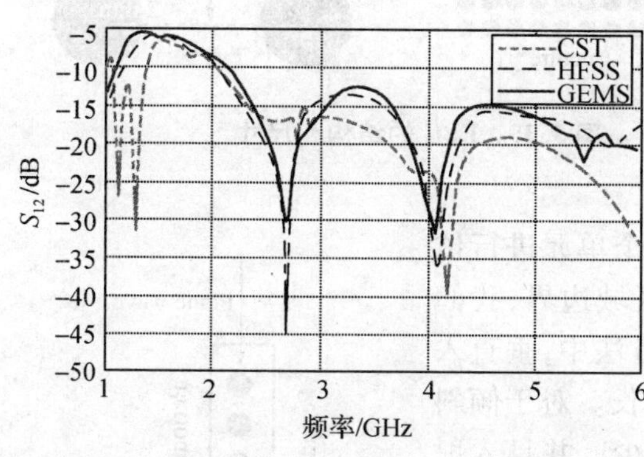

图 5.31　用不同的软件得到的智能手机的 S_{21} 和 S_{12} 随频率的变化

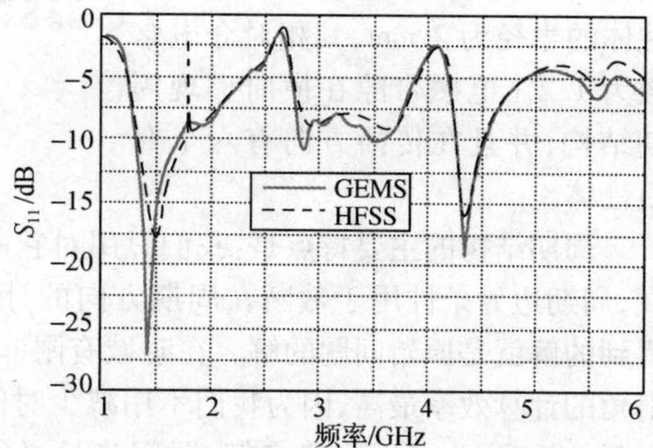

图 5.32　HFSS 和 GEMS 的 S_{11} 仿真比较

我们可以从图 5.32 至图 5.34 观察到,网格数量从 2.4 Mcells 降低到 0.74 Mcells 时,GEMS 的仿真结果并没有太大变化。然而,网格未知数量减少到原来网格数量的三分之一时,HFSS 软件仿真结果有明显变化。当仿真时间降低到 GEMS 的水平时,HFSS 的仿真结果

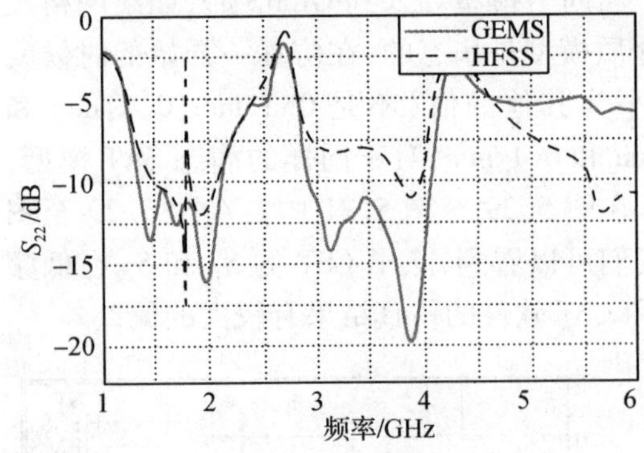

图 5.33 HFSS 和 GEMS 的 S_{22} 仿真比较

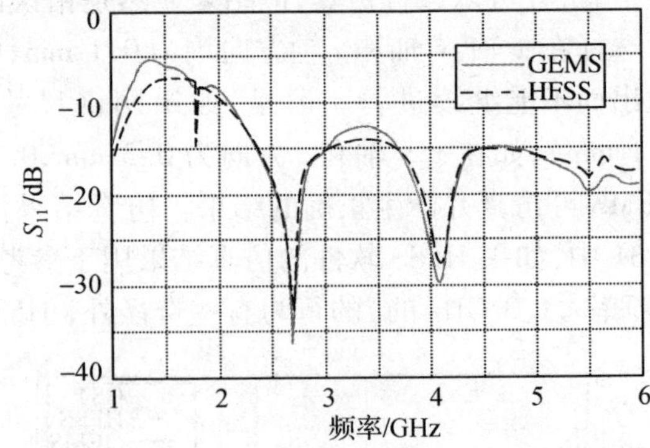

图 5.34 HFSS 和 GEMS 的 S_{12} 和 S_{21} 仿真比较

是不可接受的。

总结:该天线几何尺寸相对于它的波长并不大,但是,由于内部天线的精细结构,它的结构相对复杂些。软件性能在很大程度上取决于用户的经验,读者应该使用不同的软件程序包得出自己的结论。

5.7 电磁带隙结构

在这一节,我们使用周期边界条件仿真一个电磁带隙(EBG,Electromagnetic Band Gap)结构[8],如图 5.35 所示。电磁带隙结构是由无限长的介质柱体构成的。介质柱体的半径为 2 mm,其相对介电常数为 4.2。电磁带隙在横向呈现周期结构,并且在传播方向有六个介质柱体。

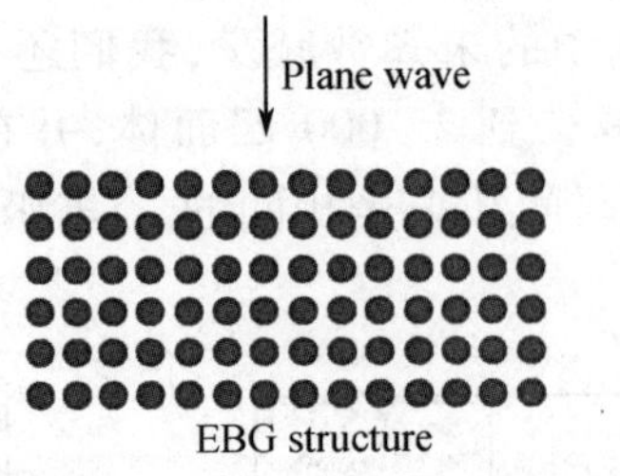

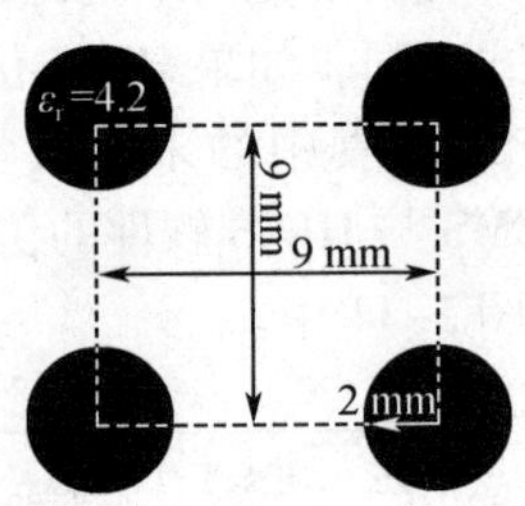

图 5.35 EBG 的结构和尺寸

周期结构的主要特点是:我们只用对它的一个单元进行仿真,周期边界条件用于截断在周期方向的计算区域边界,我们得到的解就是原始问题的解。在时域有限差分方法中,垂直入射角的计算效率最高,因为我们不用减少时间步长。对于倾斜入射的情况,为了得到稳定解,时间步长必须减少。并且入射角在大于65°之后即便是减少时间步长也不能够得到稳定解。

如上所述,使用周期边界条件我们仅需要仿真带隙结构的一个单元,如图 5.36 所示。带隙结构的一个单元包括六个柱体,在沿着介质柱体的方向上,介质柱体是无限长的,如图 5.36 所示。由于沿着柱体方向使用周期边界条件,我们并不需要仿真很长的柱体而仅需要仿真一小段即可,例如 4~5 个网格的长度。

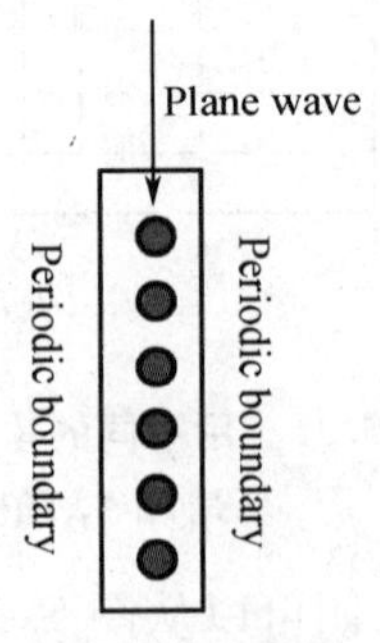

图 5.36 EBG 的一个单元和仿真设计

应用周期边界条件(PBC)截断周期结构的边界和沿着圆柱体轴向方向。并用 PML 来截断传播方向上的计算区域边界。需要注意的是,周期边界到圆柱体的距离应该等于两个相邻圆柱体之间距离的 0.5 倍。在传播方向上,要留下足够空间放置平面波和输出表面,例如 10 个网格的空白空间。

由于在横截面方向上 EBG 的周期结构,平面波激励将被简化成一个表面,这个表面被放在 EBG 结构的入射方向。当用 GEMS 模拟时,无论平面波是正射还是斜射,平面波激励的表面总是平行于 xOy 平面。也就是说,我们总要把周期结构放在 xOy 平面。

因为我们只需要模拟 EBG 结构的一个单元,所以计算区域范围相对小些。为了安全起见,我们可以用均匀网格,这样可以保证精确的仿真结果。在这个例子中,所分析的频率高达 25 GHz,可以用的网格尺寸是 0.25 mm(绝缘体中在 25 GHz 时网格尺寸为 6 mm)。

在 EBG 仿真结构中的输出是反射和透射系数。高阶 Floquet 模式的时域反射场包含实部和虚部;然而主模的透射场只含有实部,而且主模的反射场和透射场的虚部都为零,仿真信息总结在表 5.11 中。在 CST 仿真中,我们尝试用周期边界,然而在仿真结束之后我们不能找到任何结果。我们用 CST 中的“Unit cell”和频域求解器来仿真 EBG 结构。

表 5.11　EBG 结构仿真总结

	HFSS	CST (frequency domain solver)	GEMS	FEKO
网格尺寸	—	0 – 30 GHz: Steps per wavelength = 4, Min. number of steps = 10	Δx = 0.25, Δy = 0.25, Δz = 0.25, Ratio = 1	—
未知量个数	—	13 453 tetrahedrons	59 904 cells(36 × 8 × 208)	—
边界条件	—	—	6-layer CPML	—
仿真时间	—	10 min 4 s, (mesh time: 19 s, Solving: 585 s)	4 min 38 s (Mesh generating: 6 s, Pre-processing: 1 s, Solving:4 min 31 s)	—
仿真内存/MB	—	Solver start: 12.2, Eq. system setup: 74.2, Eq. system solve:152.9, Mesh refinement: 64.1, Solver run total: 152.9.	20 (GEMS solver)	—
环境内存/MB	—	141 (modeler: 77.0, CST Design: 64.0)	25.6 (controller: 11.2, Solver: 14.4)	—
总内存/MB	—	>293.9	45.6	—
时间步数	—	—	13 321	—

表 5.11(续)

	HFSS	CST (frequency domain solver)	GEMS	FEKO
收敛条件	—	S-parameter error threshold value: 0.01	−30 dB	—

在 HFSS 中,我们试着选用周期结构仿真的不同选项,然而并没有发现计算周期结构的反射和透射系数的选项。

我们也同样试着用 FEKO 来仿真周期结构,然而,手册告诉我们 FEKO 中的周期边界只对金属良导体有效。

对同样的问题和网格分布,我们用 GEMS 工作站来仿真它,仿真情况总结在表 5.12 中。

表 5.12　GEMS 工作站的对于 EBG 结构的 GEMS 的性能

	计算机配置	操作系统	问题大小	仿真时间
GEMS Workstation	Intel Q6600 quad core 2.4 GHz	GEMS Linux	59 904 cells (36 × 8 × 208)	51 s

从 GEMS 和 CST 中得到的仿真结果如图 5.37 所示。即便 CST 使用单位单元边界(频域求解器),GEMS(时域求解器)使用周期边界条件,CST 和 GEMS 的结果也很相符。如果我们将实验数据放在图 5.37 中,我们将观察到它与仿真结果完全吻合。

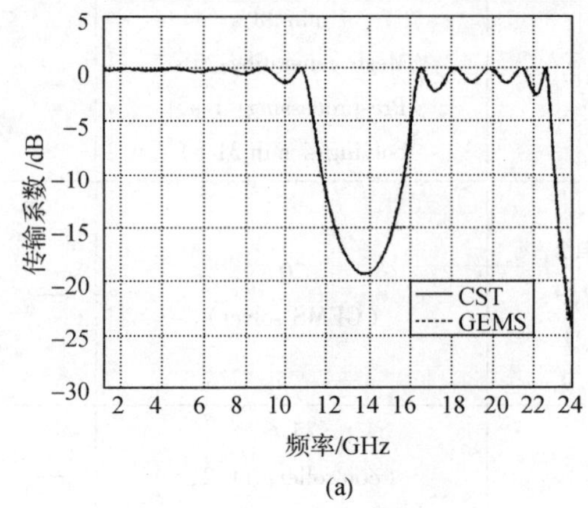

(a)

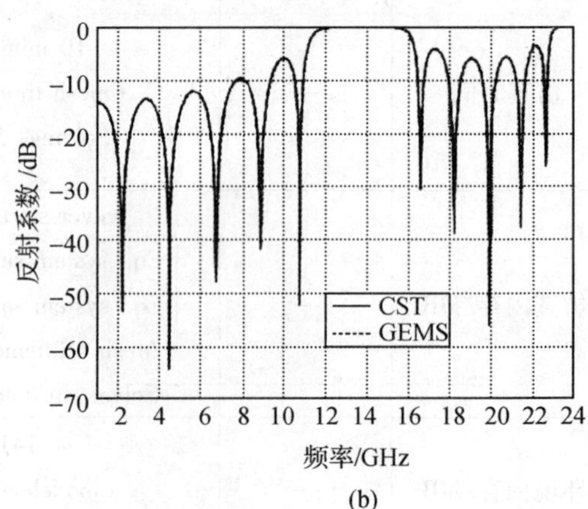

(b)

图 5.37　EBG 结构的反射和传输系数

(a) EBG 结构的传输系数;(b) EBG 结构的反射系数

总结:由于是周期结构,我们只需要模拟它的一个元件;仿真性能强烈地依靠用户的经验,并且读者应该用不同的软件包来模拟它以及得到自己的结论。

5.8　标准 *SAR* 测试

在这部分中,我们用 GEMS 和 CST 来仿真在 IEEE 标准 1528[9] 中的测试例子,如图5.38 所示。在 GEMS 和 CST 中,*SAR* 的计算都是基于 FDTD 方法,在 IEEE 标准中的 *SAR* 参考值也是由FDTD方法生成的。我们试着用 HFSS 和 FEKO 仿真同一个问题,这两个方法都给出了内存不够的问题信息。在 CST 中,*SAR* 计算在数据后处理中实施。后处理所用时间应当被计入仿真时间,在大部分时间,CST 后处理的时间比仿真的时间还要长。

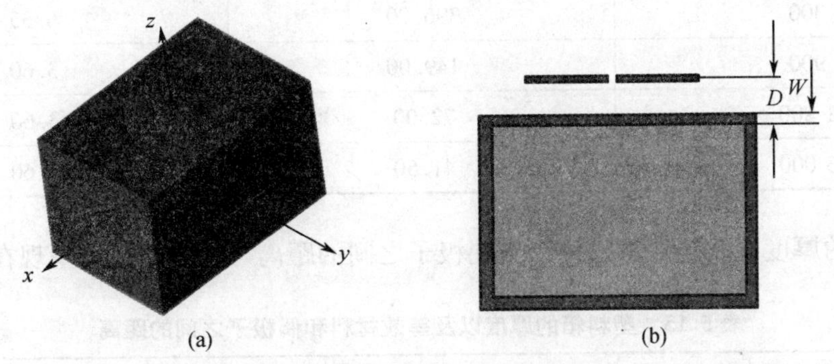

图 5.38　*SAR* 测试的基本结构

(a) IEEE 标准 1528 的测试结构;(b) 天线结构与箱子的距离.

SAR 是指一定物质在电磁波照射下所吸收的能量。它的定义为 $SAR=\sigma E^2/2\rho$,其中,σ 是电导率,E 是测量点的电场,ρ 是材料密度。美国和欧洲使用不同的标准,美国和加拿大使用的是 1 - g *SAR* 标准;而欧洲和日本使用的是 10 - g *SAR* 标准。1 - g 或者 10 - g 材料是从一个参考点开始以一个球体或者立方体的形式向外扩展得到 1 - g 或者 10 - g 的物质。实质上 *SAR* 的值对天线和模型之间的距离很敏感。在 *SAR* 测试中,我们必须说明天线和物体之间的相对位置。在大部分时候,我们并不能够严格得到 1 - g *SAR* 或者 10 - g *SAR*,这是因为我们没有办法准确从模型中取出 1 - g 或者 10 - g 材料。一般在数值仿真中,我们都使用平均的概念,得到一个平均 1 - g *SAR* 或者 10 - g *SAR*。

在 IEEE 标准 1528 中,一个立方体的塑料盒装满了人体组织的等效液体,并且在塑料壳外面有一个偶极子作为激励源。对于所有的测试频率,从 300 MHz 到 3 000 MHz,塑料壳对应的介电常数是 3.7,损耗因数是 0.05。人体组织的等效液体的参数列在表 5.13 中。

表 5.13　在不同的频率上的等效材料参数

频率	相对介电常数	电导率/(S/m)	等效一体材料的尺寸/mm
300 MHz	45.3	0.87	1 000 × 800 × 170
900 MHz	41.5	0.97	360 × 300 × 150

表 5.13(续)

频率	相对介电常数	电导率/(S/m)	等效一体材料的尺寸/mm
1 800 MHz	40.0	1.40	220×160×150
3 000 MHz	38.5	2.40	220×160×150

在不同频率上的偶极子参数列在表 5.14 中。IEEE 标准 1528 要求偶极子的直径在频率为 3 000 MHz 时小于 6 mm,在频率为 900 MHz～3 000 MHz 时小于 3.6 mm。

表 5.14 偶极子参数

频率/MHz	阵子长度/mm	偶极子直径/mm
300	396.00	6.35
900	149.00	3.60
1 800	72.00	3.60
3 000	41.50	3.60

塑料箱的厚度以及等效人体液体与偶极子之间的距离与频率的关系呈现在表 5.15 中。

表 5.15 塑料箱的厚度以及等效材料和偶极子之间的距离

频率/MHz	厚度 W/mm	距离 D/mm
300	6.3	15.00
900	2.0	15.00
1 800	2.0	10.00
3 000	2.0	10.00

对于频率 300 MHz，我们使用在图 5.38 和表 5.13 到表 5.15 中的数据。仿真结果总结在表 5.16 中。

表 5.16 频率为 300 MHz 时的仿真信息

	CST	GEMS
网格尺寸	0～800 MHz：$\lambda/15$， Mesh line ratio limit：10	$\Delta x=2$，$\Delta y=1.8$，$\Delta z=1.8$ Ratio：1.06
未知量个数	3 764 838 cells (281×231×58)	3 950 496 cells (232×198×86)
边界条件	Open (add space)	PML

表 5.16(续)

	CST	GEMS
仿真时间	33 min 55 s (Simulation time: 1 263 s 1 - g *SAR*: 282 s 10 - g *SAR*: 487 s Local *SAR*: 3 s	32 min 18 s
仿真内存	Matrix Calc.: 722.5 MB Solver: 1 048.4 MB	182 MB (GEMS Solver)
环境内存	156 MB (modeler: 82.4 MB, CST Designer: 74.3 MB)	25.3 MB (controller: 11.1 MB, Designer: 14.2 MB)
总内存	>1 104 MB	207 MB
时间步数	1 650	4 221
收敛条件	-30 dB	-30 dB

对同样的问题和网格分布,我们用 GEMS 工作站来仿真它,仿真情况总结在表 5.17 中。

表 5.17　GEMS 在工作站上的特性

	计算机配置	操作系统	问题尺寸	仿真时间
GEMS Workstation	Intel Q6600 quad core 2.4 GHz	GEMS Linux	3 950 496 cells (232 × 198 × 86)	10 min 35 s

对于频率 900 MHz，我们使用图 5.38 的距离和表 5.13 到表 5.15 中的材料参数。仿真情况总结在表 5.18 中。

表 5.18　频率为 900 MHz 时的仿真信息

	CST	GEMS
网格尺寸	0 ~ 1.5 GHz: $\lambda/15$, Mesh line ratio limit: 10	$\Delta x = 1$, $\Delta y = 1$, $\Delta z = 1$, Ratio: 1.05
未知量个数	2 544 696 cells (187 × 162 × 84)	2 626 680 cells (210 × 118 × 106)

表 5.18(续)

	CST	GEMS
边界条件	Open (add space)	PML
仿真时间	21 min 41 s (Simulation time: 704 s, 1 - g *SAR*: 178 s, 10 - g *SAR*: 516 s, Local *SAR*: 3 s)	13 min 46 s
仿真内存	Matrix Calc.: 568.8 MB Solver: 668.5 MB	172 MB(GEMS_Solver)
环境内存	146 MB (modeler: 71.4 MB, CST Designer: 74.6 MB)	25.3 MB (controller: 11.1 MB, GEMS designer: 14.2 MB)
总内存	>814 MB	197 MB
时间步数	1 320	4 787
收敛条件	-30 dB	-30 dB

对同样的问题和网格分布,我们用 GEMS 工作站来仿真它,仿真情况总结在表 5.19 中。

表 5.19 GEMS 在工作站上的特性

	Configuration	Operating system	Problem size	Simulation time
GEMS Workstation	Intel Q6600 quad core 2.4 GHz	GEMS Linux	2 626 680 cells (210 × 118 × 106)	4 min 28 s

对于频率 1 800 MHz，我们使用图 5.38 的距离和表 5.13 到表 5.15 的材料参数。仿真结果总结在表 5.20 中。

表 5.20　频率为 1 800 MHz 的仿真信息

	CST	GEMS
网格尺寸	0 - 2.5 GHz：$\lambda/15$， Mesh line ratio limit：10	$\Delta x = 1, \Delta y = 1, \Delta z = 1$， x - ，z - ratio：1.02， y - ratio：1.01
未知量个数	3 494 920 cells （188 × 143 × 130）	3 581 500 cells （190 × 145 × 130）
边界条件	Open（add space）	PML
仿真时间	63 min 1 s （Simulation time：860 s， 1 - g *SAR*：598 s， 10 - g *SAR*：2 320 s， Local *SAR*：3 s）	13 min 43 s
仿真内存	Matrix Calc.：683.8 MB Solver：855.5 MB	169 MB （GEMS_Solver）
环境内存	145 MB （modeler：71.3，CST Designer：74.6）	28.6 MB （Controller：13.6，GEMS designer：15.0）
总内存/MB	>1 000	197
时间步数	1 100	1 889
收敛条件	−30 dB	−30 dB

对同样的问题和网格分布，我们用 GEMS 工作站来仿真它，仿真情况总结在表 5.21 中。

表 5.21　对于 1 800 MHz 时 GEMS 在工作站上的特性

	计算机配置	操作系统	问题尺寸	仿真时间
GEMS Workstation	Intel Q6600 quad core 2.4 GHz	GEMS Linux	3 581 500 cells （190 × 145 × 130）	4 min 1 s

对于频率 3 000 MHz，我们使用图 5.38 所示的距离和表 5.13 到表 5.15 中的材料参数，仿真情况总结在表 5.22 中。

表 5.22 当频率为 3 000 MHz 时的仿真情况

	CST	GEMS
网格尺寸	0 ~ 4 GHz：$\lambda/10$， Mesh line ratio limit：10	$\Delta x = 1$，$\Delta y = 1$，$\Delta z = 1$， x – direction ratio：1.02， y –，z – direction ratio：1.01
未知量个数	3 931 216 cells （194 × 149 × 136）	3 852 940 cells （182 × 145 × 146）
边界条件	Open（add space）	PML
仿真时间	75 min 21 s （simulation time：858 s， 1 – g *SAR*：607 s， 10 – g *SAR*：3 053 s， Local *SAR*：3 s）	9 min 40 s
仿真内存	Matrix Calc.：763.6 MB Solver：937.4 MB	176 MB （GEMS_Solver）
环境内存	135 MB （modeler：71.5 MB， CST Designer：64.3 MB）	25.4 MB （Controller：11.0 MB， GEMS Designer：14.4 MB）
总内存	> 1 072 MB	201 MB
时间步数	665	1 259
收敛条件	– 30 dB	– 30 dB

对同样的问题和网格分布，我们用 GEMS 工作站来仿真它，仿真情况总结在表 5.23 中。

表 5.23 频率为 3 000 MHz 时 GEMS 在 GEMS 工作站上的特性

	计算机配置	操作系统	问题尺寸	仿真时间
GEMS Workstation	Intel Q6600 quad core 2.4 GHz	GEMS Linux	3 852 940 cells （182 × 145 × 146）	2 min 49 s

使用 CST 和 GEMS 仿真得到的 *SAR* 值总结在表 5.24 中。虽然在 IEEE 标准中列出更多频率上的 *SAR* 值，我们在这里仅给出几个有代表性的频率。

表 5.24　仿真结果总结

频率/MHz	SAR 类型	IEEE 标准 1528 (Unit: W/kg)	CST (Unit: W/kg)		GEMS (Unit: W/kg)	
			SAR	Error	SAR	Error
300	1 - g	3.0	2.75	0.25	2.92	0.08
	10 - g	2.0	1.62	0.38	1.94	0.06
	Local	4.4	3.77	0.77	4.10	0.31
900	1 - g	10.8	10.65	0.15	10.65	0.15
	10 - g	6.9	6.58	0.32	6.81	0.09
	Local	16.4	15.36	1.04	15.86	0.74
1 800	1 - g	38.1	36.19	1.81	37.56	0.60
	10 - g	19.8	20.43	0.63	19.65	0.15
	Local	69.5	68.46	1.05	66.75	2.85
3 000	1 - g	63.8	63.38	0.42	62.52	1.30
	10 - g	25.7	24.67	1.03	25.38	0.43
	Local	140.2	146.99	6.79	138.36	1.64
average error			1.22		0.70	

我们给出 1 - g SAR、10 - g SAR 以及本地峰值 SAR 的 CST 和 GEMS 之间的差异，如图 5.39 至图 5.41 所示。从图 5.39 至图 5.41 明显地可以看出 GEMS 比 CST 准确得多。图 5.39至图 5.41 中的 x 和 y 轴代表了与 IEEE 标准 1528 给出的参考值对应的 SAR 误差。图 5.39 至图 5.41 中相对应的误差是通过下面的公式计算的，即

$$SAR\_Relative\_Error = \frac{SAR_{\text{Simulation}} - SRA_{\text{Reference}}}{SAR_{\text{Reference}}}$$

对于 SAR 的计算，GEMS 能够输出特定区域和 3 - D SAR 分布、1 - g SAR，10 - g SAR、局域峰值 SAR，平均 SAR 等。例如，900 MHz 的 3 - D SAR 分布如图 5.42 所示。这个 3 - D SAR 分布允许我们在物体内部查看 SAR 分布，如图 5.43 所示。

总结：软件性能强烈依靠用户的经验，并且读者应当用不同的软件包来仿真它，并得出自己的结论。

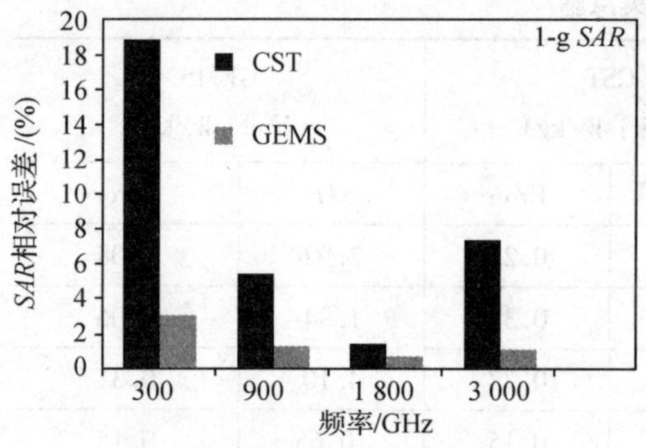

图 5.39　GEMS 和 CST 1-g *SAR* 相对于 IEEE 标准的相对误差

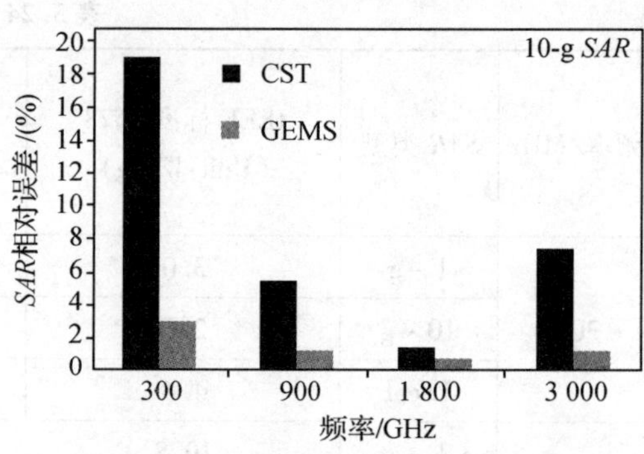

图 5.40　GEMS 和 CST 10-g *SAR* 相对于 IEEE 标准的相对误差

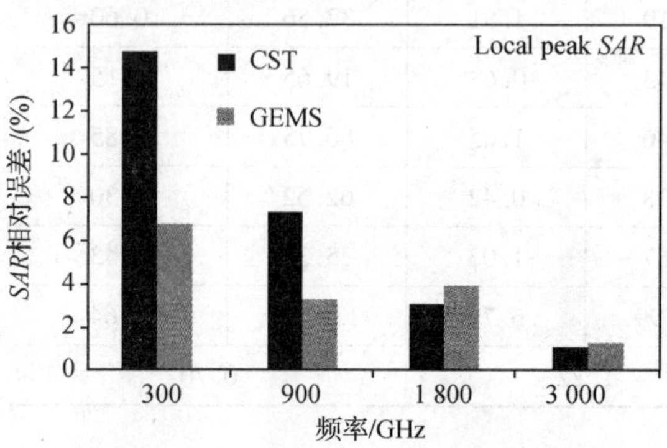

图 5.41　GEMS 和 CST 峰值 *SAR* 相对于 IEEE 标准的相对误差

图 5.42　频率为 900 MHz 时的 3-D *SAR* 分布

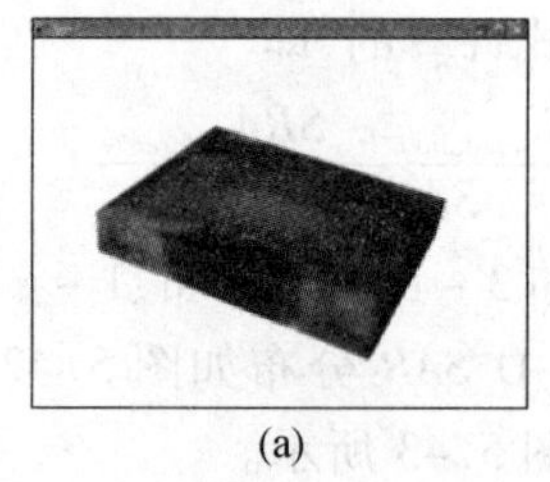

(a)

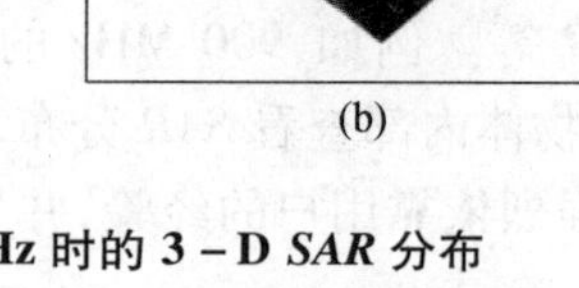

(b)

图 5.43　频率为 300 MHz 时的 3-D *SAR* 分布

(a) *SAR* 在 300 MHz 的分布；(b) *SAR* 在等效材料内部的分布

5.9　微波波导滤波器

在本节中，我们介绍将时域求解器用于高 Q 值系统的仿真方法。如图 5.44 所示，微波波导滤波器的尺寸由参考文献[10] 给出，包括了五个开放的腔体，且它在 11.8 GHz 到 12.3 GHz频率范围内是一个很好的带通滤波器。原始论文给出了五个谐振腔，然而根据本

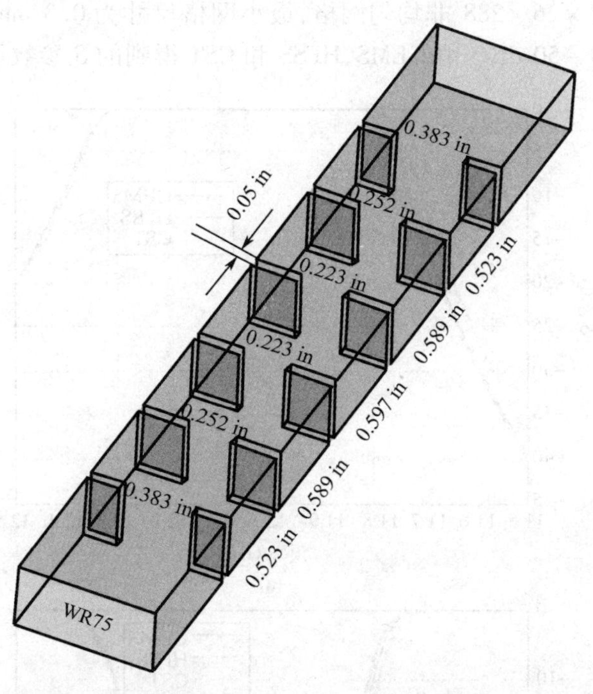

图 5.44　微波波导滤波器的结构

书给出的尺寸,我们只能看到四个谐振频率。

对于时域求解器而言,这是一个具有挑战性的问题,因为它可能需要运行很长时间才能得到收敛解。可以采用两种有效的实现收敛的技术。第一种技术是采用 Hamming 窗函数或 Kaiser 窗函数等窗函数来对时域信号滤波。我们能够得到很好的 S 参数和阻抗。加窗引起的主要问题是通带的功率不守恒,例如,对于一个两端口滤波器,通带内的 $|S_{11}|^2$ 和 $|S_{21}|^2$ 的和小于 1。在第二种技术中,我们只需运行一段时间即可,对于谐振结构来说,系统的主要信息已经包含于这一段时域信息内,应该用外插技术得到完整的系统时域响应。然而,这个方法强烈地依靠系统性质和用户经验。

在这部分中,我们将介绍波导滤波器的详细仿真步骤,并且给出作为参考的 HFSS 和 CST 仿真结果。与前面例子中的陈述一样,其他软件仿真结果也是由独立的第三方得到的。结果可能随用户和版本的不同而改变。

微波波导滤波器的原始设计是 SAT 格式,而且是一个实体结构。要生成一个中空波导滤波器模型,我们可以选择实体模型的一个外表面,然后按住“Ctrl + a”来选中所有表面。因为滤波器的两个终端是开放的,我们不用选择这两个终端表面,先按住“Ctrl + c”然后再按住“Ctrl + v”来得到一组新的表面。删除原来的实体模型,并且联合这些表面使之成为一个物体,然后指定它是一个金属 PEC。因为 GEMS 允许我们仿真无限薄金属结构,所以我们能够用 GEMS 直接仿真。用 PML 边界来截断两个开放端口,并且用 PEC 边界条件来截断波导的其他四个面。我们不需要在滤波器和边界条件之间设置空白空间。

我们使用 TE_{10} 模式激励一个波导滤波器的端口,在另外一个端口测量传输系数。馈电波导端口的截止频率(波导为 WR75,宽度为 19.5 mm,高度为 9.525 mm)为 7.868 GHz。计算区域被离散化为 57×26×288 非均匀网格，最小网格尺寸为 0.3 mm，相邻网格尺寸比例为 1.03。收敛条件为 -50 dB。由 GEMS，HFSS 和 CST 得到的 S 参数呈现在图 5.45 中。

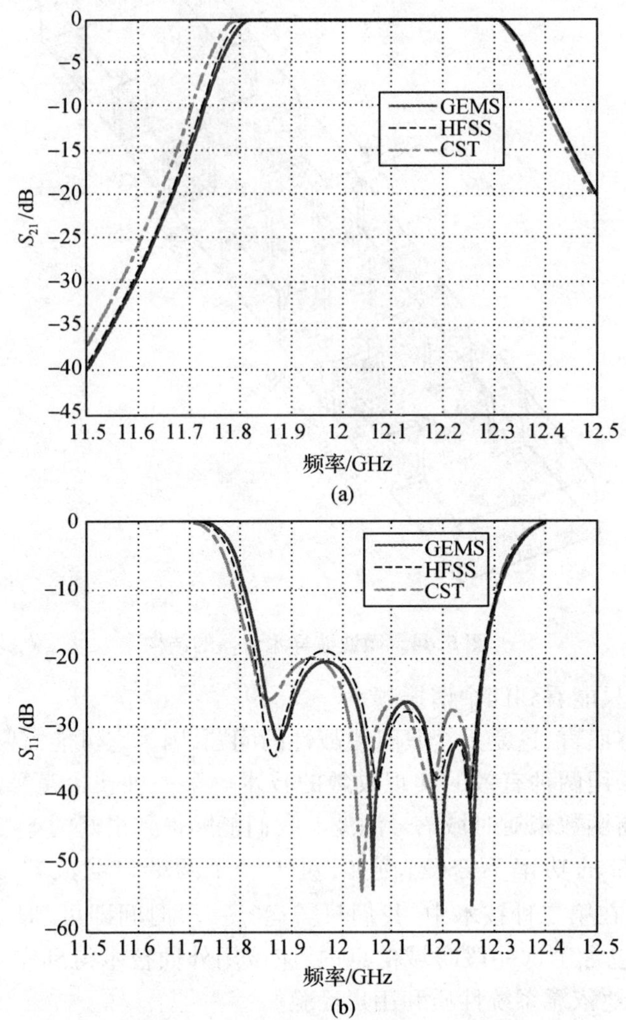

图 5.45 用不同的仿真软件得到的 S 参数随频率的变化

（a）微波滤波器的 S_{21} 随频率的变化；（b）微波滤波器的 S_{11} 随频率的变化

在 GEMS 中，我们用三种方法来结束仿真过程：检查时域特征，检查频域的 S 参数，检查功率电平（高级选项）。例如，如果你用 -50 dB 作为收敛条件，我们将求出时域信号最大的绝对值，如果时域信号在一个时间周期内的值低于最大值 -50 dB，将终止仿真过程。我们也比较每个频点的频域结果，而且当最大差异小于 -50 dB 时仿真过程将停止。功率守恒检查选项被用于设计无损耗系统，其中我们用公式 $1-|S_{11}|^2-|S_{21}|^2$ 来检查一个两端口网络系统的功率收敛。在没有加窗函数时，我们直接运行它，直到达到收敛条件 -50 dB。GEMS 在大约 35 000 时间步长成功地达到收敛。功率守恒情况如图 5.46 所示。我们也给出频率在 12 GHz 时沿着滤波器中心线的场随位置的变化，如图 5.47 所示。在不同频点滤波器内部的场分布如图 5.48 所示。

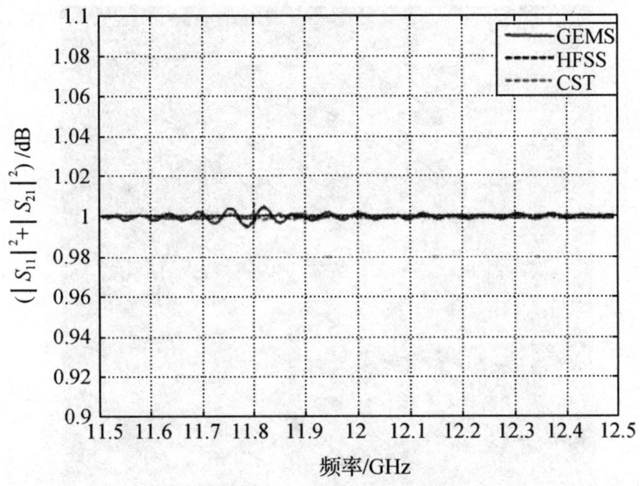

图 5.46　功率守恒情况

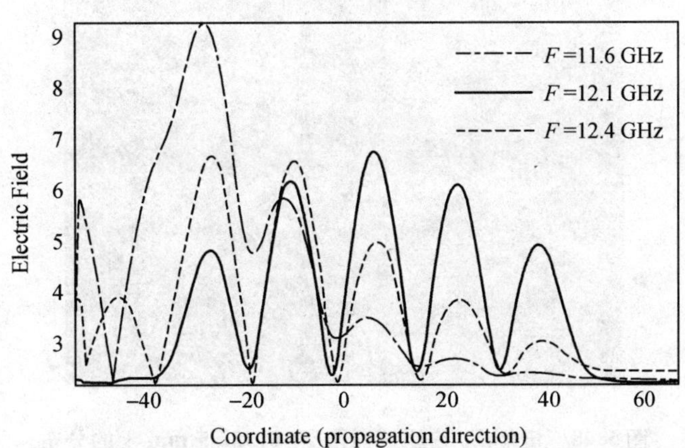

图 5.47　电场 E_y 在滤波器内的变化

不同于前面例子，我们在这将给出详细比较。因为用不同的网格尺寸得到同样结果时，仿真时间有可能相差很大。在 CST 中，当用原始的 CAD 文件来生成一个有无限薄波导墙的波导时，CST 的结果相对于 GEMS 和 HFSS 有明显的不同。当波导改成有限厚度时，CST 的结果同 HFSS 和 GEMS 接近。

在实际应用中，对于同一个问题，每个电磁仿真软件的性能、准确度和内存需求等有很大的区别。例如，在这个例子中，无需任何经验，HFSS 就能够生成自适应网格，除介质球和 Vivaldi 天线外，HFSS 能够给出合理的结果。然而，对于大多数实际应用，比如智能手机天线，在 HFSS 中用默认网格，HFSS 要么计算时间过长要么要求内存过多，或者需要几天或几周时间修改模型。在 GEMS 中生成一个自适应网格的最好方法是直接给出问题中的最小网格尺寸，这个尺寸是我们感兴趣尺寸的一半。

在结束本章之前，我们做一个时域求解器的标准测试，用 PEC 边界来截断空盒子，并将其离散为均匀网格。用配置是 2 GB 内存（Windows XP 操作系统）的电脑，GEMS 能够解决一个 54 Mcells（300 × 300 × 600）个未知数的问题，但是在相同电脑上 CST 只能解决 8 Mcells

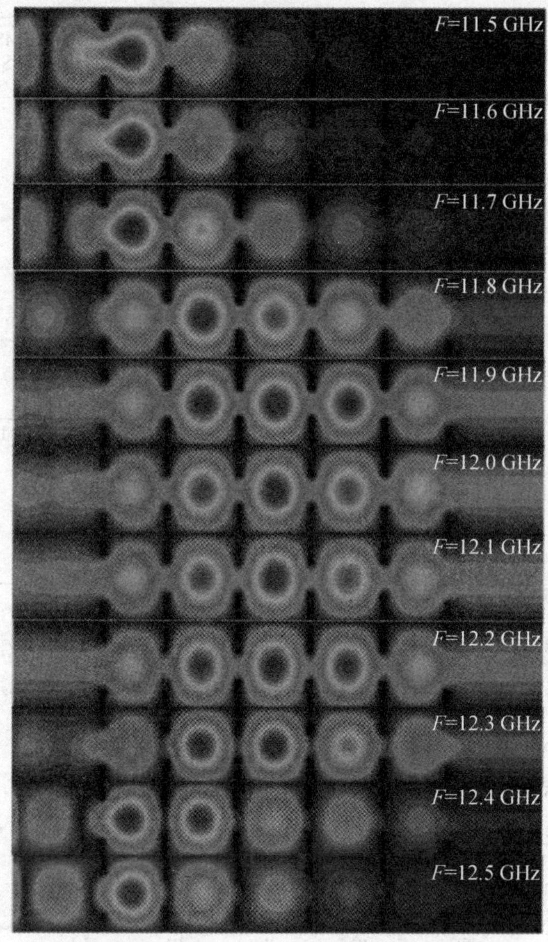

图 5.48　电场 E_y 在滤波器内 $y=0.9525$ mm 上的分布

个未知数的问题。我们进一步测试 GEMS 和 CST 的性能,对于计算区域为 1 Mcells 个未知数,仿真时间和所需内存总结在表 5.25 中。

表 5.25　仿真总结

Option	CST	GEMS
问题大小（unknowns）	100×100×100	100×100×100
时间步数	1 000	1 000
仿真时间/s	112	46
内存使用/MB	301.5	50.6

参 考 文 献

[1] HFSS, http://www.ansoft.com.

[2] CST, http://www.cst.com.

[3] FEKO, http://www.feko.info.

[4] GEMS, http://www.2comu.com.

[5] http://www.mwee.com/magazine/2000/cad_benchmark.html.

[6] Rao Q, Wang D. A compact dual-port diversity antenna for long-term evolution handheld devices[J]. IEEE Transactions on Vehicular Technology, 2010(3):1319 – 1329.

[7] Harrington R F. Time-harmonic electromagnetic fields[M]. Wiley-IEEE Press, 2001.

[8] Roden A, Gedney S D. Time-domain analysis of periodic structures at oblique Incidence: orthogonal and FDTD implementations[J]. Microwave Theory and Techniques, 1998, 46(4): 420 – 427.

[9] IEEE. Recommended practice for determining the peak spatial-average Specific Absorption Rate (SAR) in the human head from wireless communications devices: measurement techniques[S]. IEEE Standard 1528, 2003.

[10] Yu M. Power-handling capability for RF filters[J]. IEEE MTT Magazine, 2007(10):89 – 97.

第 6 章

多尺度大问题仿真技术

在这一章中,我们应用并行共形时域有限差分方法仿真几个实际应用例子。我们仿真这些例子要么在计算机工作站上要么在计算机集群上以保证它们能够在一个很合理的时间内完成。我们的目的是通过应用这些例子介绍在复杂电磁仿真中的关键技术[1-4]。

6.1 无线电频率防护

将一个智能手机天线放置在 SAM 人头模型的附近,如图 6.1 所示。这个人头模型包括一个塑料壳(它的相对介电常数为 5,电导率为 0.012 5 S/m),它内部充满等效人体组织的液体材料(它的相对介电常数为 39,电导率为 1.89 S/m)。

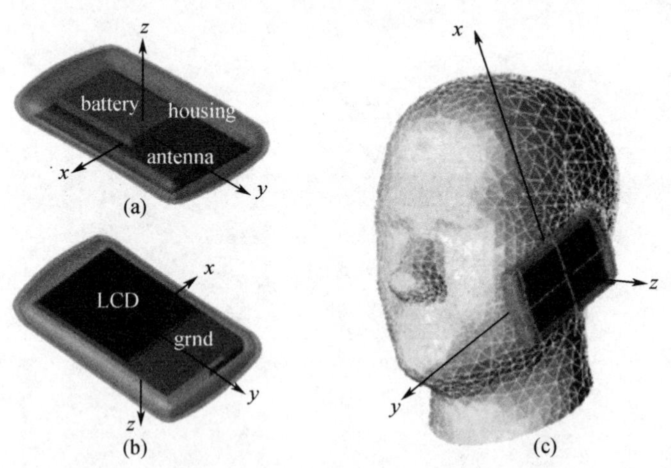

图 6.1 智能手机放置在 SAM 人头模型旁边

(a) 手机正面;(b) 手机背面;(c) 手机和人头在一起

当我们工作在这个电磁仿真项目上的时候,我们需要考虑以下几个重要因素:①这个问题包括两个细微结构,一个是手机天线,另一个是人头模型的塑料壳,如图 6.2 所示;②天线的放置方向;③手机和人头模型之间的距离。手机中的细微结构从某种程度上决定了问题

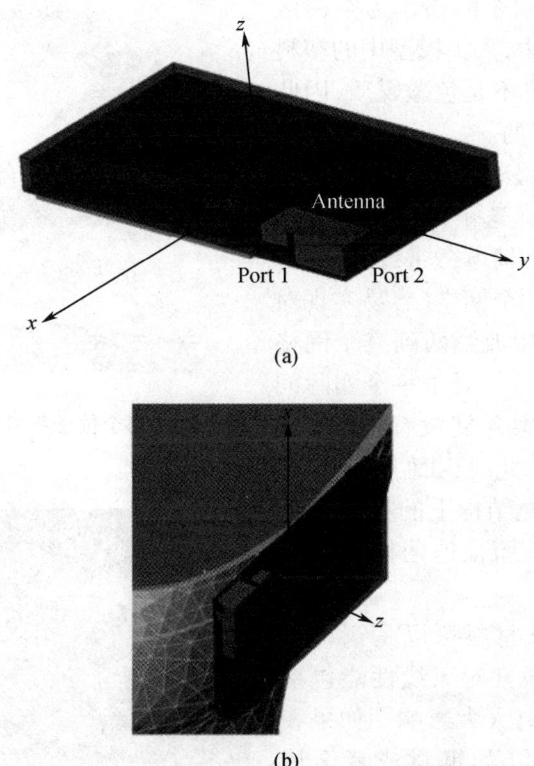

图 6.2　手机天线结构和人头的断面图

(a) 手机天线结构;(b) 人头模型和手机的断面结构

的最小网格尺寸。反过来,它的细微结构决定了仿真的特性和精度。在任何情况下,为了能够产生好的仿真结果,我们必须设置天线的端口与坐标轴平行。如果在某些特殊情况下,我们不能做到馈电端口与坐标轴平行,我们可以用一个附加的馈电结构让它与坐标轴平行。这样做的目的是,为了让激励源(一个线源)与坐标轴平行。手机和人头模型之间的距离对 *SAR* 的值有重要影响。

现在我们介绍用 FDTD 仿真手机和人头模型时如何正确地设置仿真选项与变量。为了正确地仿真手机天线的激励源(例如 Lumped Port),激励源的指向必须要与坐标轴平行,所以我们应该首先设置手机的位置。为了避免在设置手机位置时出现错误,我们应该把手机的所有配件包括激励源组成一个组,这样,当我们旋转和移动手机时,它们的相对位置保持不变。与手机模型不同的是,在人头模型中,除了塑料壳薄层外,在人头模型中没有其他细微结构。但是,有时候当我们显示 3 - D 远场方向图时,我们可能希望它是相对于人头模型的。我们可能需要对远场作简单的坐标变换。

为了设置手机和人头模型之间的距离,我们可以定义两个参考点:一个在手机上,例如在麦克的位置;另一个在人头模型上,例如在耳朵的某个位置,如图 6.3 所示。我们通过调整两个参考点的位置来调整手机与人头模型的距离。

手机和人头模型都在自由空间中放置,因而不考虑它们与周围环境的相互作用,所以这是一个开域问题。对于一个开域问题,我们通常用吸收边界条件阶段计算区域的六个方向并且在每个方向都设有六个网格作为空白区域。在IEEE标准1528中,人头模型中的塑料壳和人体组织等效液体都不是色散媒质,因此FDTD的仿真特性是很好的。

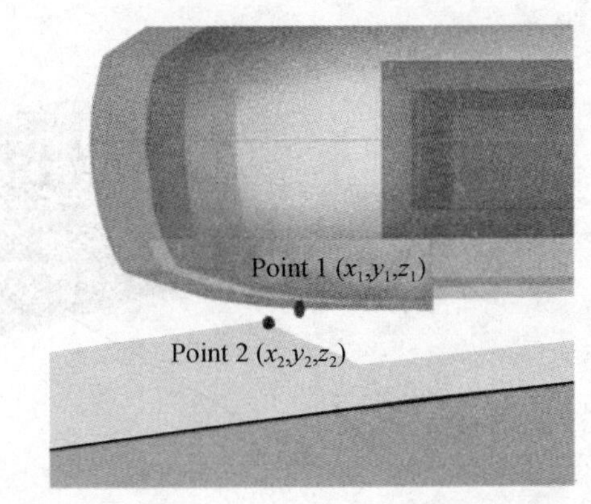

图6.3　两个位于手机和人头模型上的参考点

我们基于手机中的最感兴趣的最小尺寸来选择最小网格尺寸。在这个例子中的最小尺寸是馈电端口的间距和馈电微带线的线宽。我们通常在线宽中放置两个网格(容易实现对称激励),而在馈电结构中放置两到三个网格(保证两个馈电点不粘连)。对于一个实际问题结构,自动网格生成模块可能没有办法准确找到馈电结构的关键点,此时,我们可以很容易通过手动方式设置馈电结构上的重要位置为网格生成时的关键点,而强迫网格通过这些点,如图6.4所示。

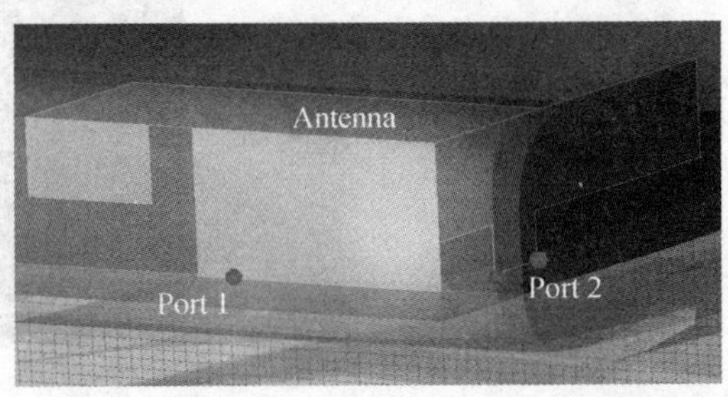

图6.4　在馈电端口的重要位置设置网格关键点

对于天线问题,天线材料可以是铜材也可以是金属PEC,它们通常对天线性能包括回波损耗和远场参数没有太大影响。如果我们适当地选择天线材料(如铜材或者金属PEC)可以大大地提高仿真特性,例如缩短仿真时间和减少内存需求。但是,如果在原始模型中天线的结构是无限薄的,我们只能选择它是金属PEC。如果有必要设置它为铜材的话,我们可以选择金属表面(在一般的建模工具中都有一个选择表面的功能),并为此金属设置一个适当的厚度并且可以选择增加厚度的方向。

如果我们使用具有内阻的电压激励源的话,因为天线和金属地板之间构成一个回路,所以我们可以使用高斯脉冲或者微分高斯脉冲。如果我们感兴趣的最高频率是2.7 GHz,我们可以选择脉冲的3 dB带宽为2.7 GHz。当频率为2.4 GHz,2.6 GHz和3.0 GHz时的3－D *SAR*分布呈现在图6.5至图6.7中。

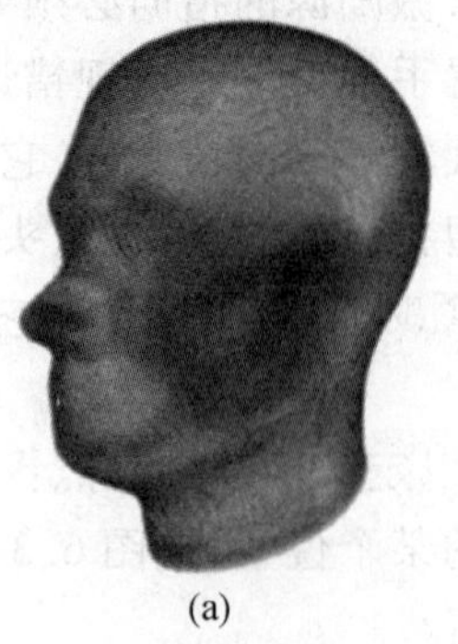

(a)

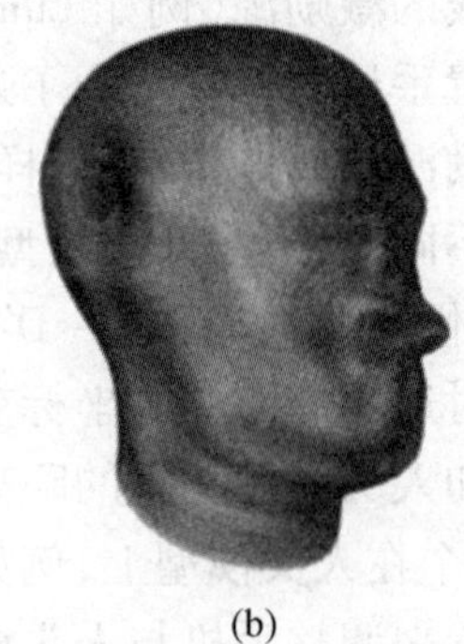

(b)

图6.5　在2.4 GHz时的3－D *SAR*分布

(a) 在手机正面的*SAR*分布;(b) 在手机背面的*SAR*分布

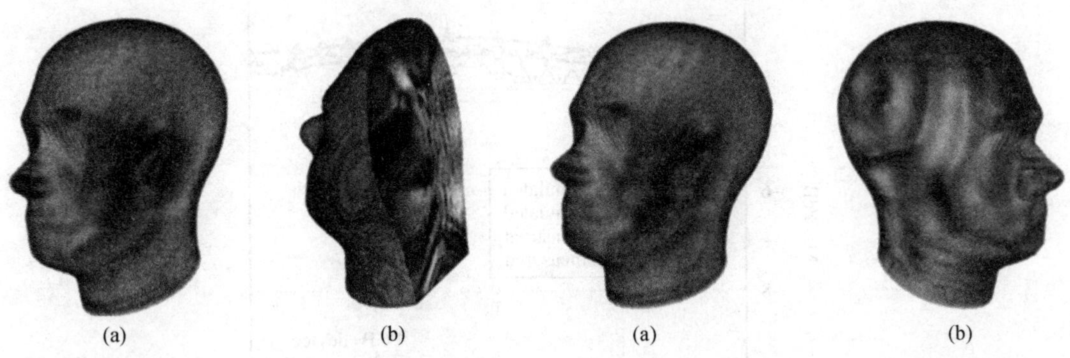

图6.6　在2.6 GHz时 的3－D *SAR*分布

(a) 在手机正面的*SAR*分布；(b) 在手机背面的*SAR*分布

图6.7　在3.0 GHz时的3－D *SAR*分布

(a) 在手机正面的*SAR*分布；(b) 在手机背面的*SAR*分布

为了计算*SAR*分布，我们需要赋予等效人体材料一个材料密度，否则FDTD程序将不直接产生*SAR*输出。3－D *SAR*分布的数据文件通常是很大的，并且它的计算和输出是很花时间的。为了提高*SAR*问题的仿真效率，我们可以只选择输出我们所关心的局部区域的*SAR*分布，这样FDTD程序只需计算在选择区域内部的*SAR*值，例如1－g *SAR*、10－g *SAR*、局域峰值*SAR*和平均*SAR*值。

手机天线的回波损耗呈现在图6.8中。从图6.8中我们可以观察到FDTD仿真结果和实验结果的良好一致性。我们同时输出两端口天线（MIMO天线）的平均有效增益（MEG，Mean Effective Gain），如图6.9所示。再一次呈现了FDTD仿真结果和实验结果的良好一致性。

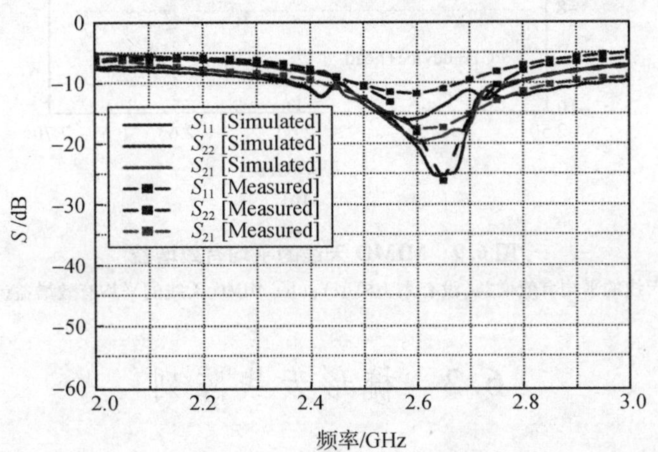

图6.8　手机天线的*S*参数

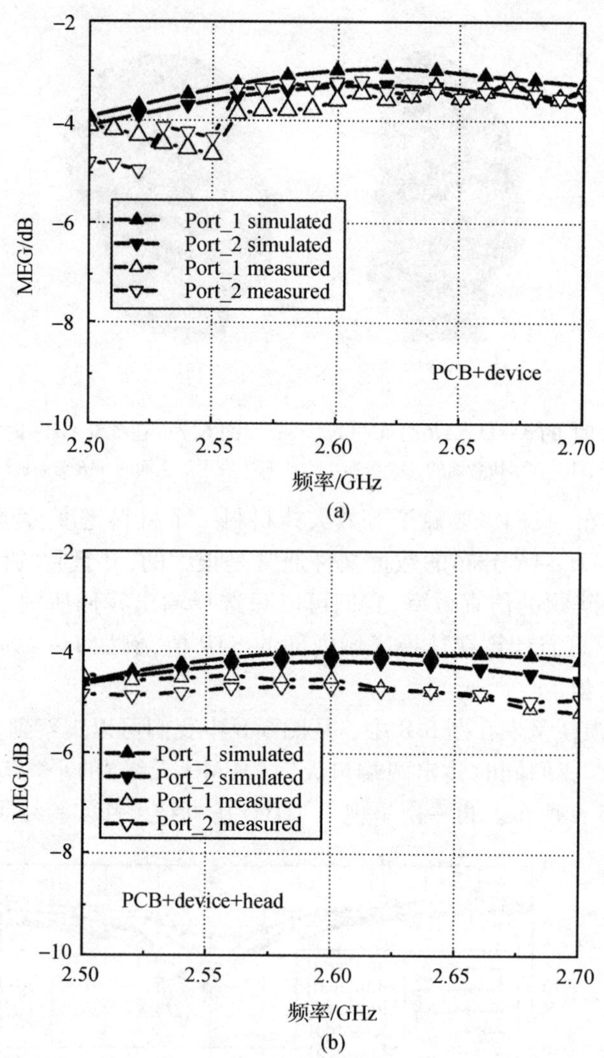

图 6.9　MIMO 天线的平均有效增益

(a) MIMO 天线的平均有效增益(没有人头模型);(b) MIMO 天线的平均有效增益(有人头模型)

6.2　梳形天线阵列

梳形天线阵列的一个单元如图 6.10 所示[2]。它是由两个不同的梳形金属导体组成的。它很像对数周期天线并且具有宽带特性,如图 6.11 所示。我们首先考察梳形天线的一个单元结构特性。我们感兴趣的频率范围是从 2 GHz 到 11 GHz。虽然在图 6.10 中的实际实验中天线是用同轴结构馈电的,但在 FDTD 仿真中最好的方法是用 Lumped Port 来激励。大量的数值实验表明它的精度是很好的,与同轴馈电相比,Lumped Port 激励要比同轴激励效率高得多。当使用 Lumped Port 激励时,我们可以用高斯脉冲也可以用微分高斯脉冲作为激励脉冲。我们设置它们的 3 dB 带宽为 11 GHz。

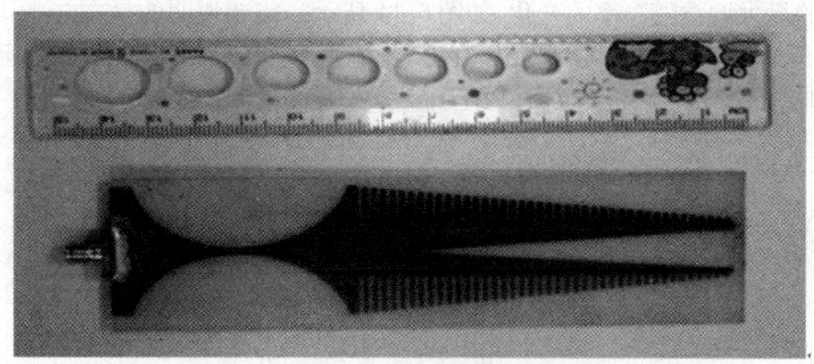

图 6.10　梳形天线阵列单元的结构

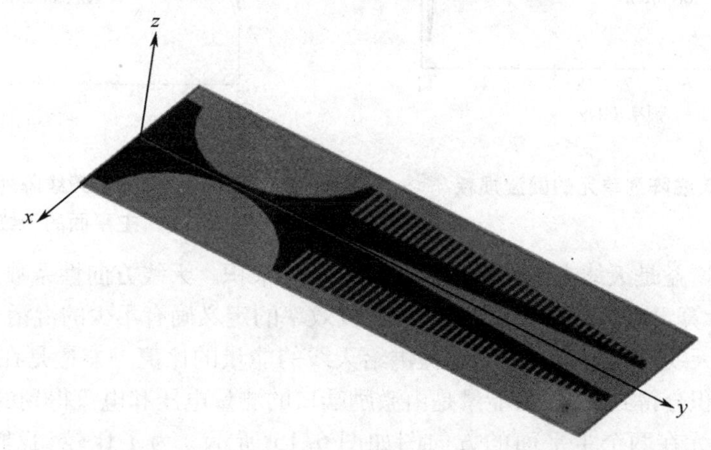

图 6.11　梳形天线在 FDTD 软件中的示意图

对于一个天线辐射问题，一般天线都是一个有限结构。因为我们需要计算它的辐射场形，所以天线都是放置在自由空间内。为了仿真天线在自由空间中的特性，我们需要用吸收边界条件把计算空间的尺寸减少到最小。因为天线是有限结构，我们必须在天线和吸收边界条件之间设置一个空白区域。计算远场用的惠更斯面就放置在这个空白区域内。

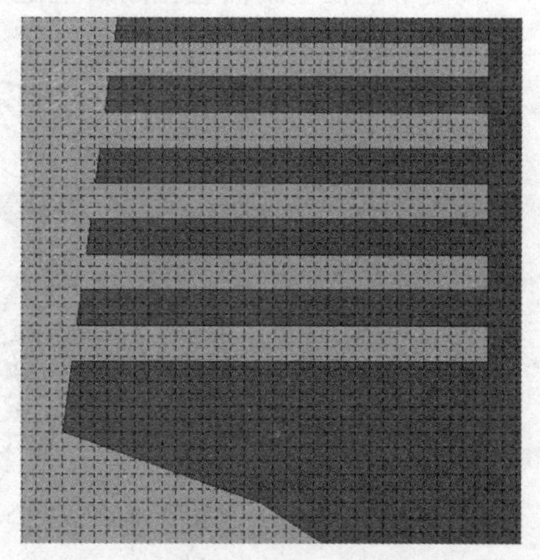

图 6.12　梳形齿周围的局域网格分布

在梳形天线结构中，细微结构由两部分构成：其一是梳形的梳齿和梳齿之间的间距；其二是由于梳齿长度不同造成的细微差别，如图 6.12 所示。一般情况下，我们需要在梳齿上和梳齿间隙中放置 2 到 3 个网格。由梳齿长度不同造成的细微结构通过共形 FDTD 来描述。

在图 6.11 中，两个梳形金属结构是位于一个介质板薄板的上下两个表面。下面的梳子的把手是馈电端口的地板，而上面的梳子的把手是一个很细的金属微带线，馈电激励的 Lumped Port 就是处于金属地板和信号线之间的一个线状结构。

对于这个阵列单元来说，我们首先计算它的回波仿真，如图 6.13 所示。在两个主平面(E

和H平面)内的最大增益随频率的变化,如图6.14所示。需要说明的是,方向图增益在两个主平面上的最大值是与全空间的最大值不同的。我们这样做的目的是为了和实际测量结果比较。为了和实际测量结果比较,我们把FDTD的仿真结果和实验结果画在了同一个图中。

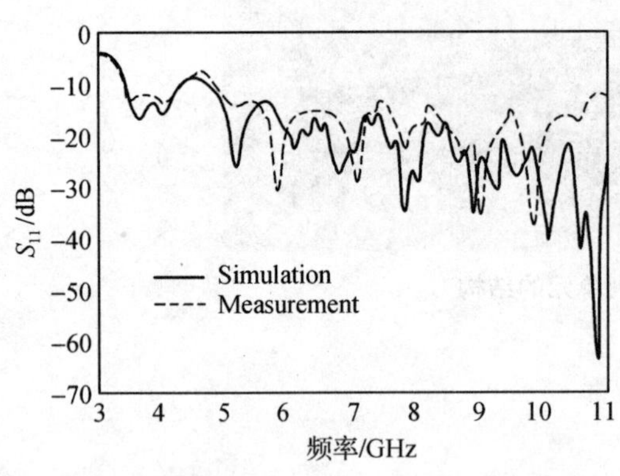

图6.13 梳形天线阵列单元的回波损耗

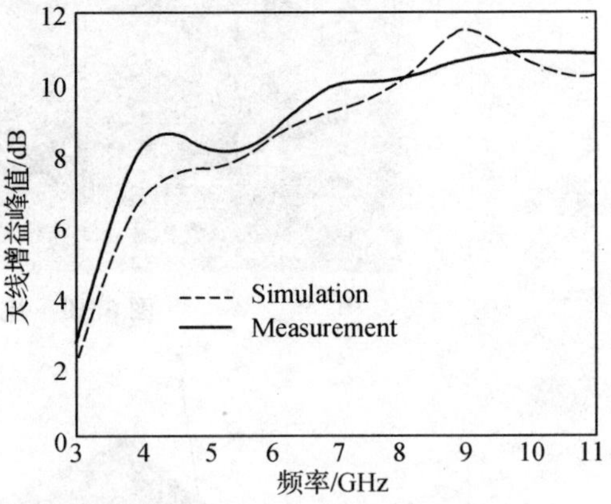

天线增益峰值/dB
频率/GHz
Simulation
Measurement

图6.14 梳形天线阵列单元在两个主平面的天线增益峰值

天线方向图增益是天线方向性系数和天线效率的乘积。天线方向性系数是由天线的方向图决定的,它的计算没有任何的异议。然而,天线效率的定义确有不少的混淆。我们通常所说的天线效率是指天线的辐射能量和系统提供给天线的能量的比值。能量是在封闭的3D球面上对波因廷矢量积分得到的,入射能量是由激励端口的测量电压和电流得到的,$\mathrm{Re}(l * V)/2$。

梳形天线单元在两个主平面的方向图如图6.15所示。为了比较,我们把实验结果和FDTD的仿真结果画在了同一幅图上。我们从图6.15可以看出它们良好的一致性。良好的一致性不但在主瓣而且在副瓣也是如此。

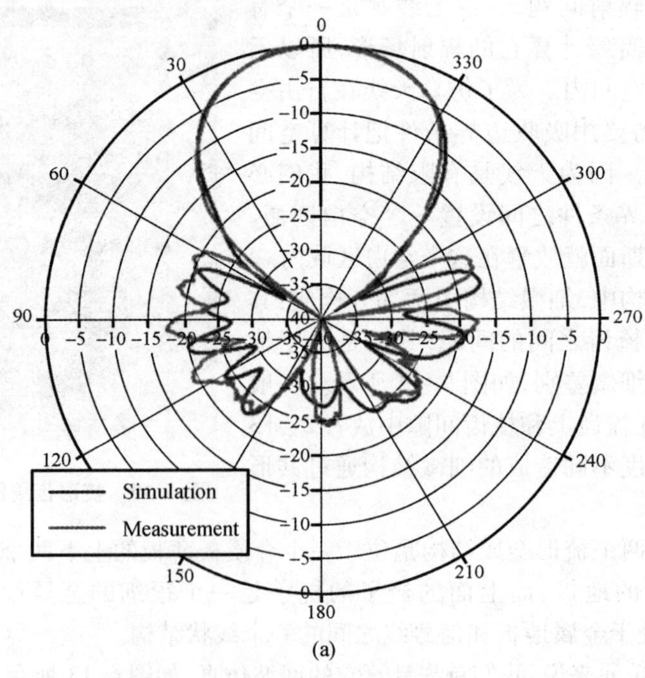

(a)

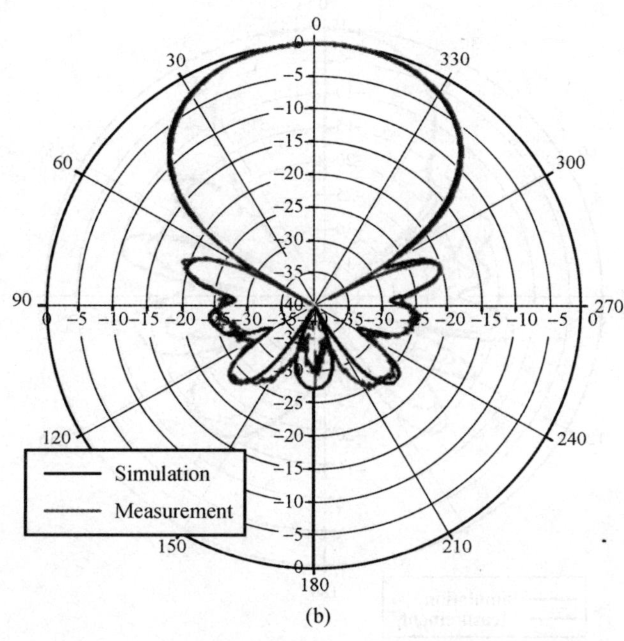

图 6.15　梳形天线阵列单元在 7 GHz 时的辐射场形分布

(a) E 平面的辐射场形图;(b) H 平面的辐射场形图

一个四路超宽带功分器的结构如图 6.16 所示。这个功分器就是梳形天线阵列的馈电网络。在功分器中介质板的材料是 FR4,它的相对介电常数和正切损耗分别为 4.4 和 0.025 4。梳形天线阵列的实验原型如图 6.17 所示。

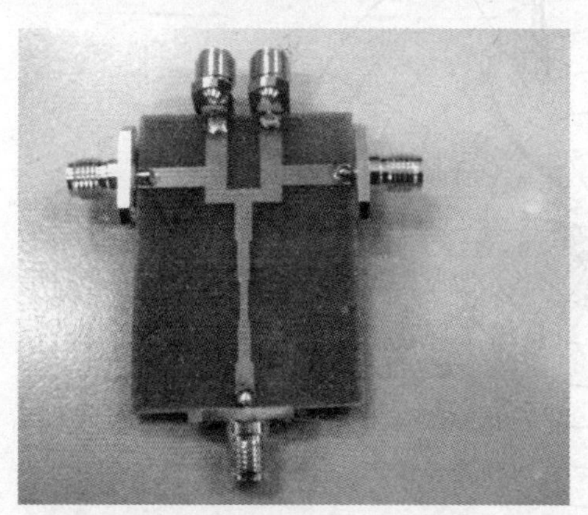

图 6.16　四路超宽带功分器的结构

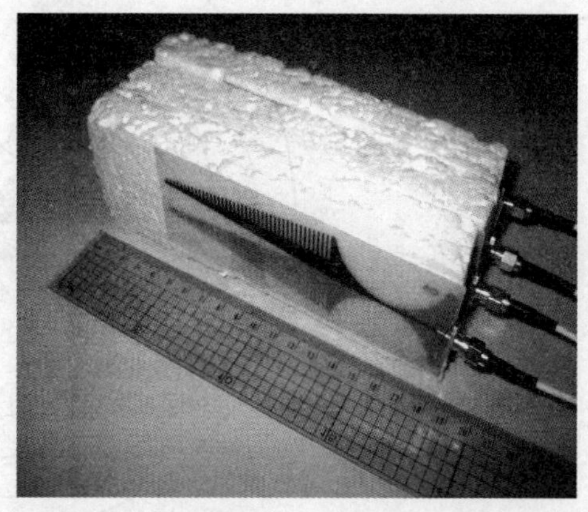

图 6.17　超宽带天线阵列的实验原型结构

超宽带天线阵列在 E 和 H 平面 7 GHz 的方向图如图 6.18 所示。从图 6.18 可以看出 FDTD 仿真结果和实验结果的良好一致性。再一次地,FDTD 仿真结果不仅在主瓣而且在副瓣也与实验结果吻合得很好。

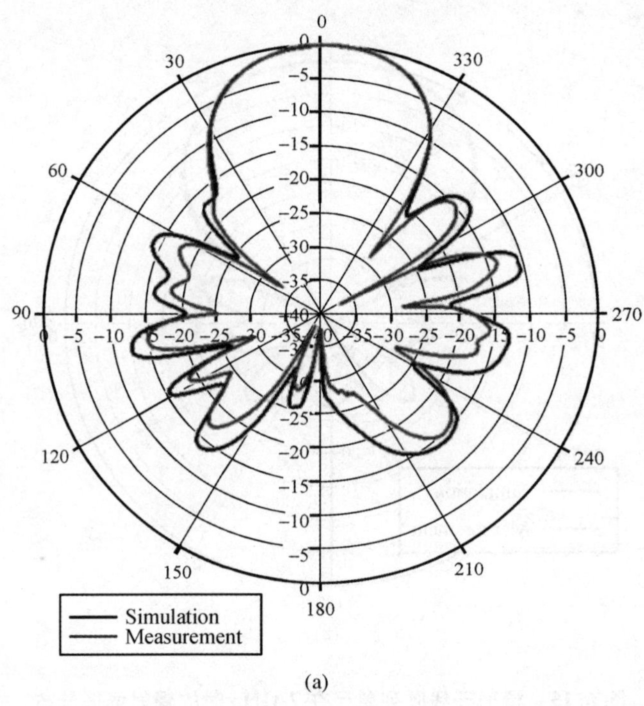

(a)

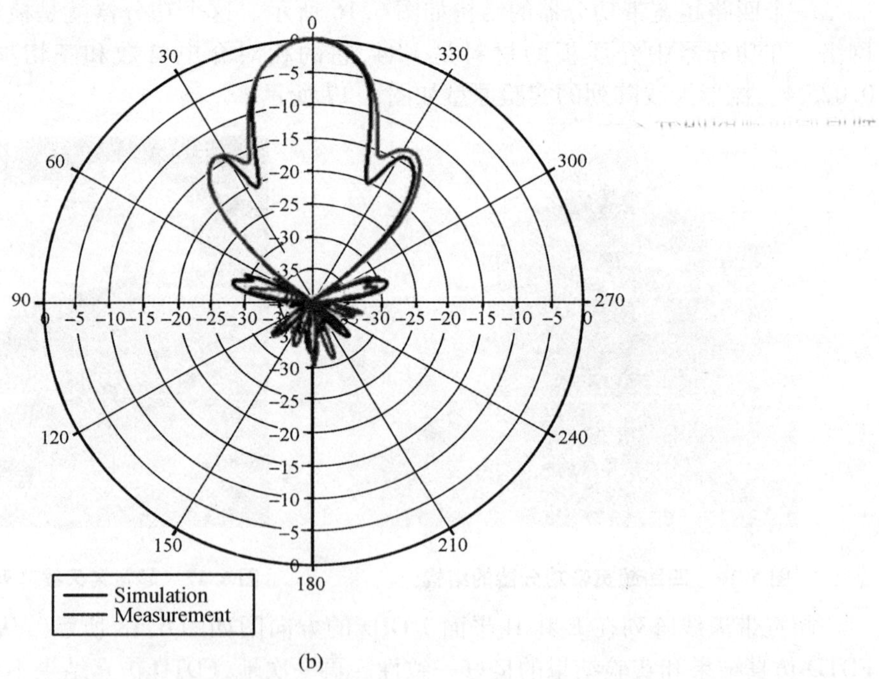

(b)

图 6.18　超宽带天线阵列在 7 GHz 的辐射远场方向图

(a) 超宽带天线阵列在 E 平面的辐射远场方向图;(b) 超宽带天线阵列在 H 平面的辐射远场方向图

6.3　追踪反射面天线

在这一节,我们通过一个实际应用电大尺寸天线来介绍 FDTD 仿真技术。一个高增益天线包括一个抛物反射面和一个同轴馈电系统,如图 6.19 和图 6.20 所示。

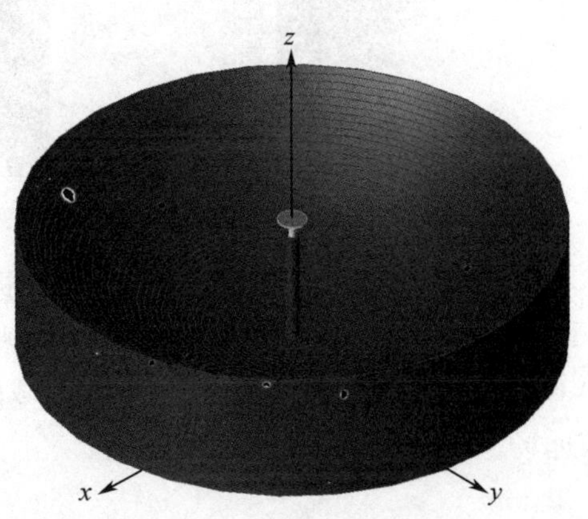

图 6.19　高增益天线的结构

抛物反射面天线的直径为 700 mm,它在工作频率 21 GHz 时为 49 个的波长。馈电结构是一个与子反射面相连接的同轴结构。同轴结构的形状如图 6.20(c)所示。同轴结构内被填充的是 Taflon 材料(相对介电常数为 2.08)。因此,在填充介质中的波长要比自由空间中的波长短。

天线在垂直方向上的长度为 316 mm,大约为 22 个波长。从子反射面到同轴馈电结构是一段阻抗匹配结构。这个结构中的最小尺寸为0.4 mm,如图 6.21 所示。正是由于这个细微结构使问题变得很大。但是如果我们仔细观察一下反射面和馈电结构的特性,不难发现它们是旋转对称的。旋转对称结构允许我们把问题减小为一个二维半问题来求解。但是它要求激励源也必须是旋转对称的。后面我们能够看到激励源 TE_{21} 并不是旋转对称的。但是问题结构和激励源都是关于 xOz 和 yOz 面对称的,利用这个对称性我们可以减小计算区域到原始问题的四分之一。

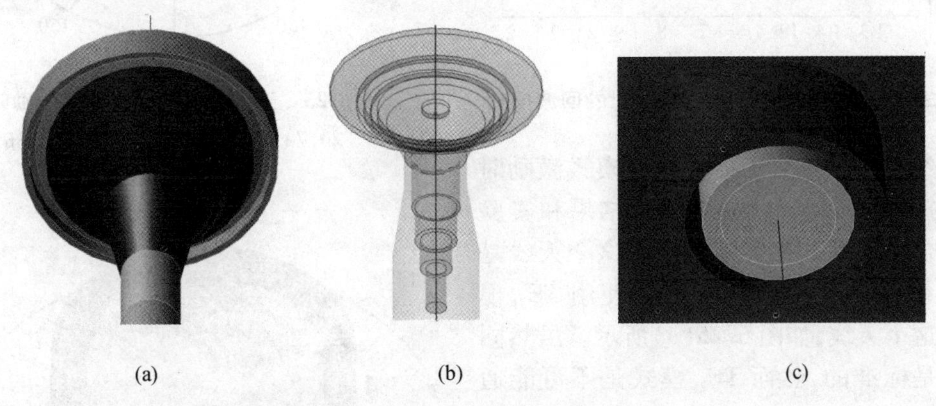

图 6.20　天线馈电系统

(a) 子反射面; (b) 馈电结构; (c) 激励端口结构

同轴馈电结构所支持的基本模式是横电磁波(TEM, Transverse Electro-Magnetic),因此,我们首先用横电磁波来激励天线并计算它的回波损耗和远场方向图分布。问题结构中所感兴趣的最小尺寸为 0.4 mm。从图 6.21 我们可以看出,现在的最小结构不像微带线或者小缝隙,我们只需要用一个网格就能够描述最小结构。我们选择最小尺寸为 0.4 mm,使用非均匀网格,总的网格数为1 955 Mcells (1 450 × 1 450 × 930)。仿真这个天线问题需要至少

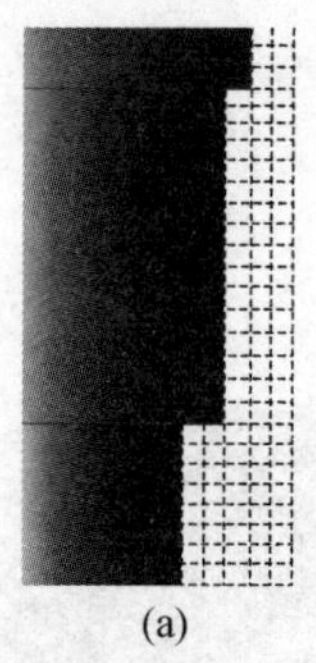
(a)

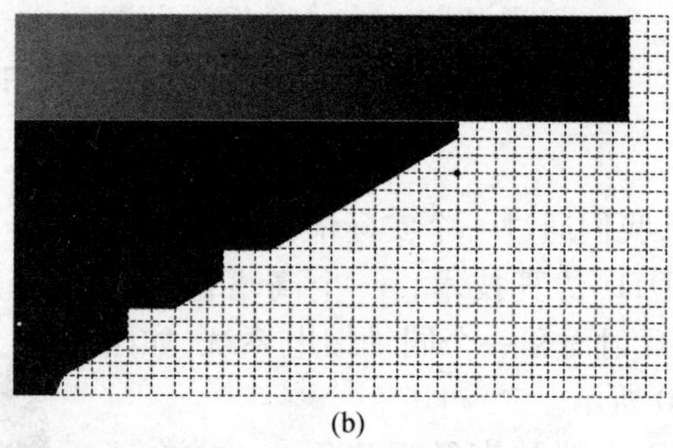
(b)

图 6.21 天线结构中细微结构的局域网格分布

(a) 阻抗匹配结构的局域网格分布;(b) 子反射面细微结构的局域网格分布

40 GB内存。如果使用对称性,计算区域的尺寸将减小为原始问题的四分之一。回波损耗和远场呈现在图 6.22 至图 6.24 中。

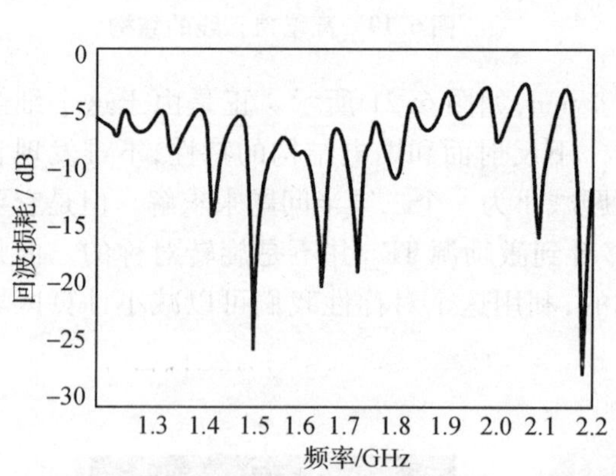

图 6.22 天线在横电磁波模式激励时的回波损耗

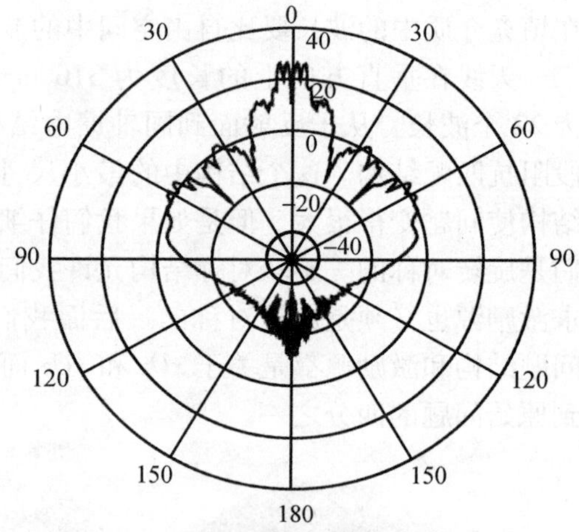

图 6.23 天线在横电磁波模式激励时在 20.74 GHz 时的方向性系数分布

虽然我们没有给出横电磁波模式激励时的回波损耗和远场参数,但仿真结果和实验结果吻合得很好。在实际应用中这个天线是由 TE_{21} 模式激励的。下面,我们使用 TE_{21} 模式激励这个天线,如图 6.25(a)所示。虽然同轴结构是标准的,然而 TE_{21} 模式是不可能通过解析方法得到的。我们用频率有限差分技术得到 TE_{21} 的模式分布,如图 6.25 所示。在第一象限的对称结构 TE_{21} 模式分布也呈现在图 6.25 中。

TE_{21} 有两个简并模式,它们呈现在数值求解中的介质频率分别为 11.93 GHz 和 12.22 GHz。两个模式将产生非常相似的回

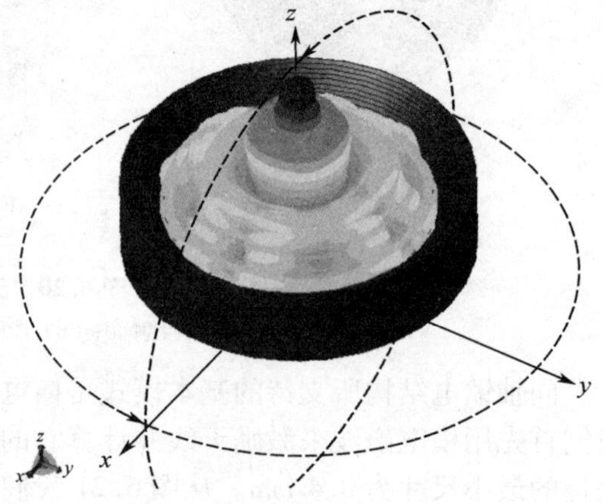

图 6.24 天线在横电磁波模式激励时在 20.74 GHz 时的 3-D 方向性系数分布

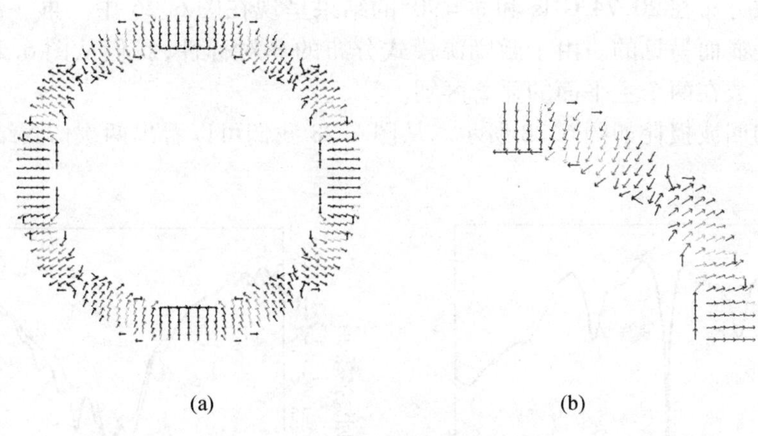

图 6.25　完整和对称结构的 TE_{21} 模式分布

（a）完整的 TE_{21} 模式分布；（b）对称结构的 TE_{21} 模式分布

波损耗和远场参数。但是它们在空间上成 45°角。

在数值模式提取中，为了避免空间插值，我们在频域差分中使用和时域有限差分相同的网格分布。因为频域差分的效率并不如时域有限差分高，所以如果模式的空间分布大的话，频域差分的求解过程要花更多的时间。

在使用对称性的时候，我们需要正确地选择对称边界条件。边界条件的选取与问题的几何结构无关，它只与激励源的极化方向有关。例如，对于 E_x 极化激励，我们应该在 x 方向上使用 PEC 对称边界条件，而在 y 方向上使用 PMC 对称边界条件。其目的是为了保证对称区域的模式分布和它的镜像一起能够恢复原始的模式分布。需要注意的是，在同轴结构所支持的许多模式中，只有满足 PEC 和 PMC 对称边界条件的模式才允许我们减小计算区域尺寸。

为了验证我们使用对称边界条件时时域有限差分结果的精度，我们使用时域有限差分方法单独地仿真原始问题和简化模型。在实际应用中，我们最关心的是方向性系数分布在 θ 等于 0°附近时的行为。因此，我们需要把图 6.26(a)进行局域放大，得到图 6.26(b)的分布情况。对称边界条件的精度是显而易见的。两次仿真只有很细微的差别，而这个差别是由于它们网格分布存在着差异。

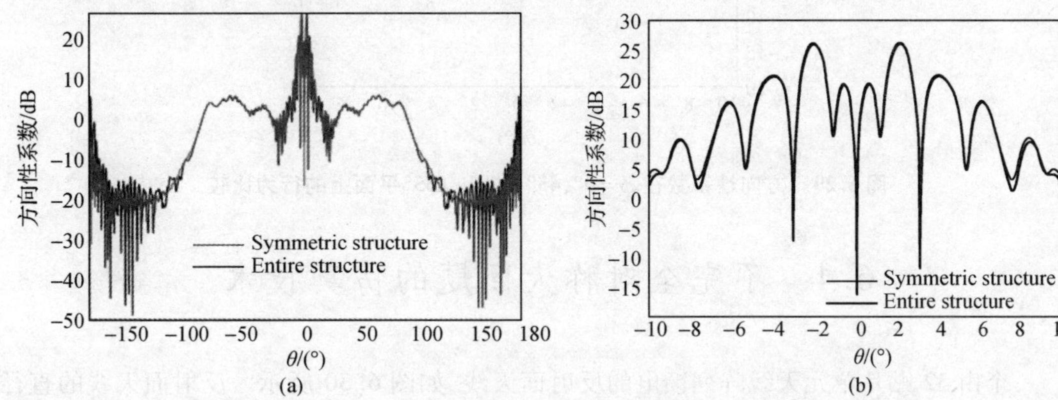

图 6.26　在 $\phi=0°$ 平面 20.74 GHz 的方向性系数分布

（a）在 xOz 平面内 θ 角从 −180°到 180°的方向性系数；（b）在 xOz 平面内 θ 角从 −10°到 10°的方向性系数

方向性系数分布在 20.74 GHz 和 $\phi=90°$ 的结果呈现在图 6.26 中。再一次地，对称边界条件的精度是显而易见的。由于激励源模式分布的非对称性，我们从图 6.26 和图 6.27 中看到方向性系数在两个主平面的显著区别。

两次仿真的回波损耗如图 6.28 所示。从图 6.28 我们可以看出两次仿真结果良好的一致性。

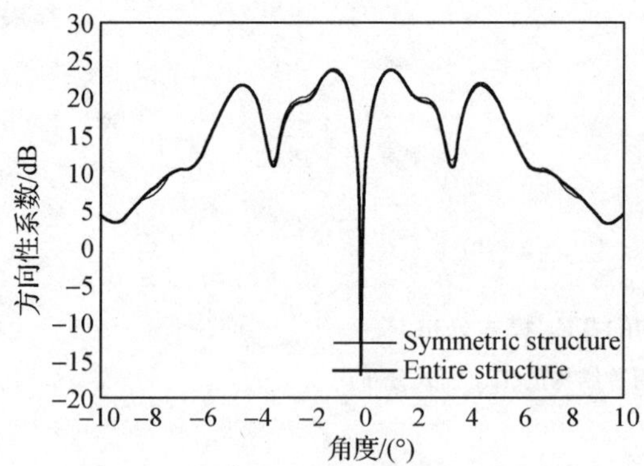

图 6.27　在 $\phi=90°$ 平面 20.74 GHz 时的方向性系数分布比较

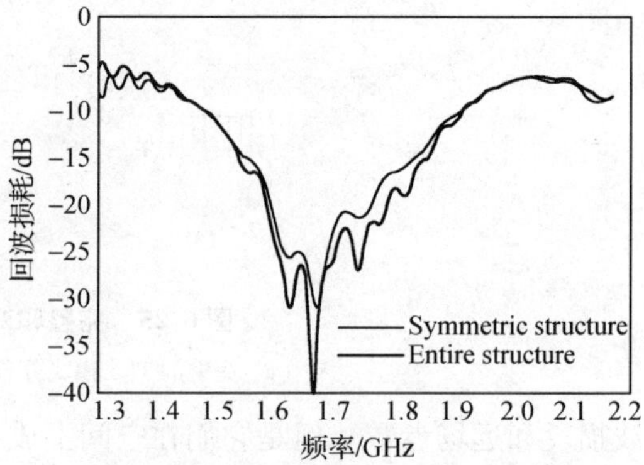

图 6.28　完整结构和简化的对称结构的回波损耗

为了更清楚地检查方向性系数在 $\phi=0°,45°,90°$ 和 135°平面的区别，我们把这四条曲线画在同一个图上，如图 6.29 所示。仔细观察发现，方向性系数在 $\phi=0°$ 和 90°平面上，当 θ 等于 1°时有一个零点，这是我们很不希望看到的。

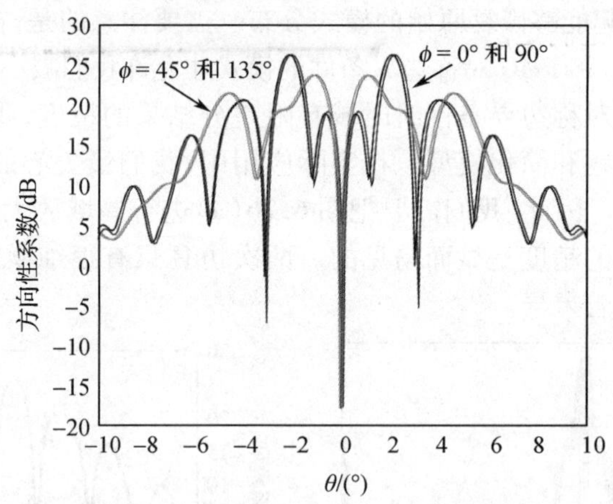

图 6.29　方向性系数在 $\phi=0°,45°,90°$ 和 135°平面上的行为比较

6.4　不完全对称大问题的仿真技术

一个由 32 贴片单元天线阵列馈电的反射面天线，如图 6.30 所示。反射面天线的直径为 12 000 mm，从馈电单元到处反射面的距离为 6 600 mm。我们感兴趣的频率范围从 0.5 GHz 到 2 GHz。因为这个问题的细微结构是在天线的馈电单元和天线的支架中。但在大多

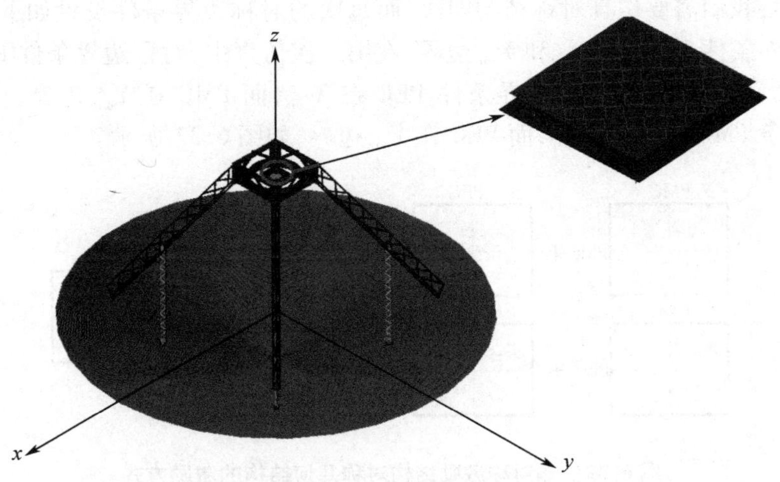

图 6.30　32 贴片单元阵列激励的抛物反射面天线结构

数情况下,我们很希望能够仿真完整的天线问题,例如天线支架对天线性能的影响,所以我们在电磁仿真中必须保持这些结构。对于这个问题,我们没有办法用单个计算机有效地仿真。

天线和馈电结构都是关于 xOz 和 yOz 平面对称的,我们很容易想到用对称 PEC 和 PMC 将计算区域的大小减小为原始问题的四分之一。但是这样做的前提是,激励源也必须是关于 xOz 和 yOz 平面对称的。所以如果所有的端口同时激励的话,这个条件是满足的。但是如果这样做的话,我们没有办法计算 S 参数矩阵,因为 S 参数矩阵要求我们每次激励只能有一个端口被激励,而其他的端口则是处于匹配状态,如图 6.31 所示。为了计算 S 参数矩阵,在当前的问题中馈电激励源就不是关于 xOz 和 yOz 平面对称的。在这一节中,我们将介绍一种方法来仿真这种几何结构对称而激励源不对称的问题。

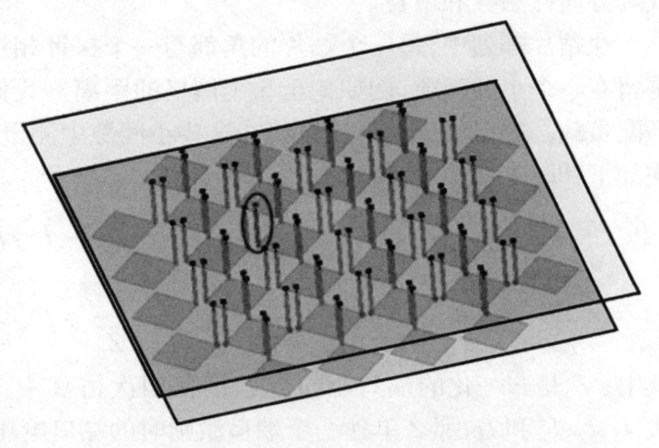

图 6.31　32 贴片天线阵列馈电结构

无论我们是否喜欢,对称 PEC 和 PMC 边界条件总是把激励源成像,例如,我们加一个激励源在计算空间,问题的结果是四个对称激励源的结果,而激励源的位置和极化特性是由对称边界条件设置决定的。为了计算 S 参数矩阵,我们需要想办法把四个激励源的镜像的贡献从仿真结果中去掉。

为了去掉激励源的三个镜像对结果的贡献,我们需要仿真对称问题四次,每次使用不同的对称边界条件。为了说明这个方法的基本思想和验证方法的正确性,我们首先用时域有限差分方法来单独仿真 32 贴片单元阵列的原始问题,然后再用对称边界条件仿真对称问题。我们通过比较它的 S 参数和远场结果验证方法的正确性。

如前所述,我们需要仿真对称结构四次,而每次的对称边界条件设置如下:在第一次仿真中,对称边界条件 PEC 在 X_{min} 和 Y_{min} 边界;在第二次仿真中,对称边界条件 PMC 在 X_{min} 和 Y_{min} 边界;在第三次仿真中,对称边界条件 PEC 在 X_{min},而 PMC 在 Y_{min} 边界;在第四次仿真中,对称边界条 PMC 在 X_{min} 边界,而 PEC 在 Y_{min} 边界,如图 6.32 所示。

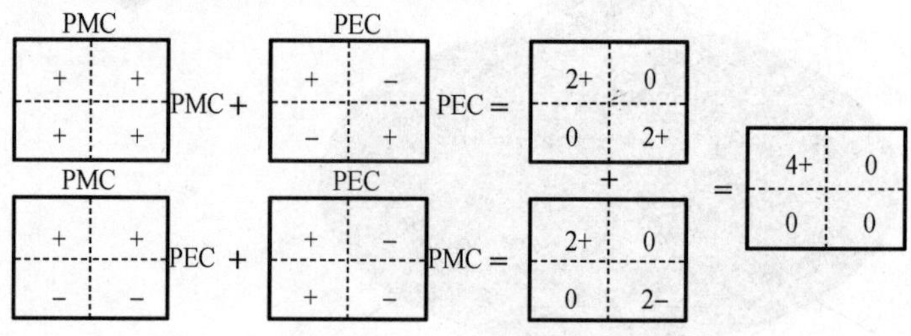

图 6.32　非对称激励结构对称几何结构的激励方式

在每一次激励中,我们都得到激励源端口的电压和电流,以及每一个输出端口的电压和电流。我们同时也得到远场各分量的值以及其分布。通过四次仿真,我们得到四组结果,把这四组结果进行矢量相加除以 4 可以得到单独一个激励源时的结果。需要注意的是,相加的量只可能是场分量、端口电压和电流、远场分量等矢量,而不能是任何标量如 S 参数,阻抗或者方向性系数和增益。

在贴片阵列中,每一个贴片的角都与一个探针相连,探针并不直接接触到金属地板,而是留有一个小的间隙,例如 2 至 3 个网格的距离。我们将在这个小间隙中放置激励源或者匹配负载。端口电压和电流也将在这些小间隙中测量。从端口电压和电流计算 S 参数的公式如下,即

$$S_{11} = \frac{\dfrac{V}{\sqrt{Z_0}} - I\sqrt{Z_0}}{\dfrac{V}{\sqrt{Z_0}} + I\sqrt{Z_0}} \tag{6.1}$$

其中,Z_0 是归一化的端口阻抗。假设在四次仿真中,某一端口电压和电流是 V_1, V_2, V_3, V_4, I_1, I_2, I_3 和 I_4,那么单独一个端口激励时的端口电压和电流分别为

$$\begin{aligned} V &= (V_1 + V_2 + V_3 + V_4)/4 \\ I &= (I_1 + I_2 + I_3 + I_4)/4 \end{aligned} \tag{6.2}$$

我们通过计算得到对称结构问题的仿真结果,并把原始问题的结果和对称问题的结果放在一起比较,如图 6.33 所示。按照上面所述的方法,我们把对贴片天线阵列问题的仿真和对对称结构问题仿真的 S 参数结果总结在图 6.34 中,二者之间的良好一致性是显而易见的。

下面,我们把 32 贴片单元阵列放置在反射面天线的焦点上,如图 6.35 所示。如上所述,利用对称边界条件,我们只需要仿真原始天线问题的四分之一即可,如图 6.36 所示。

使用不同的对称边界条件,仿真原始问题结构四分之一四次,合成端口电压和端口电流,得到的 S 参数如图 6.37(a) 所示,远场结果如图 6.37(b) 所示。因为电大问题,我们没有办法使用现有资源对原始问题的完整结构仿真,所以在图 6.37 中只给出了对称结构仿真的结果。

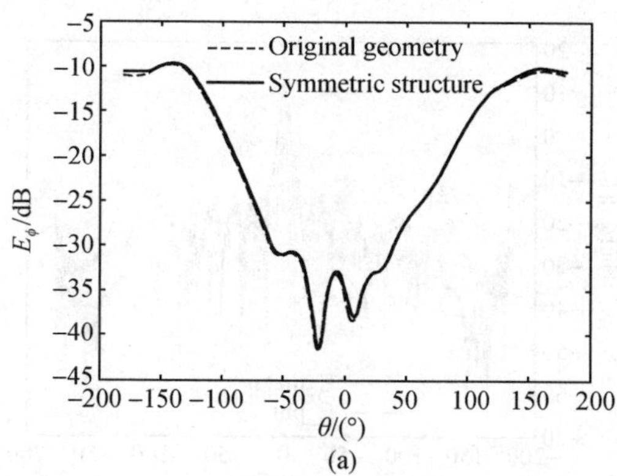

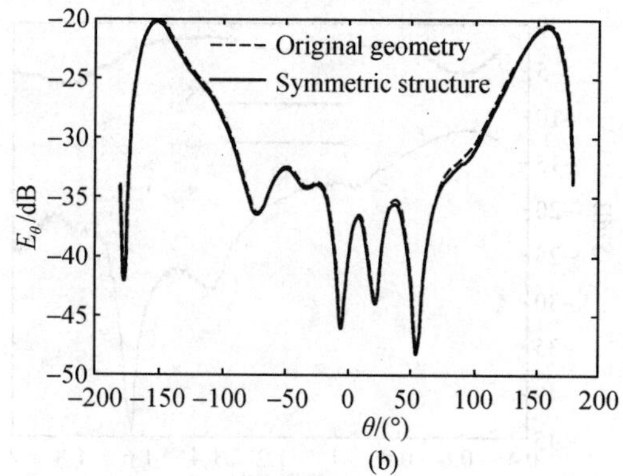

图 6.33　原始问题和对称问题的远场分布比较

(a) E_θ 分量在 $\phi=0°$ 平面的分布；(b) E_θ 分量在 $\phi=0°$ 平面的分布

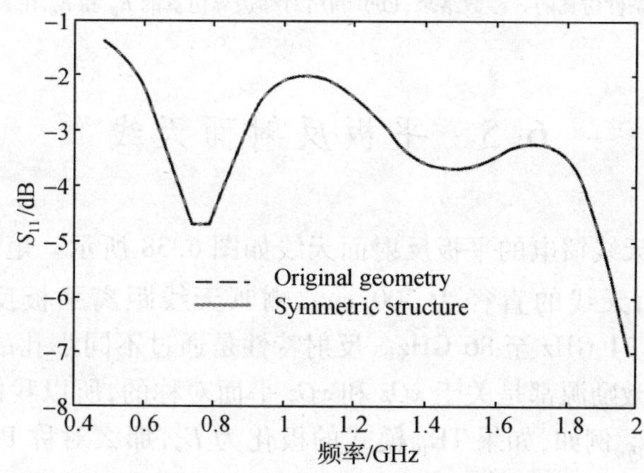

图 6.34　原始问题和对称问题的 S_{11} 结果比较

图 6.35　反射面天线的馈源支撑和馈电结构

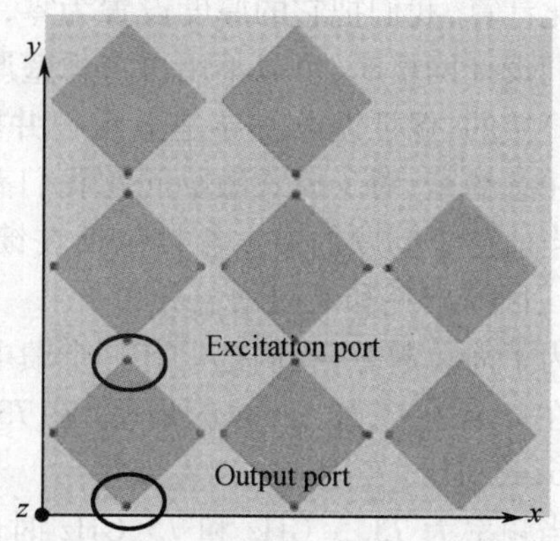

图 6.36　馈电结构中的激励和输出端口

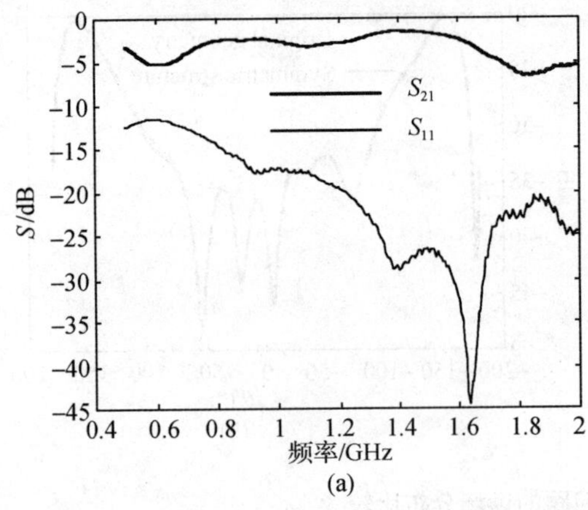

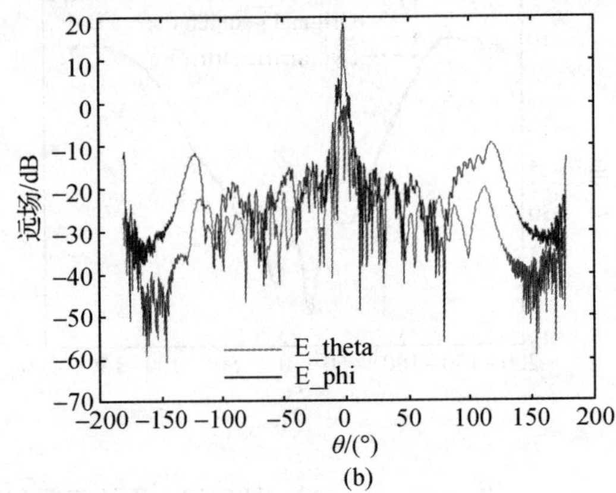

图 6.37 利用对称边界条件仿真的 S 参数和远场分布

(a) 利用对称边界条件仿真的 S 参数结果;(b) 利用对称边界仿真的 E_θ 和 E_θ 在 $\phi=0°$ 平面的场分布

6.5 平板反射面天线

一个由矩形喇叭天线馈电的平板反射面天线如图 6.38 所示。矩形喇叭天线由 TE_{10} 模式激励。平板反射面天线的直径为 300 mm,喇叭天线距离平板反射面天线的距离为 210 mm。工作频率为 71 GHz 至 86 GHz。反射特性是通过不同小孔的深度来实现聚焦的。因为几何结构中各个激励源都是关于 xOz 和 yOz 平面对称的,所以我们可以用对称 PEC 和 PMC 来减小计算区域。例如,如果 TE_{10} 模式的极化为 E_y,那么对称 PMC 和 PEC 边界条件应该用在 X_{min} 和 Y_{min} 边界。

在原始的设计中,喇叭天线的壁厚为 0.01 mm。然而,这个厚度并不影响仿真结果,为了简化计算,我们把它的厚度设置为零,即认为它是无线薄的金属 PEC。这样做的目的是,当我们设计网格时,可以不用再考虑壁厚这个细微结构了。喇叭口的后端是使用波导匹配负载短接的,保证馈电波导是无限长并能够使我们计算 3 - D 远场分布,如图 6.39 所示。需要注意的是,对于模式激励问题我们需要用微分高斯脉冲作为激励源。

当前这个问题的输出参数包括在馈电喇叭之上和平板天线之下的口径场(如图 6.40 所示)、回波损耗和天线增益分布。

为了简单起见,我们把只有一个馈电喇叭和馈电喇叭同平板反射面天线一起的回波损耗画在一个图上,如图 6.41 所示。在 73.5 GHz 和 75 GHz 频率上的增益分布呈现在图 6.42 和图 6.43 中。

当频率为 73.5 GHz 和 75 GHz 时的增益和半功率角宽度(HPBW, Half Power Beam Width)呈现在表 6.1 中。从表 6.1 可以看出,时域有限差分仿真结果和测量结果的良好匹配。

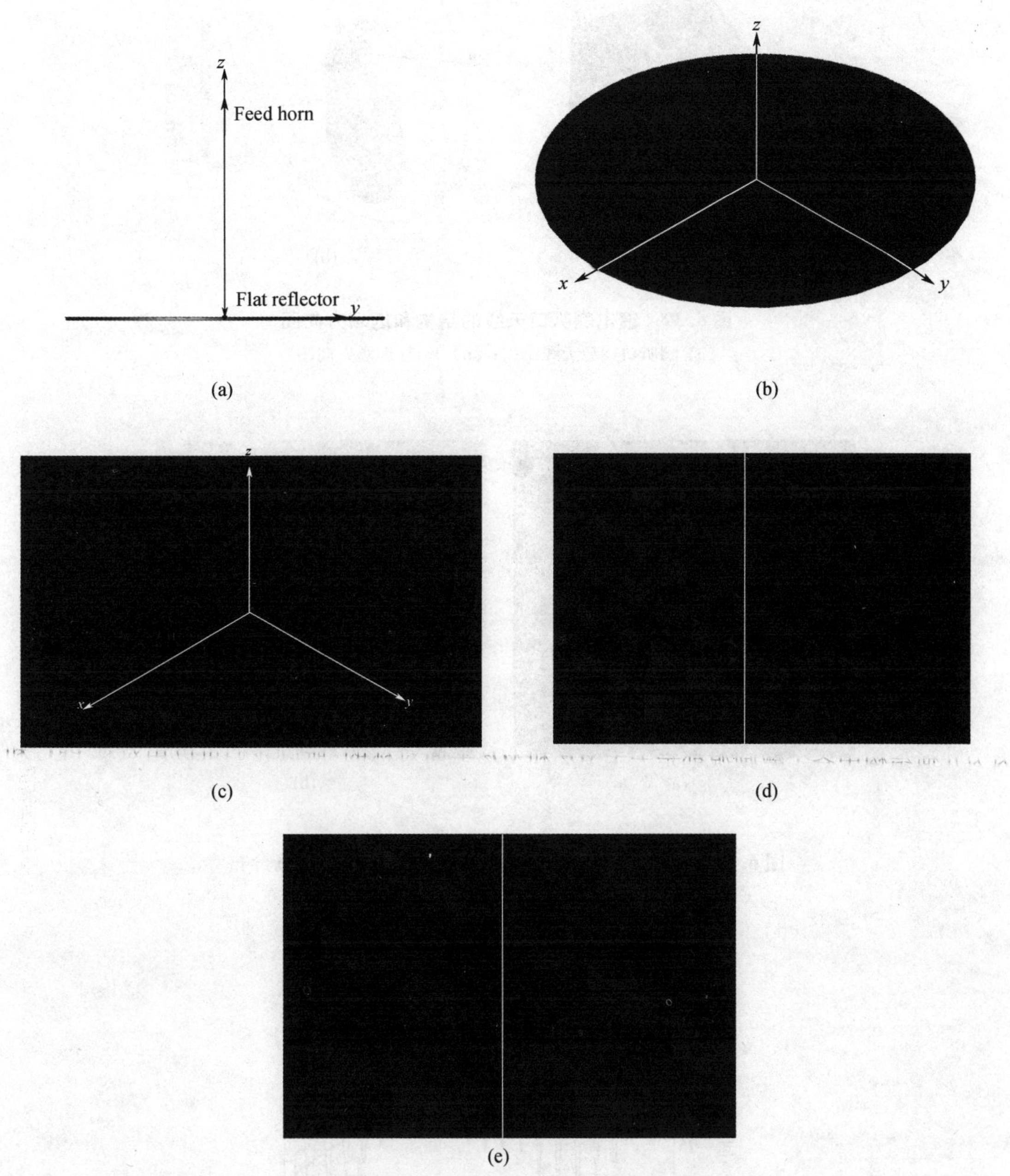

图6.38　平板反射面天线的结构

(a) 平板反射面天线系统的结构；(b) 反射面天线结构；(c) 反射面天线在中心的结构；
(d) 反射面天线局域放大结构；(e) 反射面天线的详细局域结构

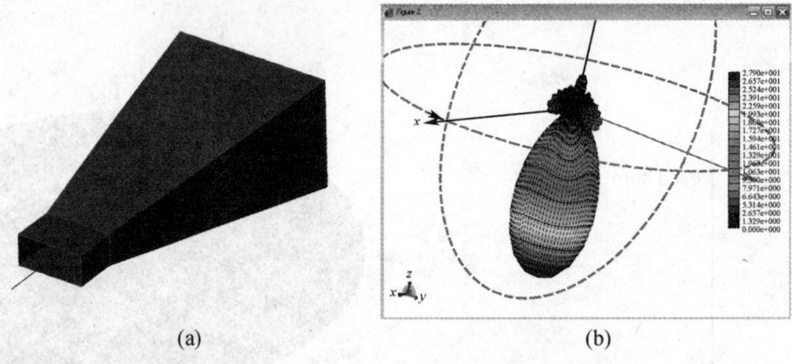

图 6.39　馈电喇叭口天线的结构和远场方向图

（a）喇叭口馈源天线结构；（b）3 – D 远场方向图

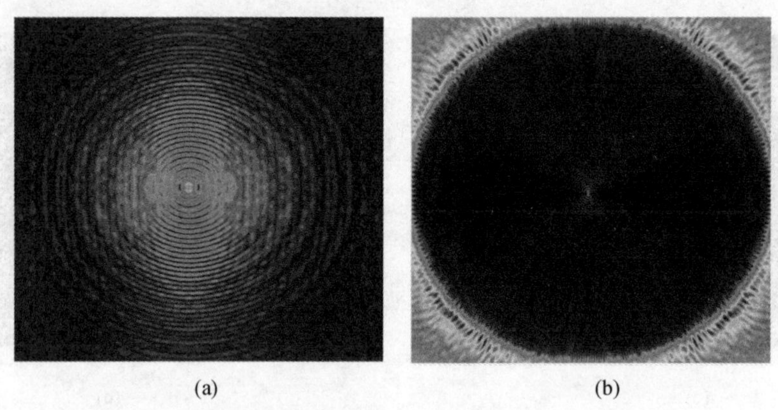

图 6.40　在馈电喇叭之上和平板天线之下的 2 – D 场分布

（a）馈电喇叭之上的场分布；（b）平板天线之下的场分布

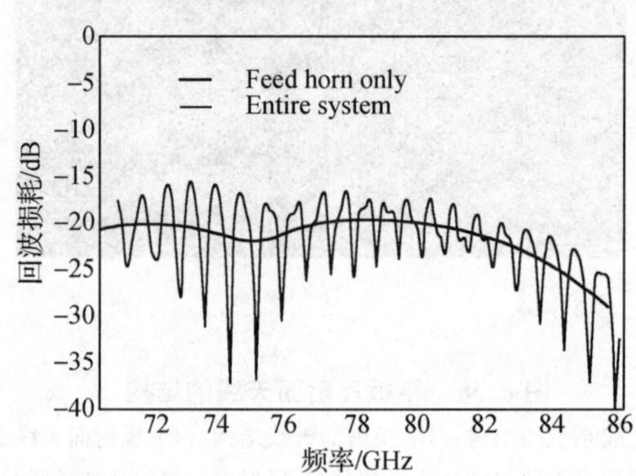

图 6.41　在带还是不带平板天线时的回波损耗

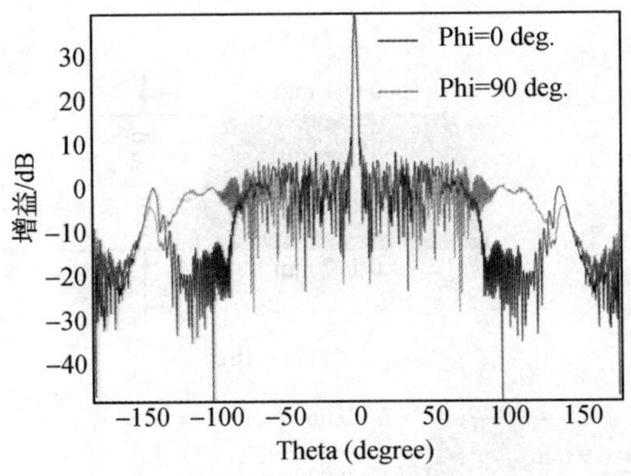

图 6.42　在 $\phi=0°$ 和 90° 面 73.5 GHz 时的增益分布

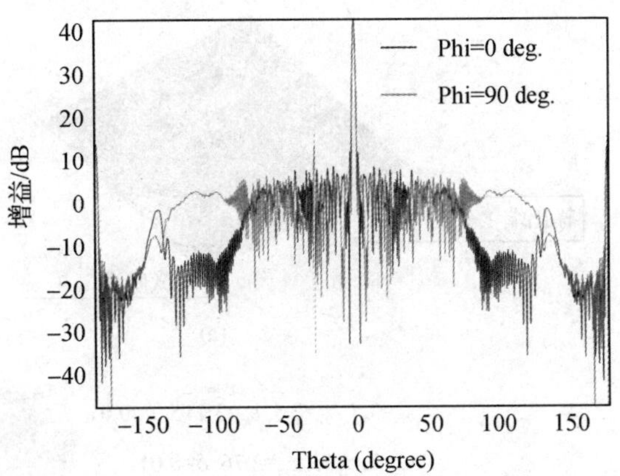

图 6.43　在 $\phi=0°$ 和 90° 面 75 GHz 时的增益分布

表 6.1　仿真结果与测量数据的比较

	HPBW（75 GHz）	HPBW（73.5 GHz）	增益（75 GHz）	增益（73.5 GHz）
仿真	1.08°	1.4°	41.988 dB	39.588 dB
测量数据	1°	不可利用	42 dB	39.5 dB

6.6　信号集成问题

在这个例子中，我们使用时域有限差分方法仿真六个平行传输线模型，如图 6.44 所示。每一个传输线都有一个梯形截面，梯形截面的尺寸已注明在图 6.44(b) 中。四层介质中的第二层和第四层是用于黏合的胶质材料。所有四层介质材料都是各向异性的，如图 6.44(c)所示。用于六个信号线的地板是一个没有厚度的金属地板(16 mm × 16 mm)。金属结构和介质材料的介质参数已标记在图 6.44 中。

这个模型是从一个真实的封装结构中简化而来的。我们的主要任务是研究当其中的一个信号线被激励时，信号的传输特性以及能量从这个信号线耦合到其他几条信号线的情况。也就是说，主要输出参数是 S 参数矩阵。为了勘察能量的耦合过程，我们也给出了在介质内部的场分布。

在这个问题中的细微结构是胶合层的厚度（0.012 mm）以及信号线和介质表面形成的间隔（0.029 mm）。所以在 z 方向的最小网格尺寸取为 0.012 mm。整个计算空间被离散化为 0.794 Mcells（254 × 194 × 15）的非均匀网格。信号线周围的局域网格分布如图 6.45 所示。信号线中的梯形结构用共形技术来处理。

这是一个开域问题，所以吸收边界条件用于截断计算区域的六个方向。我们需要在每个方向设置 6 个网格作为空白区域。这样计算区域的水平尺寸远大于其在垂直方向上的尺寸，所以计算区域是病态的。这样的病态区域很容易导致不稳定解。如果发现解是不稳定的，我们可以通过增加计算区域在垂直方向上的尺寸得到稳定解。

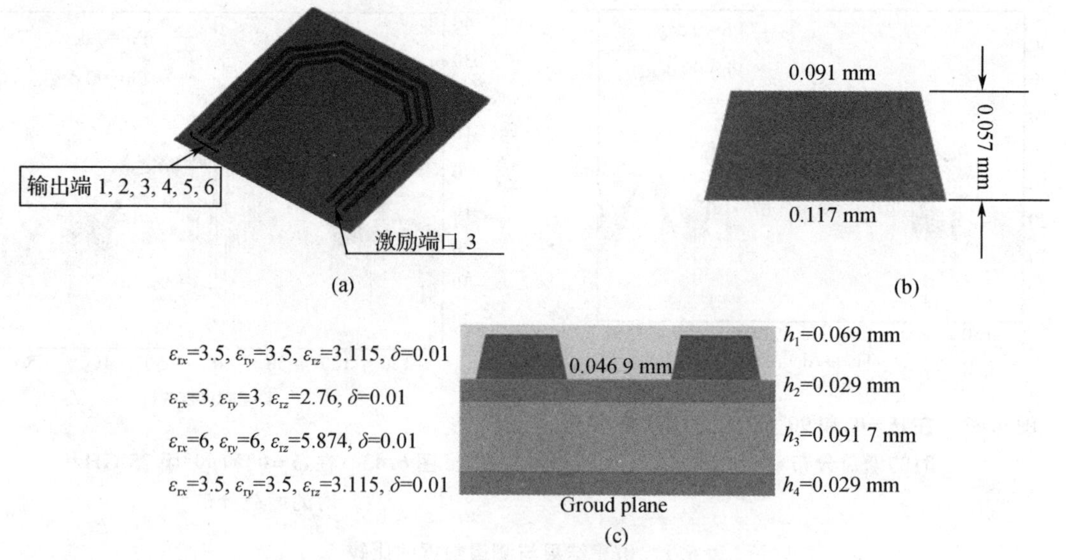

图 6.44　信号线问题的结构以及材料特性

(a) 信号线问题的结构;(b) 信号线的几何信息;(c) 介质材料的参数

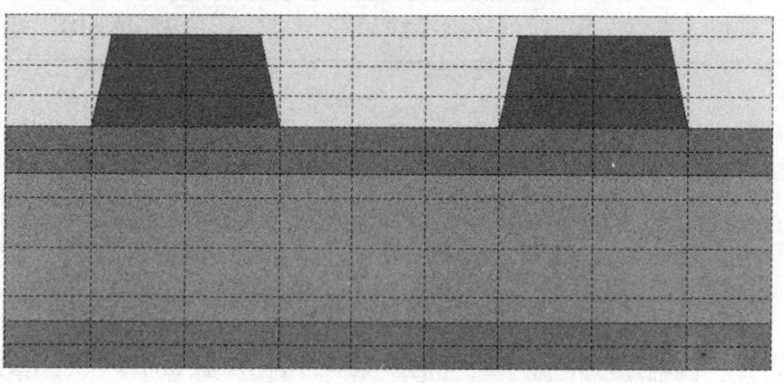

图 6.45　信号线周围的局域网格分布

在原始模型中,信号线的六个端口都是开放的。为了计算 S 参数矩阵,我们需要每次激励其中的一个端口,并且其余的五个端口用匹配负载匹配。激励脉冲可以是高斯脉冲也可以是微分高斯脉冲。如果我们感兴趣的最高频率为 20 GHz,脉冲的 3 dB 带宽也将取为 20 GHz。我们通过仿真这个问题六次得到 S 参数矩阵。在商业版的时域有限差分程序中,六次仿真都是在程序内部切换的。我们只要为一个不同的端口设置一个参量即可。在介质层内部的电场在不同时刻的分布如图 6.46 所示。能量的传输和耦合过程是显而易见的。

在激励端口的时域输出电压信号和被激励信号线的输出端的时域电压信号如图 6.47(a)所示。被激励信号线两端的反射和透射系数如图 6.47(b) 所示。在六个端口测得的时域电压信号呈现在图 6.48(a)中。在六个端口测得的反射和透射系数呈现在图 6.48(b)中。

对于信号传输问题,我们就不能再把信号线当作金属 PEC 来处理了,因为铜线的损耗是不可忽略的。如果金属地板的损耗也是不可忽略的话,我们需要给金属地板加一个厚度。在仿真过程中,低频信号的收敛要比高频信号慢一些,因此,为了得到精确的低频信号仿真结果,我们需要把收敛条件取得低一些,例如 -40 dB。

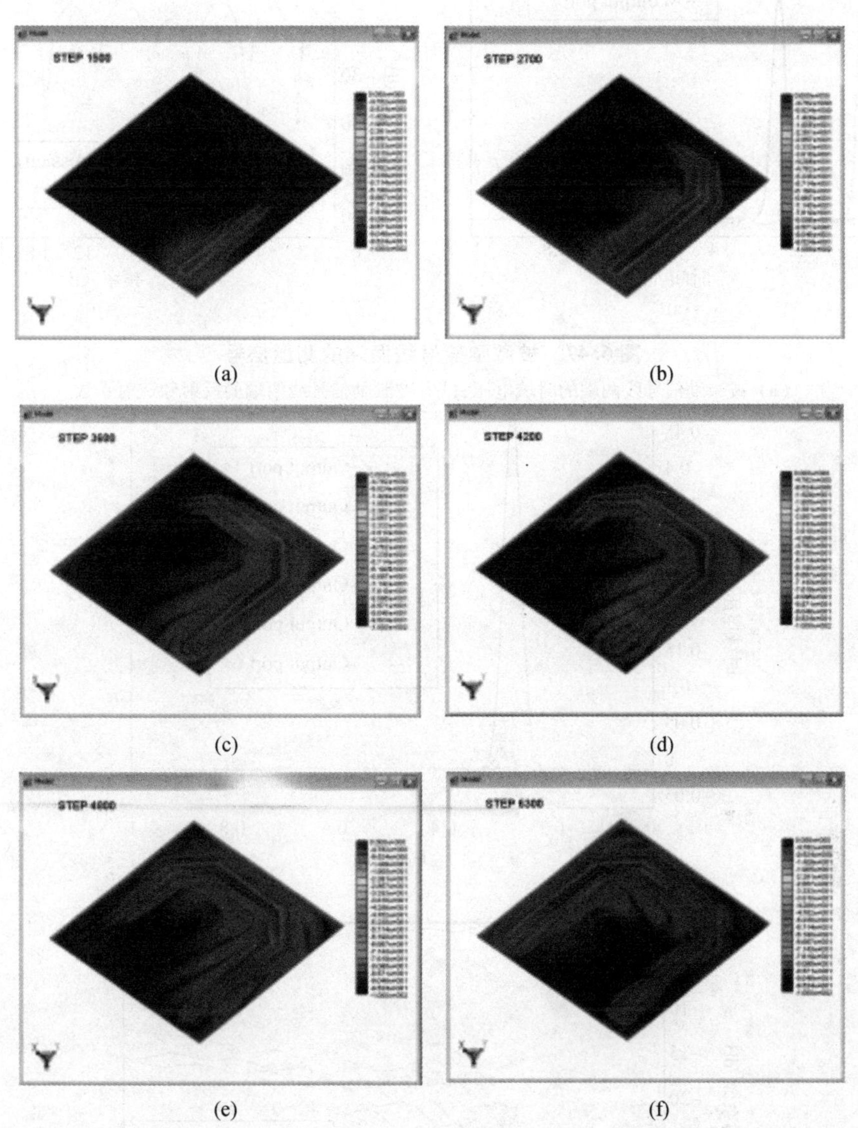

图 6.46　在介质层内部的时域电场分布

(a) 在 0.054 ns 时刻的场分布；(b) 在 0.097 ns 时刻的场分布；(c) 在 0.122 ns 时刻的场分布；(d) 在 0.151 ns 时刻的场分布；(e) 在 0.173 ns 时刻的场分布；(f) 在 0.227 ns 时刻的场分布

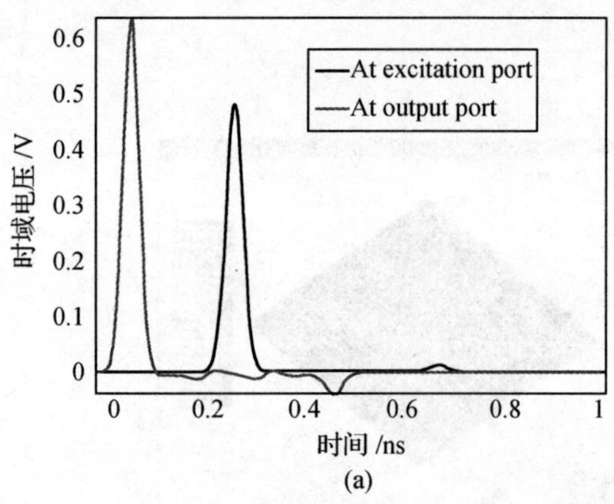

(a)

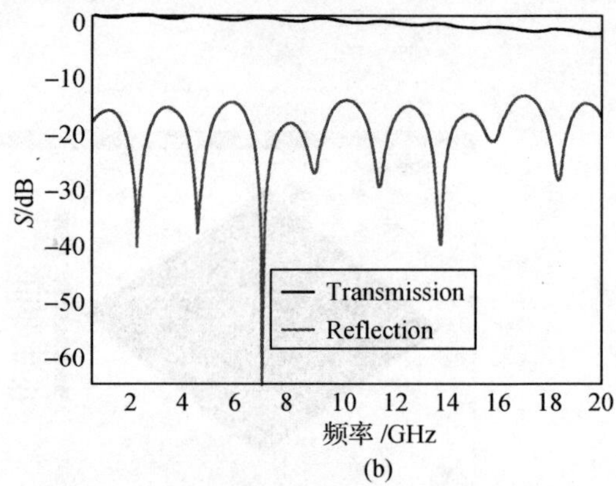

(b)

图 6.47　被激励信号线两端的测量信号

(a) 被激励信号线两端的时域电压；(b) 被激励信号线两端的反射和透射系数

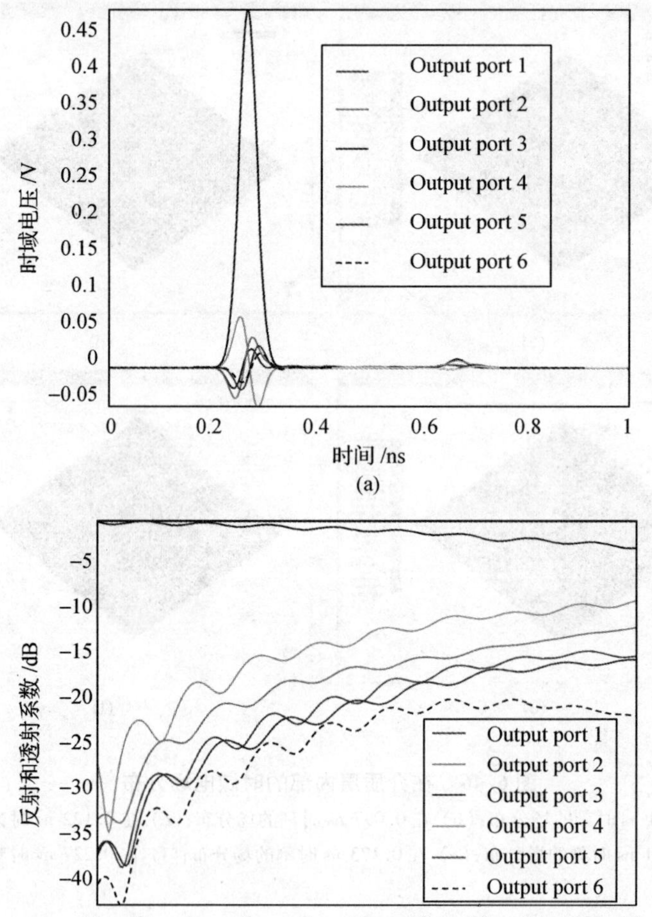

图 6.48　六条信号线端口的时域和频域测量信号

(a) 六条信号线端口的时域电压；(b) 六条信号线端口的反射和透射系数

6.7　读卡器的 EMI 分析

读卡器的结构以及接插件的结构如图 6.49 和图 6.50 所示。在这个例子中，我们需要分析一个平面波或者一个在读卡器开口的口径场分布透过读卡器时在某一个指定平面上的电场强度。

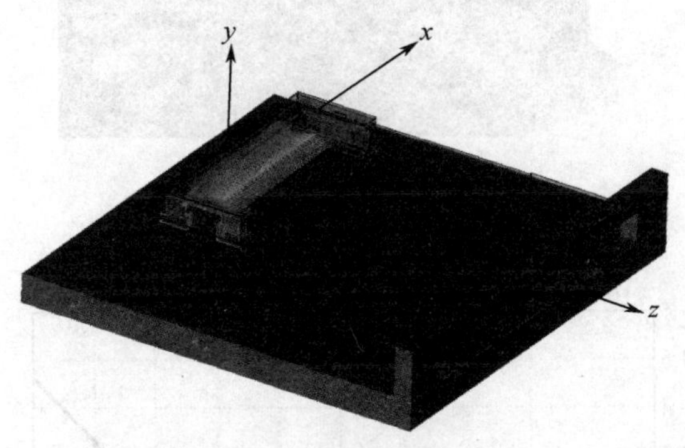

图 6.49　读卡器的结构

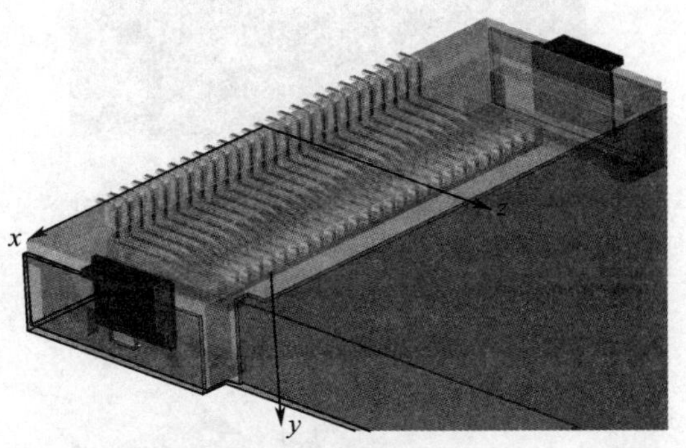

图 6.50　读卡器的接插件部分

由于读卡器是安装在计算机上的，我们假设能量只能够从读卡器的前卡槽进入读卡器。用吸收边界条件截断计算区域的负 x、负 y、正 x 和 正 y 等四个方向，并且在这四个方向没有任何的空白区域。吸收边界条件用于截断计算区域的负 z 和正 z 方向，并且设置读卡器和边界之间的空白区域为 6 个网格，如图 6.51 所示。

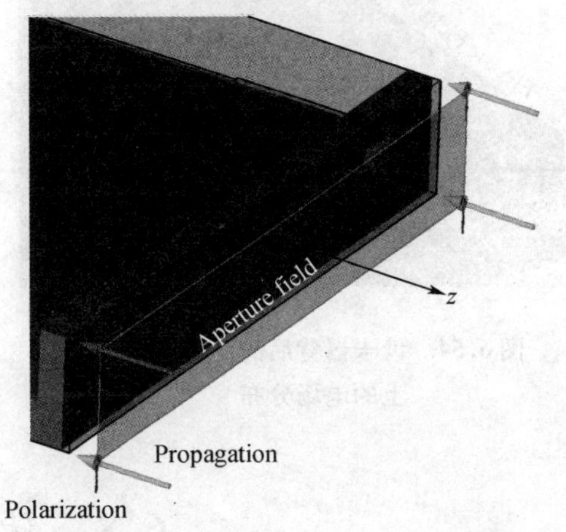

图 6.51　入射平面波的方向和极化特征

在这个问题中，我们感兴趣的频率范围是从 10 MHz 到 1 GHz。对于口径场或者平面波激励源来说，为了不引入直流分量到时域信号中，我们需要使用微分高斯脉冲作为激励脉冲。微分高斯脉冲的 3 dB 带宽为 1 GHz。在读卡器中的细微结构是 0.4 mm，如图 6.52 所示。所以我们取最小网格尺寸为 0.2 mm，即在细微结构中设置两个网格。在任何情况下，为了模型的正确性，接插件的弹簧片都不能够短接在一起。

目前这个问题的输出参数是平面波穿过读卡器耦合到读卡器后面的电场强度。我们定义一个观察表面并且计算在某个特定的频率下电场在这个面上的最大值，如图6.53所示。在这个平面上，电场在 1 GHz 时的场分布如图 6.54 所示。这个面上电场在不同频率下的最大值随频率的变化如图 6.55 所示。

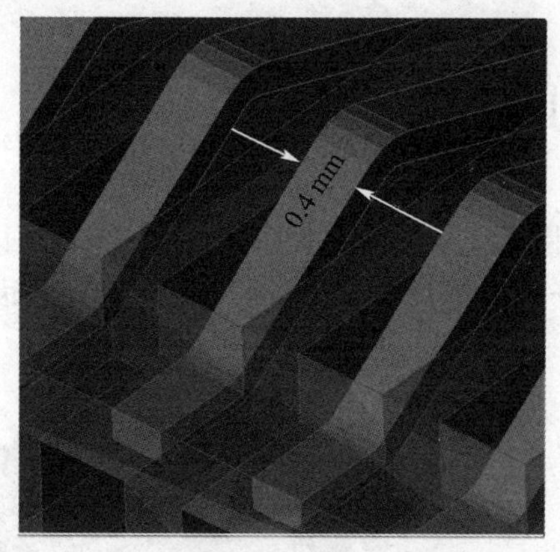

图 6.52　读卡器中的细微结构及其尺寸

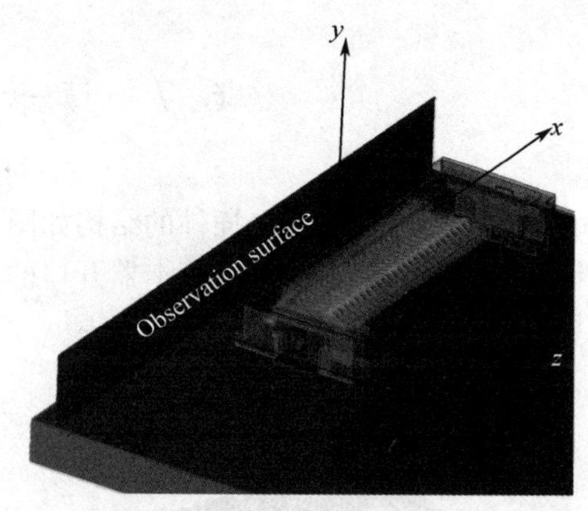

图 6.53　电场的观察平面

图 6.54　读卡器背后的一个观察面上的电场分布

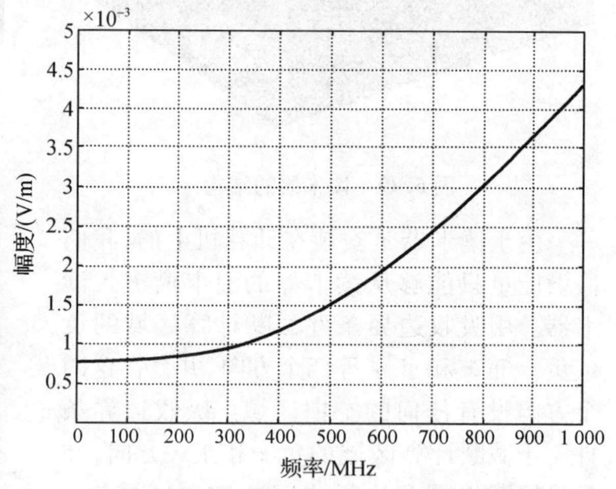

图 6.55　观察面上电场最大值随频率的变化

6.8　伪装结构仿真

伪装结构(Cloaking Structure)包括一个金属铜核心和十层曲别针形金属环,如图 6.56 所示。金属环镶嵌在薄的介质层上,如图 6.56(b) 所示。介质层的相对介电常数为 2.33,相对电导率为 0.001 555,并且其厚度为 0.38 mm。开路环形结构的宽度为 3 985 μm,长度为 3 000 μm。开路环形结构微带线的宽度为 200 μm。伪装结构的半径为 25 mm。对于散射问题,一个平面波入射到伪装结构上,利用其对称性,我们可以把计算区域减少到原始问题的一半。伪装结构的仿真参数呈现在表 6.2 中。

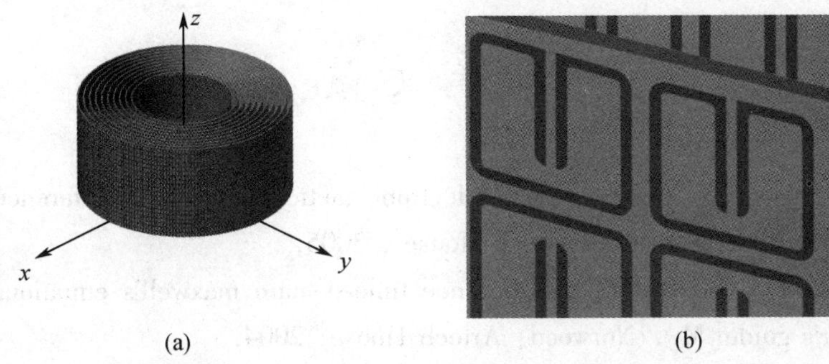

图6.56　伪装结构包括一个金属铜核心、十层介质板和环形金属结构

(a) 伪装结构；(b) 设置在介质表面的金属环

表6.2　伪装结构的仿真参数

选项	描述
硬件平台	IBM BlueGene/P
极化	E_θ
未知量个数	1.166 Billion cells（792×1 766×834）
入射方向(θ^{inc},φ^{inc})	(135°,270°)
内存使用	40.3 GB
CPU 个数	510
时间步数	12 000（收敛条件为 -30 dB）

当平面波入射时,这个结构是第一次使用时域有限差分方法仿真。对于正入射的情况,我们只需要仿真在垂直方向的一个网格就可以了,所以仿真问题要简单许多。或者利用一个等效模型考查伪装结构的隐身效果,但是它忽略了开路金属环的各向异性特性。

在仿真中,我们假设平面波从 $\theta=135°$ 方向入射到伪装结构。伪装结构的地反射特性如图6.57所示,其隐身效果正如我们所期望的一样。

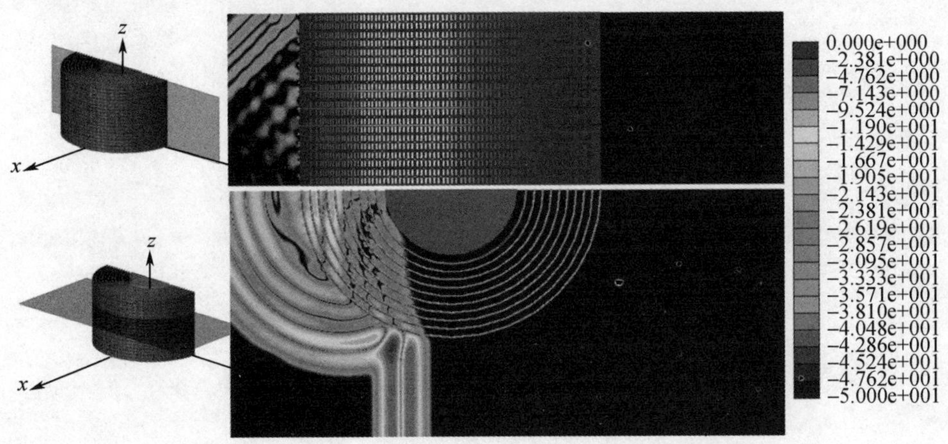

图6.57　当倾斜入射平面波穿过伪装结构时的散射场分布

参 考 文 献

[1] Taflove A, Hagness S. Computational electromagnetics: the finite-difference time-domain method[M]. 3rd ed. Norwood: Artech House , 2005.

[2] Yu W, Mittra R. Conformal finite-difference time-domain maxwell's equations solver: software and user's guide[M]. Norwood: Artech House, 2004.

[3] Yu W, Mittra R, T Su, et al. Parallel finite difference time domain method[M]. Norwood: Artech House, 2006.

[4] Yu W, Yang X, Liu Y, et al. Electromagnetic simulation techniques based on the FDTD method[M]. Jersey: John Wiley and Sons, 2009.

附录1

天线能量和效率

假设一个电流源的电流密度为 $\boldsymbol{J}$，磁流密度为 $\boldsymbol{M}$，当它与一个天线连接时，我们需要计算它提供给天线的能量。如果激励源区域为 V，它的电场和磁场的值为 $\boldsymbol{E}$ 和 $\boldsymbol{H}$，则激励源提供给天线的能量为

$$P_{\text{incident}} = \frac{1}{2}\text{Re}\left[\iiint_V (\boldsymbol{E} * \boldsymbol{J} + \boldsymbol{M} * \boldsymbol{H})\,\mathrm{d}x\mathrm{d}y\mathrm{d}z\right] \tag{A1.1}$$

其中，P_{incident} 是当激励源与天线连接时激励源的总入射功率。这个总功率包括消耗在激励源内阻上的损耗功率和传送给天线的接收功率。接收功率表示激励源通过激励端口实际传送给天线的功率，与端口定义为

$$E_{\text{accepted}} = \frac{P_{\text{radiation}}}{P_{\text{accepted}}} \tag{A1.2}$$

其中，$P_{\text{radiation}} = \frac{1}{2}\text{Re}\left[\oint(\boldsymbol{E} \otimes \boldsymbol{H})\,\mathrm{d}\boldsymbol{s}\right]$ 是定义在惠更斯表面上，接收功率可以表达为

$$P_{\text{accepted}} = P_{\text{incident}} - \frac{1}{2}\text{Re}\left(\iiint_V \boldsymbol{\sigma}\,|\boldsymbol{E}|^2\,\mathrm{d}x\mathrm{d}y\mathrm{d}z\right) \tag{A1.3}$$

其中，在式(A1.3)中的第二项是损耗在激励源内阻上的功率，如图 A1.1 所示。

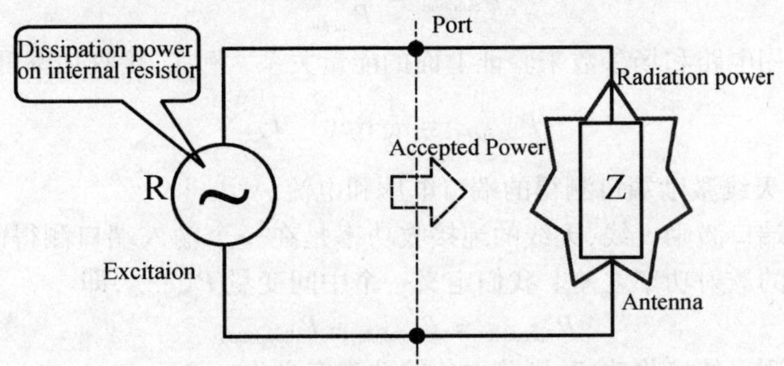

图 A1.1　天线系统中的功率分配关系

在实际应用中，我们需要知道有多少功率从激励源传送给天线，并且其中的多少功率在端口被反射回来。假设传送给天线的功率称为前向传输功率(Forward Power)，则前向传输

功率可以表达为

$$P_{\text{forward}} = P_{\text{accepted}} + P_{\text{reflected}}$$

其能量分配关系如图 A1.2 所示。

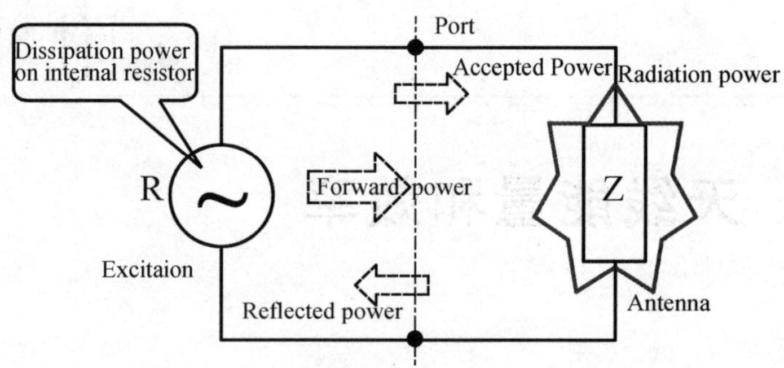

图 A1.2　在输入端口的天线功率分配关系

根据 S 参数的定义,对于一个无耗系统有

$$|S_{11}|^2 = \frac{P_{\text{reflected}}}{P_{\text{forward}}}$$

$$|S_{21}|^2 = \frac{P_{\text{accepted}}}{P_{\text{forward}}}$$

$$|S_{11}|^2 + |S_{21}|^2 = 1$$

天线的不匹配辐射效率为

$$E_{\text{forward}} = \frac{P_{\text{radiated}}}{P_{\text{forward}}} = \frac{P_{\text{radiated}}}{P_{\text{forward}}}\frac{P_{\text{accepted}}}{P_{\text{accepted}}}$$

$$= \frac{P_{\text{radiated}}}{P_{\text{accepted}}}\frac{P_{\text{accepted}}}{P_{\text{forward}}} = E_{\text{accepted}}(1 - |S_{11}|^2) \tag{A1.4}$$

除了天线的前向传输功率和接收功率外,如果把在激励源内阻上的损耗功率考虑在内的话,辐射效率可以表达为

$$E_{\text{radiated}} = \frac{P_{\text{radiated}}}{P_{\text{incident}}} \tag{A1.5}$$

我们很容易用电路和场参数来验证上面的能量关系，例如,接收功率可以表达为

$$P_{\text{accepted}} = \frac{1}{2}\text{Re}(V^* I)$$

其中,V 和 I 是在天线激励端口测得的端口电压和电流。

对于一个多端口激励天线,天线的纯接收功率是在一个输入端口测得的接收功率减去在输出端口测得的透射功率之差。我们定义一个中间变量 P'_{accepted},即

$$P'_{\text{accepted}} = P_{\text{incident}} - P_{\text{dissipation}} \tag{A1.6}$$

它是在输入端口测得的接收功率,则前向传输功率定义为

$$P_{\text{forward}} = P_{\text{reflected}} - P'_{\text{accepted}} \tag{A1.7}$$

使用 S_{11} 的定义,即

$$|S_{11}|^2 = \frac{P_{\text{reflected}}}{P_{\text{forward}}} \tag{A1.8}$$

则

$$P_{\text{forward}} = \frac{P'_{\text{accepted}}}{1 - |S_{11}|^2} \tag{A1.9}$$

如图 A1.3 所示,天线系统的接收分配功率定义为

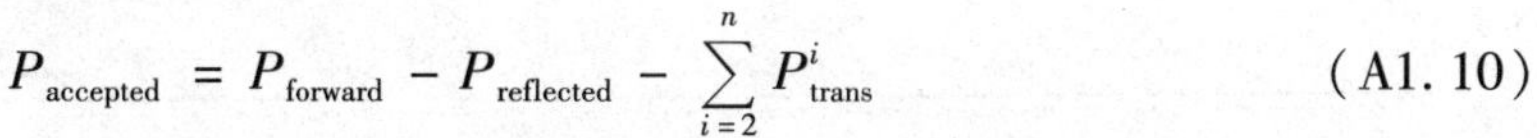

$$P_{\text{accepted}} = P_{\text{forward}} - P_{\text{reflected}} - \sum_{i=2}^{n} P^{i}_{\text{trans}} \tag{A1.10}$$

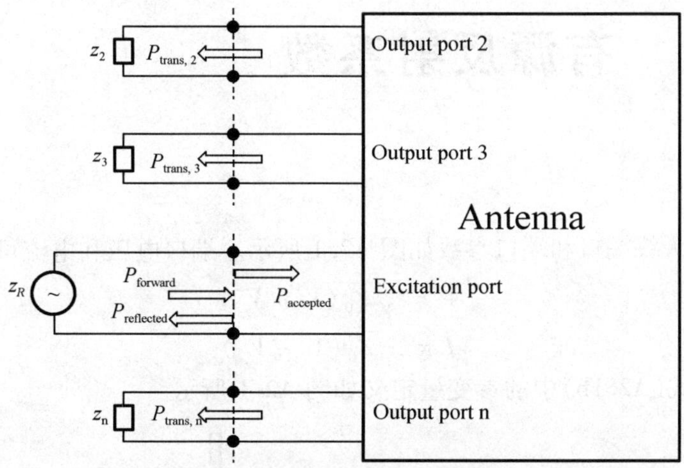

图 A1.3　在多端口天线中的功率关系

使用式(A1.9)参数 S_{i1} 可以表示为

$$|S_{i1}|^2 = \frac{P^{i}_{\text{trans}}}{P_{\text{forward}}} \tag{A1.11}$$

则有

$$P_{\text{accepted}} = P'_{\text{accepted}} \frac{1 - |S_{11}|^2 - \sum_{i=2}^{n} |S_{i1}|^2}{1 - |S_{11}|^2} \tag{A1.12}$$

接收效率定义为

$$E_{\text{accepted}} = \frac{P_{\text{radiated}}}{P_{\text{accepted}}} = \frac{P_{\text{radiated}}}{P'_{\text{accepted}}} \frac{1 - |S_{11}|^2}{1 - |S_{11}|^2 - \sum_{i=2}^{n} |S_{i1}|^2} \tag{A1.13}$$

其中,P'_{accepted}是已知的,并且可以通过式(A1.6)计算得到。当 S_{11} 为 1 时,P'_{accepted}的值是 0,辐射效率也为 0。相对于前向传输功率的辐射效率定义为

$$E_{\text{forward}} = \frac{P_{\text{radiated}}}{P_{\text{forward}}} = \frac{P_{\text{radiated}}}{P'_{\text{accepted}}}(1 - |S_{11}|^2) \tag{A1.14}$$

E_{forward}和 E_{accepted}之间的关系可以表达为

$$E_{\text{forward}} = E_{\text{accepted}}\left(1 - |S_{11}|^2 - \sum_{i=2}^{n} |S_{i1}|^2\right) \tag{A1.15}$$

附录2

有源反射系数

一个典型的天线端口和端口参数如图 A2.1 所示。端口电压和电流可以表示为

$$V = \sqrt{Z_0}(V^+ + V^-) \tag{A2.1a}$$

$$I = \sqrt{Z_0}(V^+ - V^-) \tag{A2.1b}$$

在式(A2.1a)和式(A2.1b)中的参变量定义如图 A2.1 所示。

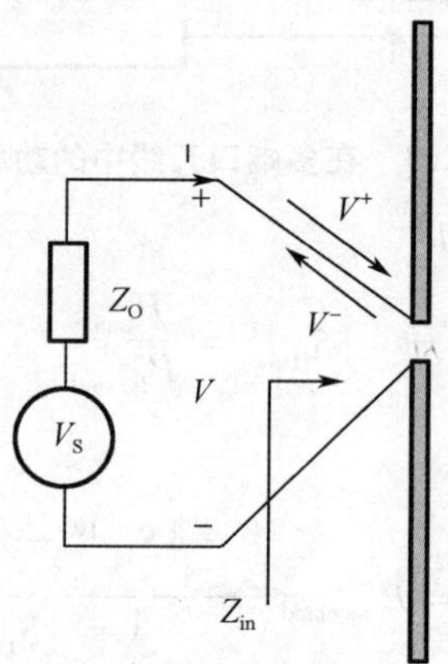

图 A2.1 天线馈电端口电路与参数

天线输入端口的输入电压和反射电压可以表达为

$$V^+ = \frac{V + Z_0 I}{2\sqrt{Z_0}} \tag{A2.2a}$$

$$V^- = \frac{V - Z_0 I}{2\sqrt{Z_0}} \tag{A2.2b}$$

回波损耗可以表达为

$$S_{11} = \frac{\dfrac{V}{\sqrt{Z_0}} - I\sqrt{Z_0}}{\dfrac{V}{\sqrt{Z_0}} + I\sqrt{Z_0}} \tag{A2.3}$$

在式(A2.3)中,电压和电流是在天线的输入端口测量的;Z_0 是天线馈电端口的特征阻抗。

对于天线阵列问题如图 A2.2 所示，入射和反射电压 V^+ 和 V^- 定义在每个天线单元的端口。天线单元端口特性用 $N\times N$ 散射矩阵表示，即

$$S_{nm} = \left.\frac{V_n^-}{V_m^+}\right|_{V_m^+=0,\,fork\neq m} \tag{A2.4}$$

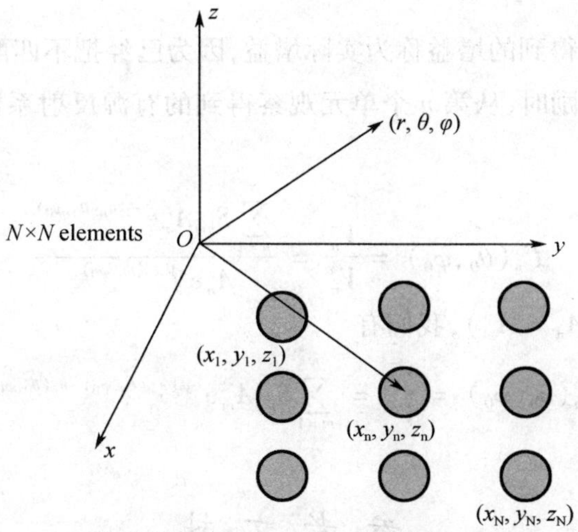

图 A2.2　N×N 天线阵列

在第 n 个端口总电压可以表达为[1,2]

$$V_n = V_n^+ + V_n^- = V_n^+ + \sum_{m=1}^{N} S_{nm} V_m^+ \tag{A2.5}$$

单个天线单元的辐射场可以表达为

$$E_n(r,\theta,\varphi) = V_n F_n(\theta,\varphi)\mathrm{e}^{-jku_n}\frac{\mathrm{e}^{-jkr}}{r} \tag{A2.6}$$

其中，V_n是端口电压；$F_n(\theta,\varphi)$是天线的主极化分量的场形；u_n 是天线单元的位置参数，它可以表示为

$$u_n = x_n\sin\theta\cos\varphi + y_n\sin\theta\sin\varphi + z_n\cos\theta \tag{A2.7}$$

值得一提的是，当计算被激励单元的远场时，其他的端口都是由匹配负载链接的。天线阵列的总辐射场可以表达为

$$\begin{aligned} E^a(r,\theta,\varphi) &= \frac{\mathrm{e}^{-jkr}}{r}\sum_{n=1}^{N} V_n F_n(\theta,\varphi)\mathrm{e}^{-jku_n} \\ &= \frac{\mathrm{e}^{-jkr}}{r}\sum_{n=1}^{N} V_n^+(1+\Gamma_n)F_n(\theta,\varphi)\mathrm{e}^{-jku_n} \end{aligned} \tag{A2.8}$$

式中，Γ_n 是反射系数。在全部激励的相控阵天线设置中，扫描角要求在每一个单元的端口电压分布为

$$V_n = A_n\mathrm{e}^{-jku_n(\theta_0,\varphi_0)} \tag{A2.9}$$

相控阵天线的总辐射场可以表达为

$$E^a(r,\theta,\varphi) = \frac{\mathrm{e}^{-jkr}}{r}\sum_{n=1}^{N}\left(V_n + \sum_{m=1}^{N} S_{nm}A_n\mathrm{e}^{-jku_n(\theta_0,\varphi_0)}\right)F_n(\theta,\varphi)\mathrm{e}^{-jku_n} \tag{A2.10}$$

相控阵天线的增益可以表达为

$$G^{a}(\theta,\varphi)=\frac{4\pi r^{2}\left|E^{a}(r,\theta,\varphi)\right|^{2}}{P_{\text{inc}}}$$

$$=\frac{4\pi}{\sum_{n=1}^{N}A_{n}^{2}}\left|\sum_{n=1}^{N}A_{n}^{2}(1+\Gamma_{n})F_{n}(\theta,\varphi)\mathrm{e}^{-\mathrm{j}k[u_{n}(\theta,\varphi)-u_{n}(\theta_{0},\varphi_{0})]}\right|^{2} \quad \text{(A2.11)}$$

其中,$P_{\text{inc}}=\sum_{n=1}^{N}A_{n}^{2}$。这样得到的增益称为实际增益,因为已经把不匹配的因素考虑在内了。

当所有单元都被激励时,从第 n 个单元观察得到的有源反射系数(Active Reflection Coefficient)可以表示为

$$\Gamma_{n}(\theta_{0},\varphi_{0})=\frac{V_{n}^{-}}{V_{n}^{+}}=\frac{\sum_{m=1}^{N}S_{nm}A_{m}\mathrm{e}^{-\mathrm{j}ku_{n}(\theta_{0},\varphi_{0})}}{A_{n}\mathrm{e}^{-\mathrm{j}ku_{n}(\theta_{0},\varphi_{0})}} \quad \text{(A2.12)}$$

对于等功率激励 $(A_{n}=A_{m})$,我们有

$$\Gamma_{n}(\theta_{0},\varphi_{0})=\frac{V_{n}^{-}}{V_{n}^{+}}=\sum_{m=1}^{N}S_{nm}A_{m}\mathrm{e}^{-\mathrm{j}k[u_{m}(\theta_{0},\varphi_{0})-u_{n}(\theta_{0},\varphi_{0})]} \quad \text{(A2.13)}$$

参 考 文 献

[1] Pozar D M. A relation between the active input impedance and the active element pattern of a phased array[J]. IEEE Transaction on Antennas and Propagation, 2003,51(9):2486 - 2489.

[2] Pozar D M. The active element pattern[J]. IEEE Transaction on Antennas and Propagation, 1994,42(8):1176 - 1178.

附录3

总有源反射系数

对于一个 N 端口天线阵列,如果把两个极化分量的辐射当作端口的话,它是一个($N+2$)端口网络系统。一个完整的 S 参数矩阵应该是($N+2$)×($N+2$)单元矩阵。然而,两个极化端口不能够作为正常端口来处理。根据文献[1],我们定义多端口天线阵列的总有源反射系数(TARC,Total Active Reflection Coefficient)。

对于一个理想的端口激励,天线的总有源反射系数(TARC)定义为

$$\Gamma_a^t = \sqrt{\frac{P_{\text{available}} - P_{\text{radiated}}}{P_{\text{available}}}} \tag{A3.1}$$

其中,$P_{\text{available}}$是所有激励源产生的可利用功率;P_{radiated}是辐射功率。

我们已知入射功率(Incident Power)、辐射功率(Radiation Power)和耗散功率(Disspatation Power),因此接收功率(Accepted Power)等于入射功率减去耗散功率。根据附录1中能量的定义,可利用功率(Available Power)等于前向传输功率(Forward Power),但是在多端口天线阵列中前向传输功率是未知的。对于无耗天线,TARC 可以通过 S 参数矩阵计算得到。对于一个给定的激励[a],它是频率的函数,TARC 可表达为

$$\Gamma_a^t = \sqrt{\frac{\sum_{i=1}^{N} |b_i|^2}{\sum_{i=1}^{N} |a_i|^2}} \tag{A3.2}$$

其中

$$S_p = \begin{bmatrix} S_{11} & \cdots & S_{1N} \\ \vdots & & \vdots \\ S_{N1} & \cdots & S_{NN} \end{bmatrix} \tag{A3.3}$$

$$[b] = [S_p][a] \tag{A3.4}$$

我们并不需要把 TARC 定义为一个复数,因为相位参考面并没有任何物理意义。TARC 是一个在 0 到 1 之间的实数。当 TARC 等于 0 时,所有给予天线的能量全部辐射出去;当 TARC 等于 1 时,所有给予天线的能量全部被反射回来。

参 考 文 献

[1] Manteghi M, Rahmat-Samii Y. Broadband characterization of the total active reflection coefficient of multiport antennas[J]. IEEE Antennas and Propagation Society International Symposium, 2003,3:20－23.

附录4

MEG 和 ECC

一个手机的性能是由其天线特性和手机所处的环境共同决定的。在这个附录里，我们将介绍描述手机天线的两个主要参数，即平均有效增益（Mean Effective Gain，MEG）和包络相关系数（Envelope Correlation Coefficient，ECC）。MEG 和 ECC 取决于来波能量分布和天线相对于这个环境的指向[1,2]。

A4.1 传播环境

为了计算 ECC 和 MEG，我们需要把入射波考虑在内，而不仅仅是天线自身。传播的影响定义为入射波的功率波谱 $P_\theta(\Omega)$ 和 $P_\varphi(\Omega)$，它们可以表达为统计分布函数[2,3]，即

$$P_\theta(\Omega) = P_\theta(\theta,\varphi) = P_\theta(\theta)P_\theta(\varphi) \tag{A4.1}$$

$$P_\varphi(\Omega) = P_\varphi(\theta,\varphi) = P_\varphi(\theta)P_\varphi(\varphi) \tag{A4.2}$$

式中，$P_\theta(\theta)$ 和 $P_\theta(\varphi)$ 是在经度平面的角密度函数，$P_\varphi(\theta)$ 和 $P_\varphi(\varphi)$ 是在纬度平面的角密度函数。常用的角密度函数有均匀分布（Uniform）函数、高斯（Gaussian）函数、拉普拉斯（Laplacian）函数和椭圆形分布函数。为了决定其系数，角密度函数满足如下归一化关系，即

$$\int_0^{2\pi}\int_0^{\pi} P_\theta(\theta,\varphi)\sin\theta \mathrm{d}\theta\mathrm{d}\varphi = 1 \tag{A4.3}$$

$$\int_0^{2\pi}\int_0^{\pi} P_\varphi(\theta,\varphi)\sin\theta \mathrm{d}\theta\mathrm{d}\varphi = 1 \tag{A4.4}$$

A4.2 包络相关系数（ECC）

来波信号与天线的依赖关系可以通过 ρ_e 的如下表达式来计算。

$$\rho_e = \frac{N}{D_1 D_2} \tag{A4.5}$$

其中

$$N = \left| \int_0^{2\pi} \int_0^{\pi} XPRE_{\theta 1}(\theta,\varphi) E_{\theta 2}^*(\theta,\varphi) [P_\theta(\theta,\varphi) + P_\varphi(\theta,\varphi)] \sin\theta \mathrm{d}\theta \mathrm{d}\varphi \right|^2$$

$$D_1 = \left| \int_0^{2\pi} \int_0^{\pi} XPRE_{\theta 1}(\theta,\varphi) [E_{\theta 1}^*(\theta,\varphi) P_\theta(\theta,\varphi) + E_{\varphi 1}^*(\theta,\varphi) P_\varphi(\theta,\varphi)] \sin\theta \mathrm{d}\theta \mathrm{d}\varphi \right|$$

$$D_2 = \left| \int_0^{2\pi} \int_0^{\pi} XPRE_{\theta 2}(\theta,\varphi) [E_{\theta 2}^*(\theta,\varphi) P_\theta(\theta,\varphi) + E_{\varphi 2}^*(\theta,\varphi) P_\varphi(\theta,\varphi)] \sin\theta \mathrm{d}\theta \mathrm{d}\varphi \right|$$

A4.3 平均有效增益（MEG）

MEG 是在实际环境中天线增益的统计测量[2]。在特殊的环境下，MEG 可以定义为天线接收到的能量包括天线辐射场形、天线总效率和传播效果，即

$$MEG = \left| \int_0^{2\pi} \int_0^{\pi} \left[\frac{XPR}{1 + XPR} G_\theta(\theta,\varphi) P_\theta(\theta,\varphi) + \frac{XPR}{1 + XPR} G_\varphi(\theta,\varphi) P_\varphi(\theta,\varphi) \right] \sin\theta \mathrm{d}\theta \mathrm{d}\varphi \right|$$

其中，$G_\theta(\theta,\varphi)$ 和 $G_\varphi(\theta,\varphi)$ 是在 θ 和 φ 方向上的天线功率增益分布。通常，MEG 是一个归一化参量[1]，即

$$1 = \left| \int_0^{2\pi} \int_0^{\pi} [G_\theta(\theta,\varphi) + G_\varphi(\theta,\varphi)] \sin\theta \mathrm{d}\theta \mathrm{d}\varphi \right|$$

对于均匀分布模型，环境函数定义如下：

$$P_\theta(\theta) = \frac{1}{4\pi}, P_\varphi(\theta) = \frac{1}{4\pi}$$

$$P_\theta(\varphi) = 1, P_\varphi(\varphi) = 1$$

对于高斯分布模型，环境函数定义如下：

$$P_\theta(\theta) = A_\theta \mathrm{e}^{\frac{-\left[\theta - \left(\frac{\pi}{2} - m_V\right)\right]^2}{2\sigma_V^2}}, P_\varphi(\theta) = A_\varphi \mathrm{e}^{\frac{-\left[\theta - \left(\frac{\pi}{2} - m_H\right)\right]^2}{2\sigma_H^2}}$$

$$P_\theta(\varphi) = 1, P_\varphi(\varphi) = 1$$

对于拉普拉斯分布函数，环境函数定义如下：

$$P_\theta(\theta) = A_\theta \mathrm{e}^{\frac{-\sqrt{2}\left[\theta - \left(\frac{\pi}{2} - m_V\right)\right]^2}{\sigma_V}}, P_\varphi(\theta) = A_\varphi \mathrm{e}^{\frac{-\sqrt{2}\left[\theta - \left(\frac{\pi}{2} - m_H\right)\right]^2}{\sigma_H}}$$

$$P_\theta(\varphi) = 1, P_\varphi(\varphi) = 1$$

对于椭圆形分布模型，环境函数定义如下：

$$P_\theta(\theta) = \sqrt{A_\theta} \frac{S_{\theta\theta}^2}{S_{\theta\theta}^2 + (\sin\theta)^2}, P_\varphi(\theta) = \sqrt{A_\varphi} \frac{S_{\varphi\theta}^2}{S_{\varphi\theta}^2 + (\sin\theta)^2}$$

高方向性分布（球的八分之一）：

$$P_\theta(\varphi) = \sqrt{A_\theta} a_{\theta 0}, P_\varphi(\varphi) = \sqrt{A_\varphi} (a_{\theta 0} - b_\varphi |\varphi|)$$

低方向性分布（球的二分之一）：

$$P_\theta(\varphi) = \sqrt{A_\theta} \frac{S_{\theta\varphi}^2}{S_{\theta\varphi}^2 + (\sin\varphi)^2}, P_\varphi(\varphi) = \sqrt{A_\varphi} \frac{S_{\varphi\varphi}^2}{S_{\varphi\varphi}^2 + (\sin\varphi)^2}$$

参 考 文 献

[1] Diallo A, Luxey P, Thuc Le, et al. Diversity performance of multiantenna systems for UMTS cellular phones in different propagation environments[J]. International Journal of Antennas and Propagation, 2008,32:10.

[2] Taga T. Analysis for mean effective gain of mobile antennas in land mobile radio environments [J]. IEEE Transaction on Vehicular Technology, 1990,39(2):117－131.

[3] Pederson G F, Andersen J B. Review of radio science[M]. London: Oxford University Press, 1999.

附录5

有耗媒质仿真技术

在实际应用中，如果我们不关心介质损耗随频率的变化，我们可以直接在 FDTD 仿真中给出介质的介电常数，如大部分天线问题。然而，如果介质损耗不可忽略并且它是随着频率变化的，我们需要在 FDTD 仿真中处理损耗正切。一般来说，介质材料的参数为介电常数和损耗正切，因为由损耗正切得到的导电率是频率的函数，所以我们没有办法把它作为时域有限差分的直接输入参数。为了能够用时域有限差分仿真损耗正切，我们需要把介质材料转换为一种色散媒质模型并且能够通过傅里叶变换把这种模型的色散关系转化为时域色散关系[1, 2]。在这个附录里，我们介绍如何将损耗正切的介质转化为德拜媒质[3]。

我们可以用文献[1]和文献[4]的方法，即利用奇异值分解技术通过 Cauchy 技术提取色散媒质的极点得到德拜媒质表达式的系数。在这种方法中，我们需要提供至少两个频率点的测量介质参数值，并且还要通过一个复杂的求解过程。下面我们介绍一种相对简单的方法。

介质的负介电常数可以表达为[3]

$$\varepsilon = \varepsilon_0(\varepsilon_r' - \mathrm{j}\varepsilon_r'') \tag{A5.1}$$

式中，ε_r'和 ε_r'' 是实数。如果不考虑因果关系，式(A5.1)是对许多真实材料非常好的近似。考虑到因果关系表达式(A5.1)可以写成

$$\varepsilon = \varepsilon_0\left(\varepsilon_\infty + \frac{\varepsilon_s - \varepsilon_\infty}{1 + \mathrm{j}\omega\tau_0} - \frac{\mathrm{j}\sigma'}{\omega\varepsilon_0}\right) \tag{A5.2}$$

式中，ε_∞ 是介电常数在频率为无穷大时的值；ε_s 是静态介电常数；τ_0 是材料的弛豫时间。

对于给定的介电常数和损耗正切，我们计算 ε_r' 和 $\varepsilon_r'' = \varepsilon_r' \cdot \delta$，然后得到如下的非线性方程组[5]：

$$K_1\varepsilon_r' = \varepsilon_\infty + \frac{\varepsilon_s - \varepsilon_\infty}{1 + (2\pi f_{\min}\tau_0)^2} \tag{A5.3a}$$

$$K_2\varepsilon_r'' = \frac{(\varepsilon_s - \varepsilon_\infty)2\pi f_{\min}\tau_0}{1 + (2\pi f_{\min}\tau_0)^2} + \frac{\sigma'}{2\pi f_{\min}\tau_0} \tag{A5.3b}$$

$$K_3\varepsilon_r' = \varepsilon_\infty + \frac{\varepsilon_s - \varepsilon_\infty}{1 + (2\pi f_{\min}\tau_0)^2} \tag{A5.3c}$$

$$K_4\varepsilon_r'' = \frac{(\varepsilon_s - \varepsilon_\infty)2\pi f_{\min}\tau_0}{1 + (2\pi f_{\min}\tau_0)^2} + \frac{\sigma'}{2\pi f_{\min}\tau_0} \tag{A5.3d}$$

如果取 $K_1 = K_2 = K_3 = K_4 = 1$,上面的方程组是病态的并且没有解。然而,我们可以试着让 K 的值很接近于 1 但是不等于 1,上面的方程组就可以变为良态的方程组,并能够得到有意义的解 $\varepsilon_s, \varepsilon_\infty$, τ_0 和 σ'。在 MINPACK 程序库中一个子程序 hybrd1(*fcn*, *n*, *x*, *fvec*, *tol*, *info*, *wa*, *lwa*) 用于计算 K_1, K_2, K_3 和 K_4。函数指针 *fcn* 指向上面的方程组。指标 *n* 是方程的一个数,并且在这里等于4。未知量 *x* 是一个数组,它的单元是 ε_s, ε_∞, τ_0 和 σ'。变量 *fvec* 是当数组 *x* 用作输入时方程的值。变量 *wa* 是工作数组,其长度为 *lwa*。变量 *lwa* 是大于 $\frac{n(3n+13)}{2}$ 的一个正整数输入变量。

参考文献

[1] Taflove A, Hagness S. Computational electromagnetics: the finite-difference time-domain method[M]. 3rd ed. Norwood: Artech House, 2005.

[2] Yu W, Mittra R, T Su, et al. Parallel finite difference time domain method[M]. Norwood: Artech House, 2006.

[3] Luebbers R. Lossy dielectrics in FDTD[J]. IEEE Transactions on Antennas and Propagation, 1993, 41(11): 1685-1687.

[4] Kottapalli K, Sarkar T, Y Hua. Accurate computation of wide-band response of electromagnetic systems utilizing narrow-band information[J]. IEEE Transactions on Microwave Theory and Techniques, 1991, 39(4): 682-688.

[5] Balanis C. Advanced engineering electromagnetic[M]. New York: John Wiley and Sons, 1995.

附录6

左右旋极化分解技术

一个一般的圆极化波可以分解成为一个左旋极化波和一个右旋极化波的和[1,2]。对于一个圆极化天线问题来说,同向极化波和交叉极化波的级别是至关重要的。更一般的,对于一个椭圆极化天线的情况,轴比(Axial Ratio,AR)和圆极化指数(Circular Polarization Index,CPI)是衡量天线的两个重要指标。虽然同极化波和交叉极化波的级别对于一个天线问题来说很重要,但是有些电磁仿真软件并没有将其作为一个基本结果给出。在这个附录里,我们将介绍怎样从电场的两个分量 $E_\theta(\theta,\varphi;t)$ 和 $E_\varphi(\theta,\varphi;t)$ 得到左和右极化分量。

一般来讲,一个天线的辐射场是椭圆极化的,它可以在直角坐标系中表示为三个分量之和或者在极坐标系中表示为两个分量之和。这就是为什么经常把一个辐射场用极坐标系表示的原因。现在我们讨论圆极化波,包括左旋 E_L 和右旋 E_R 极化波,它们当中的一个主要分量称为同极化,而另外一个分量称为交叉极化。一般来说,交叉极化越小越好,总是我们希望避免的。一个在 (θ,φ) 方向上传播的椭圆极化波可以表示为两个圆极化波值的和,例如:

$$\boldsymbol{E}(\theta,\varphi;t) = \boldsymbol{E}_\mathrm{L}(\theta,\varphi;t) + \boldsymbol{E}_\mathrm{R}(\theta,\varphi;t) \tag{A6.1}$$

也可以写成如下的形式:

$$\boldsymbol{E}(\theta,\varphi;t) = \hat{a}_\theta E_\theta(\theta,\varphi;t) + \hat{a}_\varphi E_\varphi(\theta,\varphi;t) \tag{A6.2}$$

其中,$E_\theta(\theta,\varphi;t)$ 和 $E_\varphi(\theta,\varphi;t)$ 是正交的,并且它们分别为在 θ - 和 φ - 方向上的远场分量。一个任意的圆极化波可以表示为两个线极化分量的和,例如

$$E_\theta = E_{\mathrm{L}\theta} + E_{\mathrm{R}\theta} \tag{A6.3a}$$

$$E_\varphi = E_{\mathrm{R}\varphi} + E_{\mathrm{L}\varphi} \tag{A6.3b}$$

其中,$E_{\mathrm{R}\varphi}$,$E_{\mathrm{L}\varphi}$,$E_{\mathrm{R}\theta}$ 和 $E_{\mathrm{L}\theta}$ 是复数并且代表 $E_\mathrm{L}(\theta,\varphi)$ 和 $E_\mathrm{R}(\theta,\varphi)$ 在 θ - 和 φ - 方向的分量。因为 $E_{\mathrm{R}\varphi}=E_{\mathrm{R}\theta}\mathrm{e}^{-\frac{\pi}{2}\mathrm{j}}$ 和 $E_{\mathrm{L}\varphi}=E_{\mathrm{L}\theta}\mathrm{e}^{\frac{\pi}{2}\mathrm{j}}$,我们求解式(A6.3)得到

$$E_{\mathrm{L}\theta} = \frac{1}{\sqrt{2}}(E_\theta + E_\varphi\mathrm{e}^{-\frac{\pi}{2}\mathrm{j}}) \tag{A6.4a}$$

$$E_{\mathrm{R}\theta} = \frac{1}{\sqrt{2}}(E_\theta + E_\varphi\mathrm{e}^{\frac{\pi}{2}\mathrm{j}}) \tag{A6.4b}$$

下面,我们有

$$\mathrm{Re}(E_{\mathrm{L}\theta}) = \frac{1}{\sqrt{2}}[E_{\theta m}\cos(\omega t - \beta r + \psi_\theta) + E_{\varphi m}\sin(\omega t - \beta r + \psi_\varphi)] \tag{A6.5a}$$

$$\mathrm{Re}(E_{\mathrm{R}\theta}) = \frac{1}{\sqrt{2}}[E_{\theta m}\cos(\omega t - \beta r + \psi_\theta) - E_{\varphi m}\sin(\omega t - \beta r + \psi_\varphi)] \tag{A6.5b}$$

其中,$E_{\theta m}$和 $E_{\varphi m}$ 分别是 E_θ 和 E_φ 的幅度,ψ_θ 和 ψ_φ 分别是 E_θ和 E_φ 的相位。我们展开式(A6.5) 并且定义 $\boldsymbol{E}_{\mathrm{L}} = E_{\mathrm{L}\theta} = |\mathrm{Re}(E_{\mathrm{L}\theta})|_{\max}$和 $\boldsymbol{E}_{\mathrm{R}} = E_{\mathrm{R}\theta} = |\mathrm{Re}(E_{\mathrm{R}\theta})|_{\max}$,一般地,我们有

$$|\boldsymbol{E}_{\mathrm{L}}| = \frac{1}{\sqrt{2}}\sqrt{E_{\theta m}^2 + E_{\varphi m}^2 - 2E_{\theta m}E_{\varphi m}\sin(\psi_\theta - \psi_\varphi)} \tag{A6.6a}$$

$$|\boldsymbol{E}_{\mathrm{R}}| = \frac{1}{\sqrt{2}}\sqrt{E_{\theta m}^2 + E_{\varphi m}^2 + 2E_{\theta m}E_{\varphi m}\sin(\psi_\theta - \psi_\varphi)} \tag{A6.6b}$$

如果$|\boldsymbol{E}_{\mathrm{L}}| > |\boldsymbol{E}_{\mathrm{R}}|$,那么这个波是左旋极化波,同向极化波为$|\boldsymbol{E}_{\mathrm{L}}|$,交叉极化波为$|\boldsymbol{E}_{\mathrm{R}}|$;如果$|\boldsymbol{E}_{\mathrm{R}}| > |\boldsymbol{E}_{\mathrm{L}}|$,那么这个波是右旋极化波,同向极化波为$|\boldsymbol{E}_{\mathrm{R}}|$,交叉极化波为$|\boldsymbol{E}_{\mathrm{L}}|$。$\boldsymbol{E}_{\mathrm{L}}(\theta,\varphi;t)$ 和 $\boldsymbol{E}_{\mathrm{R}}(\theta,\varphi;t)$的相位对极化波的基本形状没有影响,而只是影响椭圆主轴相对于坐标轴的角度。

参 考 文 献

[1]Kraus D. Antennas[M]. New York: Mc Graw-Hill International Ed, 1988.

[2]Li Z, Yu W, Wang J, et al. Analysis of large circularly polarized antenna array by using a parallelized FDTD code running on a high performance cluster[J]. IEEE Antennas and Propagation Symposium, 2009:1 -4.

附录7

矢量拟合技术

在几乎所有的频域方法中,我们都需要对每一个频率求解,即解只在离散频率上。对于我们来说,有一个准确可靠的频域插值程序是非常必要的。在这个附录中,我们将介绍一种插值技术[1-6],矢量拟合技术(Vector Fitting Technique)。在矢量插值技术中,我们的目的是在下面的表达式中计算未知极点 a_j 留数 C_j 和常数 d,即

$$h(s) \approx \sum_{j=1}^{N} \frac{C_j}{S - a_j} + d \tag{A7.1}$$

其中,$h(s)$是个矢量或者标量。为了解释矢量插值技术,我们假设 $h(s)$是标量。求和极限 N 是近似的级别,并且是一致的。

我们知道在求解 $h(s)$时的主要困难是,由于未知极点 a_j 出现在式(A7.1)的分母中使问题变成非线性问题。然而,如果极点是已知的话,式(A7.1)就变为关于未知量 C_j 和 d 的线性方程组并且很容易通过线性的最小二乘法得到。矢量拟合技术分解成为两个步骤,每一个步骤求解一个与式(A7.1)相同的形式。

步骤1:求解极点

我们不直接求解 $h(s)$,而是用 $h(s)$乘以一个 N 阶有理函数 $\theta(s)$。一个初值序列 a_j 付给 $\theta(s)$的极点。我们假设 $\theta(s)h(s)$有理函数可以拟合 $\theta(s)$的极点 a_j。

$$\theta(s)h(s) \approx \sum_{j=1}^{N} \frac{\tilde{C}_j}{S - \bar{a}_j} + \tilde{d} \tag{A7.2}$$

组合式(A7.1)和式(A7.2)得到

$$\left(\sum_{j=1}^{N} \frac{\hat{C}_j}{S - \bar{a}_j} + 1\right) h(s) \approx \sum_{j=1}^{N} \frac{\tilde{C}_j}{S - \bar{a}_j} + \tilde{d} \tag{A7.3}$$

式(A7.3) 是关于未知量 $\hat{C}_j$, $\tilde{C}_j$ 和 $\tilde{d}$ 的线性方程。我们可以通过线性最小二乘法求解 $Ax = b$ 的形式。从式(A7.3)我们得到

$$h(s) = \frac{\sum_{j=1}^{N} \frac{\tilde{C}_j}{S - \bar{a}_j} + \tilde{d}}{\sum_{j=1}^{N} \frac{\hat{C}_j}{S - \bar{a}_j} + 1} = \frac{\prod_{j=1}^{N} \frac{(S - \tilde{z}_j)}{(S - \bar{a}_j)}}{\prod_{j=1}^{N} \frac{(S - \hat{z}_j)}{(S - \bar{a}_j)}} = \frac{\prod_{j=1}^{N} (S - \tilde{z}_j)}{\prod_{j=1}^{N} (S - \hat{z}_j)} \tag{A7.4}$$

从式(A7.4)可以看出,初始极点 a_j 相互抵消,$\theta(s)$的零点 $\hat{z}_j$就变成了 $h(s)$的极点。而 $\theta(s)$的零点通过式(A7.1)和式(A7.4)得到。

步骤 2:留数计算

利用从第一步得到的 $h(s)$的极点,式(A7.1)中的留数 C_j 和常数 d 通过线性最小二乘法可以得到。用新极点作为初始极点,重复步骤 1 和 2 直到得到收敛解。当达到收敛解时,$\theta(s)$变成单位值,即所有的 C_j为零。通常如果初始值合适的话,达到收敛解的迭代次数不超过 5。总结矢量拟合技术求解过程如下:

(1) 选择初始极点 $\bar{a}_1,\bar{a}_2,\cdots,\bar{a}_N$;

(2) 求解式(A7.3)得到$\hat{C}_j$, $\tilde{C}_j$ 和 $\tilde{d}$;

(3) 计算函数 $h(s)$的极点 $\bar{a}_1,\bar{a}_2,\cdots,\bar{a}_N$,即函数 $\theta(s)$的零点;

(4) 求解式(A7.1)得到 C_j和 d;

(5) 如果有必要的话,用新的极点作为初始极点,重复求解过程(1)到(4)。

具体细节请参考文献[6]。

参　考　文　献

[1] Semlyen A, Gustavsen B. Vector fitting by pole relocation for the state equation approximation of nonrational transfer matrices[J]. Circuits System Signal Process, 2000,19(6):549 - 566.

[2] Gustavsen B, Semlyen A. Combined phase and modal domain calculation of transmission line transients based on vector fitting[J]. IEEE Transactions on Power Delivery, 1998, 3(2): 596 - 604.

[3] Gustavsen B, Semlyen A. Simulation of transmission line transients using vector fitting and modal decomposition[J]. IEEE Transactions on Power Deliver, 1998, 13(2):605 - 614.

[4] Gustavsen B, Semlyen A. Application of vector fitting to state equation representation of transformers for simulation of electromagnetic transients[J], IEEE Transactions on Power Deliver, 1998, 13(3):834 - 842.

[5] Gustavsen B, Semlyen A. Calculation of transmission line transients using polar decomposition[J]. IEEE Transactions on Power Delivery, 1998, 13(3):855 - 862.

[6] Gustavsen B, Semlyen A. Rational approximation of frequency domain responses by vector fitting[J]. IEEE Transactions on Power Delivery, 1999, 14(3):1052 - 1061.

附录8

部分对称结构仿真技术

如果问题的几何结构和激励源都是对称的,我们可以使用对称 PEC 和 PMC 边界条件把原始问题计算空间减少到原来的一半或者四分之一甚至是八分之一。PEC 或 PMC 边界条件的选择是由问题的极化特性决定的[1,2]。其基本思想描述如图 A8.1 所示。

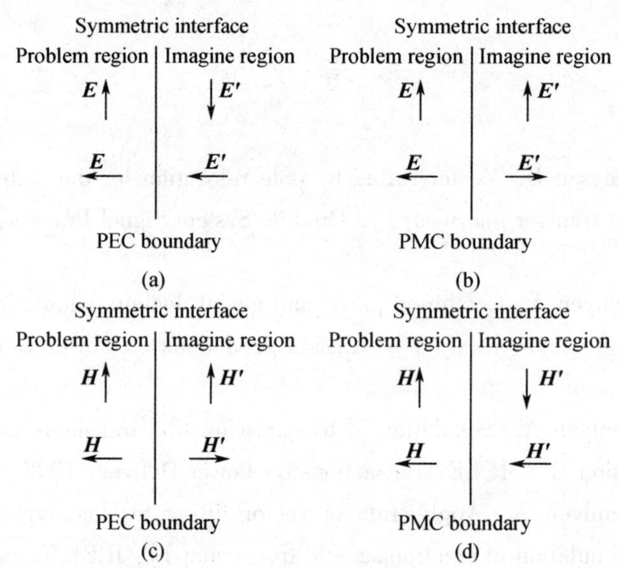

图 A8.1　对称边界条件的选择方法

(a) 电场的 PEC 边界条件;(b) 电场的 PMC 边界条件;(c) 磁场的 PEC 边界条件;(d) 磁场的 PMC 边界条件

因为在时域有限差分中,电场和磁场在时间和空间都有半个网格的偏移,所以 PEC 和 PMC 边界条件也有半个网格的偏移。由于 PMC 边界条件与实际问题边界有半个网格的差别,在实际应用中,这会带来许多的麻烦。这里我们将介绍一种方法实现与计算区域边界一致的 PMC 边界条件,如图 A8.2 所示。

在图 A8.2 中,左边的磁场是在计算区域内部的,它的值可以通过正常的递推过程得到。位于计算区域边界上电场 $\boldsymbol{E}$ 的值需要通过边界条件得到。我们可以应用 PMC 边界条件通过计算区域内部和外部的磁场值来求解计算区域边界上的电场值。我们知道,计算区域外部的磁场值可以直接通过 PMC 边界条件从内部的磁场值得到。也就是说,从图 A8.1(d)可知,计算区域外部的磁场值等于计算区域内部磁场值的负值。

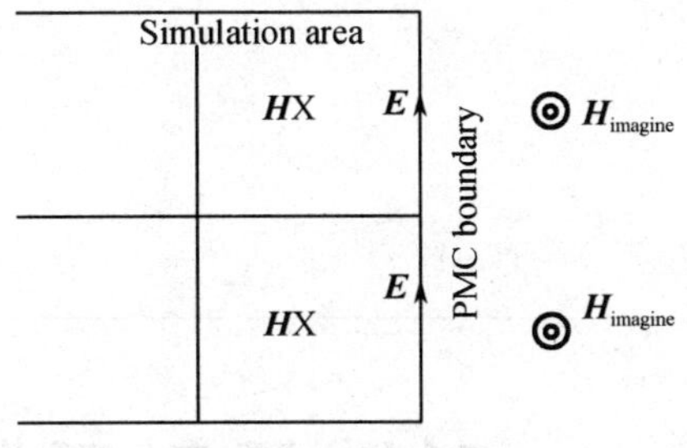

图 A8.2　PMC 边界的应用方法

如果我们应用 PEC 或者 PMC 边界条件减少计算问题的大小,激励源也将被成像,并且问题的解将是激励源和镜像共同的结果,如图 A8.3 所示。为了获得一个激励源单独作用的解,我们需要在问题的解中移去镜像的贡献。为此,我们需要仿真对称问题四次,在每一次仿真中我们需要使用不同的对称边界条件,把四次仿真的结果求解矢量和并除以四得到单独一个激励源的解。例如,在第一次仿真中用 PEC 和 PMC 边界条件,在第二次仿真中用 PMC 和 PMC 边界条件,在第三次仿真中用 PMC 和 PEC 边界条件,在第四次仿真中用 PEC 和 PEC 边界条件。远场及其相关参数都是通过每个分量的矢量和得到的,而不能直接计算标量和。

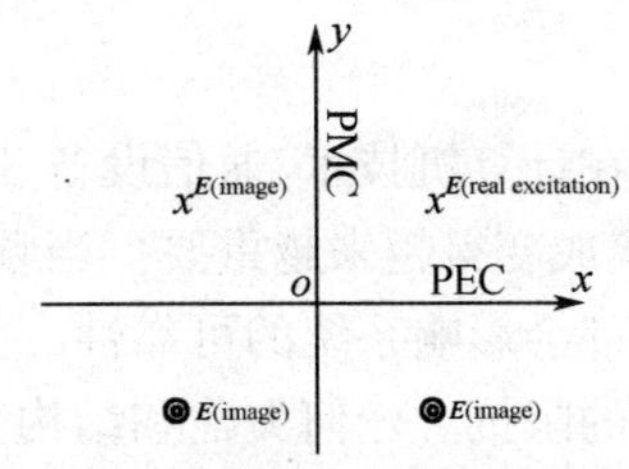

图 A8.3　边界条件和激励源及其像

参 考 文 献

[1] Yu W, Mittra R, Su T, et al. Parallel finite difference time domain method[M]. Massachusetts: Artech House, 2006.

[2] Yu W. New development of parallel conformal FDTD method in computational electromagnetic engineering[J]. IEEE Antennas and Propagation Magazine, 2011,53(6):6.

附录9

时域反射系数(TDR)

当我们在计算机技术、通信设备、图像处理以及网络系统中追求高频信号和传送速率的时候,信号集成变得越来越重要。当频率变得很高时,信号上升时间、脉冲宽度、计时、噪声等任何事情都会影响系统的可靠性。为了保证信号集成的可靠性,我们需要理解并控制在传输过程中的阻抗。任何失配和结构变化都会影响信号反射,反过来,它也影响信号质量。

时域反射系数(TDR)表示一个信号通过一个传输环境时的反射,如电路板追踪、电缆传输线、微波接头等。激励源发送一个窄高斯脉冲信号通过媒质,并且比较位置传输结构的反射值和标准阻抗产生的反射值(参考值)。

时域反射系数表示的是当一个入射波沿着传输线传播时一个反射电压的波形特征。合成波是当信号遇到不连续结构时入射波与反射波的叠加。为了能够把反射波从入射波中分离出来,入射脉冲的宽度必须是足够窄的。

时域反射系数是一个基本参数但是它是非常重要的。时域反射系数是分布阻抗的比值并且用反射系数ρ描述。系数ρ为反射脉冲幅度与入射脉冲幅度的比值,即

$$\rho = \frac{V_{\text{reflected}}}{V_{\text{incident}}} \tag{A9.1}$$

其中,V_{incident}是入射信号关于时间的积分,$V_{\text{reflected}}$是反射信号关于时间的积分。在时域有限差分仿真中,窄高斯脉冲保证入射和反射脉冲之间没有混叠。

对于一个固定匹配负载Z_L,ρ可以用传输线的特征阻抗Z_0和负载Z_L表示,即

$$\rho = \frac{V_{\text{reflected}}}{V_{\text{incident}}} = \frac{(Z_L - Z_0)}{(Z_L + Z_0)} \tag{A9.2}$$

现在我们有了一个计算时域反射系数的基本公式,如果代入特征阻抗和端口负载,我们就可以计算出结构的时域反射系数。例如,对于短路结构,时域反射系数等于+1,对于开路结构,时域反射系数等于-1,并且完全匹配时为0。

当Z_L等于Z_0时,负载是完全匹配的,即$V_{\text{reflected}}$反射波等于0并且时域反射系数ρ也等于0。

$$\rho = \frac{V_{\text{reflected}}}{V_{\text{incident}}} = \frac{0}{V} = 0 \tag{A9.3}$$

Z_L为0意味着一个短路结构,反射波等于入射波。如下所示,反射波等于入射波的负

值,即ρ值为 -1。

$$\rho = \frac{V_{\text{reflected}}}{V_{\text{incident}}} = \frac{-V}{V} = -1 \tag{A9.4}$$

当Z_L的值为无限大时,它是一个开路结构,即反射波等于入射波并且符号相同,ρ的值为+1。

$$\rho = \frac{V_{\text{reflected}}}{V_{\text{incident}}} = \frac{V}{V} = 1 \tag{A9.5}$$

从式(A9.2)可以看出,时域阻抗可以表示为[1,2]

$$Z_L = Z_0 \frac{1+\rho}{1-\rho} \tag{A9.6}$$

其中,Z_0和ρ是特征阻抗和时域反射系数。结构的容性和感性特征可以从时域输入阻抗的曲线得到,如图 A9.1 所示。

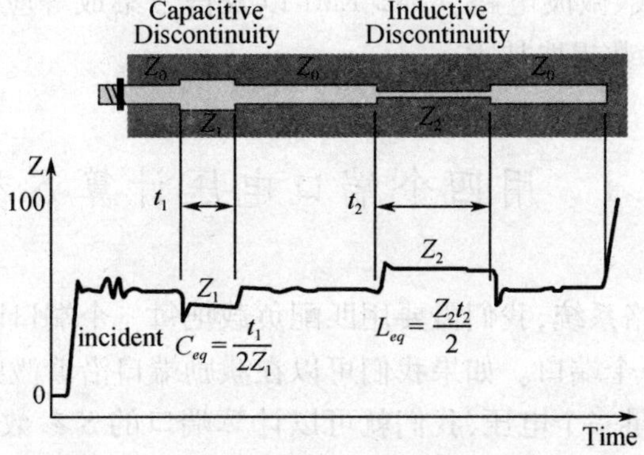

图 A9.1　输入阻抗曲线的容性和感性特征

参 考 文 献

[1]Tektronix Application note[EB/OL]. http://www2.tek.com/cmsreplive/tirep/3846/55W_14601_2_2008.09.04.12.32.15_3846_EN.pdf.

[2]Tektronix Application note[EB/OL]. http://www2.tek.com/cmsreplive/tirep/4873/85W_19888_0_LowRes_2010.04.15.17.32.48_4873_EN.pdf.

附录10

S 参数提取技术

S参数是一个在天线、微波电路、EMC/EMI 以及信号集成等应用的重要参数。在这一部分,我们介绍一种S参数提取技术。

A10.1 用四个端口电压计算 S 参数

对于一个多端口网络系统,我们需要用匹配负载把每一个端口匹配起来,为了计算S参数,每次仿真只用激励一个端口。如果我们可以在激励端口沿着激励结构测量四个电压,并且在每一个输出端口测量一个电压,我们就可以计算端口的S参数。在这种计算S参数的方式中,我们不需要知道端口阻抗,也就是说,这样计算的S参数是在完全匹配下得到的值。计算过程如下:

(1) 在激励端口沿着馈电结构测量四个电压,测量电压位置之间的距离相同(均匀采样),V_1, V_2,V_3和 V_4。

(2) 假设在激励端的每一点都包含入射电压信号和反射电压信号,它们可以表示为$V_{\text{incident}} = V_{\text{in}} e^{-j\beta r}$和 $V_{\text{reflected}} = V_{\text{ref}} e^{j\beta r}$。

(3) 四个测量电压满足如下条件,即

$$
\begin{aligned}
V(r_1,f) &= V_{\text{in}} e^{-j\beta_{\text{in}} r_1} + V_{\text{ref}} e^{j\beta_{\text{ref}} r_1} \\
V(r_2,f) &= V_{\text{in}} e^{-j\beta_{\text{in}} r_2} + V_{\text{ref}} e^{j\beta_{\text{ref}} r_2} \\
V(r_3,f) &= V_{\text{in}} e^{-j\beta_{\text{in}} r_3} + V_{\text{ref}} e^{j\beta_{\text{ref}} r_3} \\
V(r_4,f) &= V_{\text{in}} e^{-j\beta_{\text{in}} r_4} + V_{\text{ref}} e^{j\beta_{\text{ref}} r_4}
\end{aligned} \tag{A10.1}
$$

其中,$V(r_1,f)$,$V(r_2,f)$,$V(r_3,f)$,$V(r_4,f)$分别是在r_1,r_2,r_3和r_4处沿着馈电结构测量的一个复数。变量V_{in},V_{ref},β_{in}和β_{ref}(待求量)是实数(假设在测量点之间的损耗可以忽略不计)。

(4) 用普朗尼(Prony)方法求解上面的方程得到入射波和反射波。如果直接求解方程(A10.1)得到的解并不满足关系式$\beta_{\text{in}} = \beta_{\text{ref}}$。

(5) 为了得到满足关系式$\beta_{\text{in}} = \beta_{\text{ref}}$的解,我们使用下面的修正普朗尼方法,即

$$
\begin{aligned}
V_0 &= V_{\text{in}} + V_{\text{ref}} \\
V_1 &= V_{\text{in}} Z_1 + V_{\text{ref}} Z_2 \\
V_2 &= V_{\text{in}} Z_1^2 + V_{\text{ref}} Z_2^2 \\
V_3 &= V_{\text{in}} Z_1^3 + V_{\text{ref}} Z_2^3
\end{aligned}
\tag{A10.2}
$$

其中,$V(r_1,f)=V_0$,$V(r_2,f)=V_1$,$V(r_3,f)=V_2$和 $V(r_4,f)=V_3$。我们假设 $r_1=0$,$r_2=r$,$r_3=2r$,和 $r_4=3r$。方程（A10.2）的解满足 $a_2+a_1Z-Z^2=0$,a_1和 a_2 由下面的方程决定:

$$
\begin{aligned}
a_2 V_0 + a_1 V_1 - V_2 &= 0 \\
a_2 V_1 + a_1 V_2 - V_3 &= 0 \\
a_2 &= -1
\end{aligned}
\tag{A10.3}
$$

其中,条件 $a_2=-1$ 是因为 $Z_1Z_2=1$,即 $\beta_{\text{in}}=\beta_{\text{ref}}$。数值实验表明,从修正普朗尼方法得到的解在低频时要比正常普朗尼方法得到的解精确得多。

A10.2　端口电压、电流和阻抗

一个两端口网络系统如图 A10.1 所示。

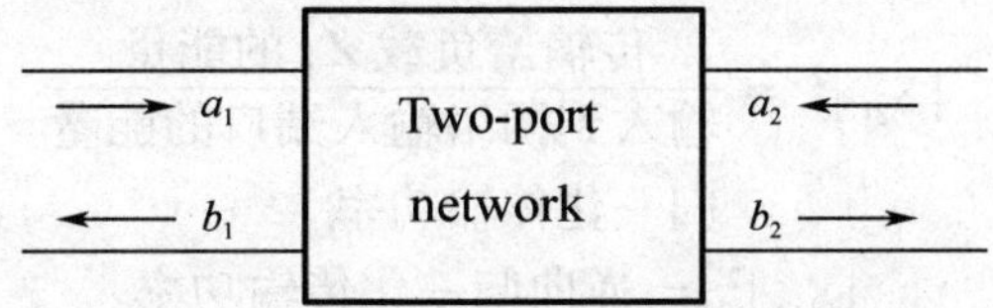

图 A10.1　两端口网络中的入射波(a_1, a_2)和反射波(b_1, b_2)

假设参考阻抗 Z_i 是正实数,并且所有的变量和参数都归一化到一个是正实数 Z_0。独立变量 a_1 和 a_2 是归一化的输入电压,则

$$a_1 = \frac{V_1 + I_1\sqrt{Z_0}}{2\sqrt{Z_0}} \tag{A10.4a}$$

$$a_2 = \frac{V_2 + I_2\sqrt{Z_0}}{2\sqrt{Z_0}} \tag{A10.4b}$$

$$b_1 = \frac{V_1 - I_1\sqrt{Z_0}}{2\sqrt{Z_0}} \tag{A10.4c}$$

$$b_2 = \frac{V_2 - I_2\sqrt{Z_0}}{2\sqrt{Z_0}} \tag{A10.4d}$$

S 参数的 S_{11},S_{21},S_{22}和 S_{12}可以表达为

$$S_{11} = \left.\frac{b_1}{a_1}\right|_{a_2=0} = \frac{V_1 - I_1\sqrt{Z_0}}{V_1 + I_1\sqrt{Z_0}} \tag{A10.5a}$$

$$S_{21} = \left.\frac{b_2}{a_1}\right|_{a_2=0} = \frac{V_2 - I_2\sqrt{Z_0}}{V_1 + I_1\sqrt{Z_0}} \tag{A10.5b}$$

$$S_{22} = \left.\frac{b_2}{a_2}\right|_{a_1=0} = \frac{V_2 - I_2\sqrt{Z_0}}{V_2 + I_2\sqrt{Z_0}} \tag{A10.5c}$$

$$S_{12} = \left.\frac{b_1}{a_2}\right|_{a_1=0} = \frac{V_1 - I_1\sqrt{Z_0}}{V_2 + I_2\sqrt{Z_0}} \tag{A10.5d}$$

S 参数的另外一个优点是,我们可以得到参变量 a_1, a_2, b_1 与 b_2 和各种能量之间的关系,即

$|a_1|^2$:入射到网络输入端口的能量,或者是激励源阻抗 Z_0 可利用的能量。

$|b_1|^2$:从网络输入端口反射的能量,或者从 Z_0 激励源的能量减去输送给网络输入端口的能量。

$|a_2|^2$: 入射到输出端口的能量,或者从负载反射的能量。

$|b_1|^2$: 从网络输出端口反射的能量,或者输送给 Z_0 负载的能量。

式(A10.5)的四个方程表明 S 参数是与能量和失配损耗联系在一起的。这些参数通常比端口电压和电流更有意义。

$$|S_{11}|^2 = \frac{\text{网络输入端口反射的能量}}{\text{输入到网络输入端口的能量}}$$

$$|S_{22}|^2 = \frac{\text{网络输出端口反射的能量}}{\text{输入到网络输出端口的能量}}$$

$$|S_{21}|^2 = \frac{\text{传输给负载 } Z_0 \text{ 的能量}}{\text{输入到网络输入端口的能量}} = \text{归一化传输功率}$$

$$|S_{12}|^2 = \text{逆向归一化传输功率}$$

A10.3 用模式电压和电流计算 S 参数

对于波导和同轴结构,激励和输出通常都是在结构内部的场分布。为了计算这类结构的 S 参数,我们需要定义模式电压和电流以及模式阻抗[1-3],即

$$\begin{aligned} V(r,f) &= \int_S \boldsymbol{E}(\boldsymbol{r}',f) \cdot \boldsymbol{h}(r',f) \cdot \mathrm{d}s \\ I(r,f) &= \int_S \boldsymbol{e}(r',f) \cdot \boldsymbol{H}(r',f) \cdot \mathrm{d}s \end{aligned} \tag{A10.6}$$

其中,$\boldsymbol{E}(r',f)$ 和 $\boldsymbol{e}(r',f)$ 是测量口径电场和归一化的模式电场分布,$\boldsymbol{H}(r',f)$ 和 $\boldsymbol{h}(r',f)$ 是测量口径磁场和归一化的模式磁场分布。对于矩形和圆形波导,归一化模式分布 $\boldsymbol{e}(r',f)$ 和 $\boldsymbol{h}(r',f)$ 可以通过解析得到,也可以通过数值方法得到。模式阻抗定义为

$$Z = \sqrt{\frac{V(r,f) \cdot V'(r,f)}{I(r,f) \cdot I'(r,f)}} \tag{A10.7}$$

其中, $V'(r,f)$ 和 $I'(r,f)$ 是模式电压和电流在传播方向的变化,它们可以表达为

$$V'(r,f) = \frac{V(r_2,f) - V(r_1,f)}{r_2 - r_1}$$
$$I'(r,f) = \frac{I(r_2,f) - I(r_1,f)}{r_2 - r_1} \tag{A10.8}$$

在公式(A10.6)中,口径场分布$\boldsymbol{E}(r',f)$和$\boldsymbol{H}(r',f)$是在FDTD仿真中得到的时域值的傅里叶变换。而$\boldsymbol{e}(r',f)$和$\boldsymbol{h}(r',f)$是输入参数,是从已知的端口结构信息通过解析[2]或者数值方法得到的[3]。

参考文献

[1] http://www.sss-mag.com/pdf/an-95-1.pdf.

[2] Taflove A, Hagness S. Computational electromagnetics: the finite-difference time-domain method[M]. 3rd ed. Norwood: Artech House, 2005.

[3] Yu W, Mittra Raj, Su Tao, et al. Parallel finite difference time domain method[M]. Norwood: Artech House, 2006.

附录11

德拜(Debye)媒质材料参数

在实际应用中,对于色散媒质,材料制造商通常提供一个材料参数在不同频率的数值列表,如表 A11.1 所示。我们需要把它写成频域表达式,然后再转化为时域表达式才能用时域有限差分方法仿真。这就要求色散材料的频域关系通过傅里叶变换转化为时域关系。

表 A11.1 色散媒质参数列表

频率	相对介电常数	损耗正切
ω_1	$\varepsilon_r'(\omega_1)$	δ_1
ω_2	$\varepsilon_r'(\omega_2)$	δ_2

为了使我们能够用时域有限差分方法处理色散媒质,我们需要把上述列表的参数转化为德拜媒质(适合大部分实际材料)。我们已经知道,频域关系的德拜媒质可以很容易转化为时域关系,并符合时域有限差分格式,因此典型的德拜媒质可以表达为

$$\begin{aligned}\varepsilon &= \varepsilon_0\left(\varepsilon_\infty + \frac{\varepsilon_s - \varepsilon_\infty}{1 + j\omega\tau_0} - \frac{j\sigma'}{\omega\varepsilon_0}\right)\\ &= \varepsilon_0\left(\varepsilon_\infty + \frac{\varepsilon_s - \varepsilon_\infty}{1 + \omega^2\tau_0^2}\right) - j\varepsilon_0\left[\frac{(\varepsilon_s - \varepsilon_\infty)\omega\tau_0}{1 + \omega^2\tau_0^2} + \frac{\sigma'}{\omega\varepsilon_0}\right]\\ &= \varepsilon_0\left(\varepsilon_\infty + \frac{\Delta\varepsilon}{1 + \omega^2\tau_0^2}\right) - j\varepsilon_0\left(\frac{\Delta\varepsilon\omega\tau_0}{1 + \omega^2\tau_0^2} + \frac{\sigma'}{\omega\varepsilon_0}\right)\end{aligned} \tag{A11.1}$$

其中,ε_∞ 是当频率无限大时的介电常数;ε_s 是静态介电常数;σ' 是导电率;τ_0 是弛豫时间;$\Delta\varepsilon = \varepsilon_s - \varepsilon_\infty$。我们需要四个方程求解在公式(A11.1)中的四个未知数 ε_∞,$\Delta\varepsilon$,τ_0 和 σ'。使用下列关系式

$$\varepsilon = \varepsilon_0(\varepsilon_r' - j\varepsilon_r'') = \varepsilon_0(\varepsilon_r' - j\varepsilon_r'\delta) \tag{A11.2}$$

我们可以得到如下四个方程

$$\varepsilon_r'(\omega_1) = \varepsilon_\infty + \frac{\Delta\varepsilon}{1 + \omega_1^2\tau_0^2} \tag{A11.3a}$$

$$\varepsilon_r''(\omega_1) = \frac{\Delta\varepsilon\omega_1\tau_0}{1 + \omega_1^2\tau_0^2} + \frac{\sigma'}{\omega_1\varepsilon_0} \tag{A11.3b}$$

$$\varepsilon_r'(\omega_2) = \varepsilon_\infty + \frac{\Delta\varepsilon}{1 + \omega_2^2\tau_0^2} \quad \text{(A11.3c)}$$

$$\varepsilon_r''(\omega_2) = \frac{\Delta\varepsilon\omega_2\tau_0}{1 + \omega_2^2\tau_0^2} + \frac{\sigma'}{\omega_2\varepsilon_0} \quad \text{(A11.3d)}$$

求解式(A11.3)得到

$$\tau_0 = \frac{\varepsilon_r''(\omega_1) - \varepsilon_r''(\omega_2)}{\omega_1\varepsilon_r''(\omega_1) - \omega_2\varepsilon_r''(\omega_2)} \quad \text{(A11.4a)}$$

$$\Delta\varepsilon = \frac{[\varepsilon_r''(\omega_1) - \varepsilon_r''(\omega_2)](1 + \omega_1^2\tau_0^2)(1 + \omega_2^2\tau_0^2)}{(\omega_2^2 - \omega_1^2)\tau_0^2} \quad \text{(A11.4b)}$$

$$\varepsilon_\infty = \varepsilon_r'(\omega_1) - \frac{\Delta\varepsilon}{1 + \omega_1^2\tau_0^2} \quad \text{(A11.4c)}$$

$$\sigma' = \omega_1\varepsilon_r''(\omega_1)\varepsilon_0 - \frac{\Delta\varepsilon\omega_1^2\tau_0\varepsilon_0}{1 + \omega_1^2\tau_0^2} \quad \text{(A11.4d)}$$

其中,$\varepsilon_r'(\omega_1)$,$\delta_1 = \dfrac{\varepsilon_r''(\omega_1)}{\varepsilon_r'(\omega_1)}$,$\varepsilon_r'(\omega_2)$和$\delta_2 = \dfrac{\varepsilon_r''(\omega_2)}{\varepsilon_r'(\omega_2)}$是由材料制造商提供的材料参数。例如,FR4 的材料参数列在表 A11.2 中。使用式(A11.4)得到的德拜媒质表达式中的系数如表 A11.3 所示。

表 A11.2　FR4 材料参数表

频率	相对介电常数	余弦正切
0.1 GHz	4.0	0.013
24 GHz	3.8	0.025

表 A11.3　FR4 的德拜媒质参数

ε_∞	ε_s	τ_0	σ'
3.755	4.0	0.087 9 ns	4.414×10^{-5}

附录12

几何变换技术

虽然建模与时域有限差分方法无关,但是它对一个时域有限差分的性能和计算精度起着十分重要的作用。在这个附录中,我们将介绍一种变换技术来实现一些重要的几何结构。例如,构造一个平面结构的频率选择表面(FSS)是一件很简单的事情,如图 A12.1 所示。但是构建一个弯曲频率选择表面就不是很容易了,通常的电磁软件是不提供这些建模技术的。

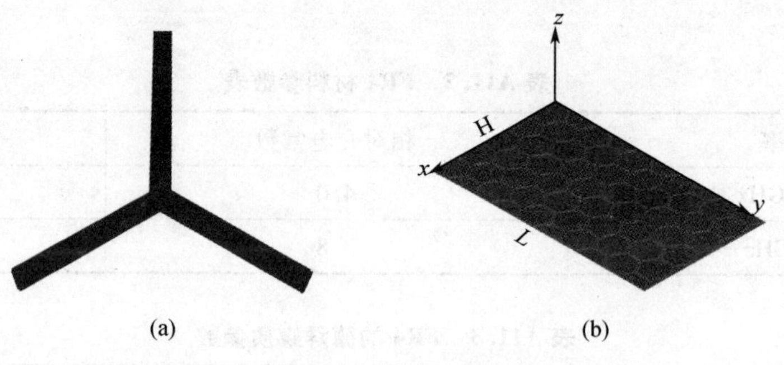

图 A12.1　一个简单的频率选择表面结构

(**a**) 三角臂频率选择单元;(**b**) 平面频率选择架构

下面我们将介绍一种技术,可以从一个平板结构来实现特殊形状的弯曲表面。假设图 A12.1 所示的平板 FSS 结构的宽度和长度分别为 H 和 L。如果是沿着 x 方向并且其半径为 r,我们可以通过它来构造一个圆柱形的频率选择表面,如图 A12.2 所示。

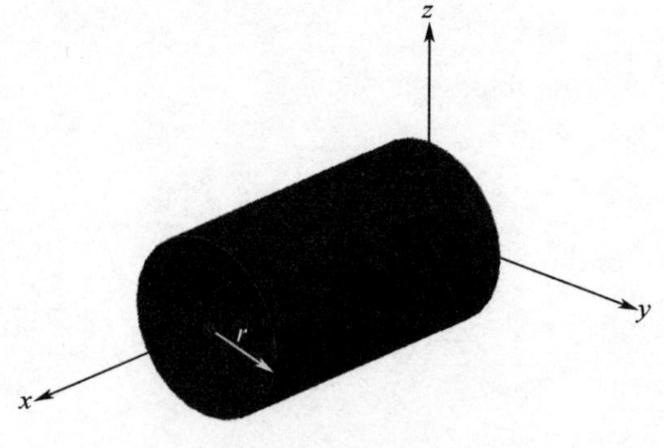

图 A12.2　圆柱形频率选择表面

则图 A12.2 所示的圆柱表面(沿着 x 轴)可以表达为如下的形式,即

$$z = r\cos(\varphi) \tag{A12.1a}$$

$$y = r\sin(\varphi) \tag{A12.1b}$$

$$x = h \tag{A12.1c}$$

其中,$(x_0,\ y_0)$是平面频率选择表面上的一个点坐标,h 是柱面上的点$(x,\ y)$对应的高度。

使用如下关系：

$$r = \frac{L}{2\pi},\ \varphi = 2\pi\frac{x_0}{L},\ h = y_0$$

我们可以把式(A12.1)表达为

$$z = \frac{L}{2\pi}\cos\left(2\pi\frac{x_0}{L}\right) \tag{A12.2a}$$

$$y = \frac{L}{2\pi}\sin\left(2\pi\frac{x_0}{L}\right) \tag{A12.2b}$$

$$x = y_0 \tag{A12.2c}$$

使用表达式(A12.2)我们可以将一个平面频率选择表面映射成为一个柱面频率选择表面。例如，平面频率选择表面的高度和长度分别为 50 mm 和 86 mm，我们通过上述映射得到的柱面频率选择表面如图 A12.3 所示。如果柱面是沿着 z 轴的话，我们在公式中只用交换 x 和 z 的位置即可。

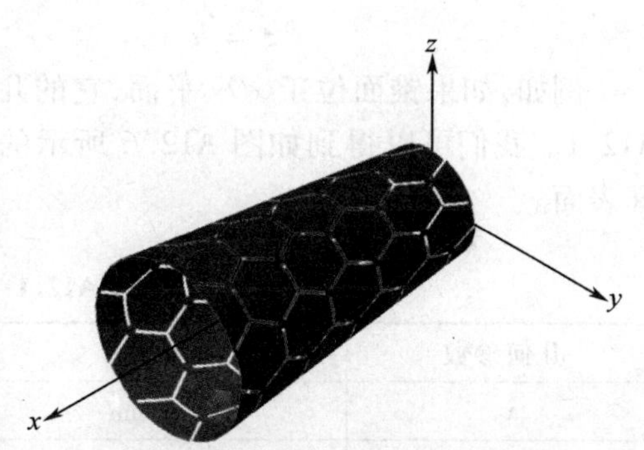

图 A12.3　由平面频率选择表面映射得到的柱面频率选择表面

下面，我们演示从一个平板扇面的频率选择表面映射得到一个圆锥形的频率选择表面的过程，如图 A12.4 所示。

用图 A12.4 所示的扇面构造一个如图 A12.5所示的锥面频率选择表面。锥体结构的高度和底半径如图 A12.5 所示。

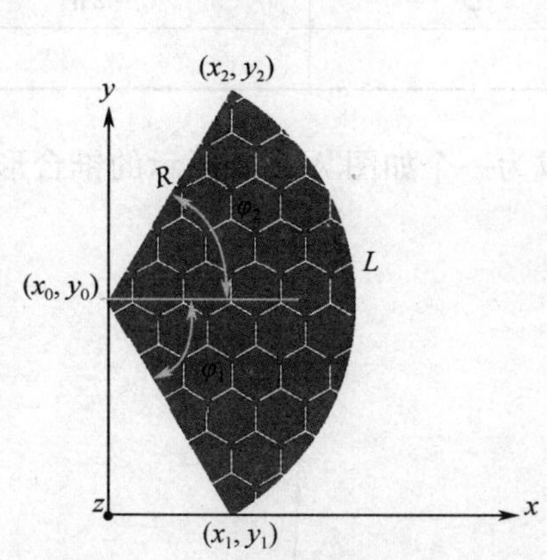

图 A12.4　平板扇面频率选择表面结构

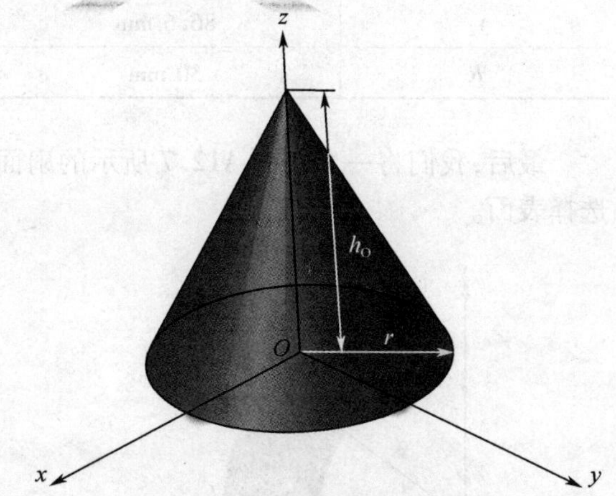

图 A12.5　希望得到的锥体结构表面

中间变量 r, h_0 和 φ 可以表达为

$$r = \frac{L}{2\pi} \tag{A12.3a}$$

$$h_0 = \sqrt{R^2 - r^2} \tag{A12.3b}$$

$$\varphi = \left[\arctan\left(\frac{y - y_0}{x - x_0}\right) - \varphi_1\right]\frac{2\pi}{\varphi_2 - \varphi_1} \tag{A12.3c}$$

其中，$\varphi_1 = \arctan\left(\frac{y_1 - y_0}{x_1 - x_0}\right)$，$\varphi_2 = \arctan\left(\frac{y_2 - y_0}{x_2 - x_0}\right)$。映射关系可以表达为

$$x = r\cos(\varphi)\frac{h_0 - h}{h_0} \tag{A12.4a}$$

$$y = r\sin(\varphi)\frac{h_0 - h}{h_0} \tag{A12.4b}$$

$$z = h \tag{A12.4c}$$

例如，如果锥面位于 xOy 平面，它的几何尺寸见表 A12.1。我们可以得到如图 A12.6 所示的锥面频率选择表面。

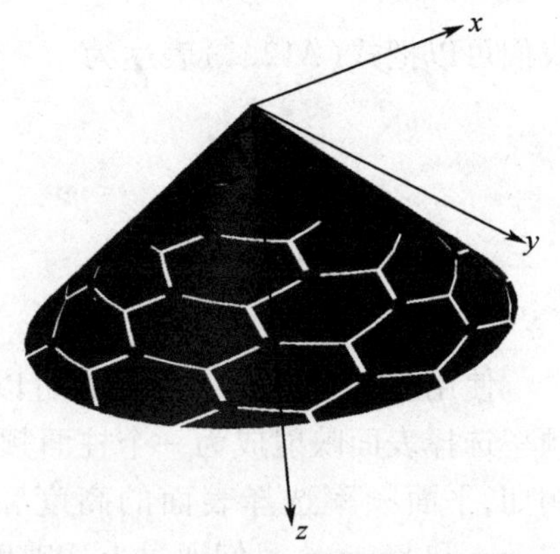

图 A12.6 锥面频率选择表面结构

表 A12.1 锥面的几何尺寸

几何参数	尺寸	几何参数	尺寸
x_0	0 mm	L	116.35 mm
y_0	43.3 mm	r	18.459 mm
x_1	25 mm	h	46.468 mm
y_1	0 mm	φ_2	1.047
x_2	25 mm	φ_1	−1.047
y_2	86.6 mm	φ	0 ~ 2π
R	50 mm		

最后，我们将一个如图 A12.7 所示的扇面映射成为一个如图 A12.8 所示的锥台形频率选择表面。

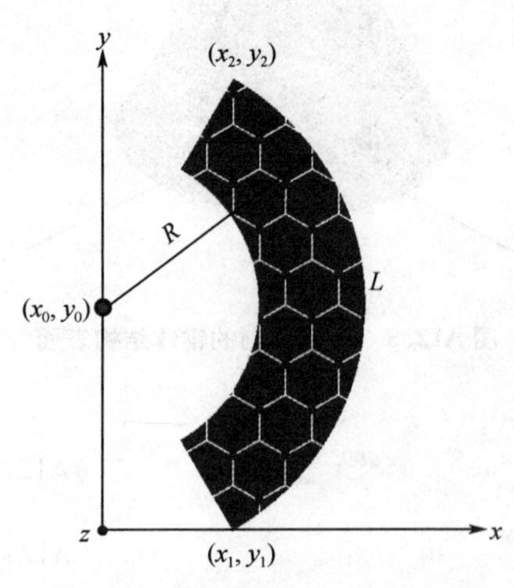

图 A12.7 扇面结构和位置坐标

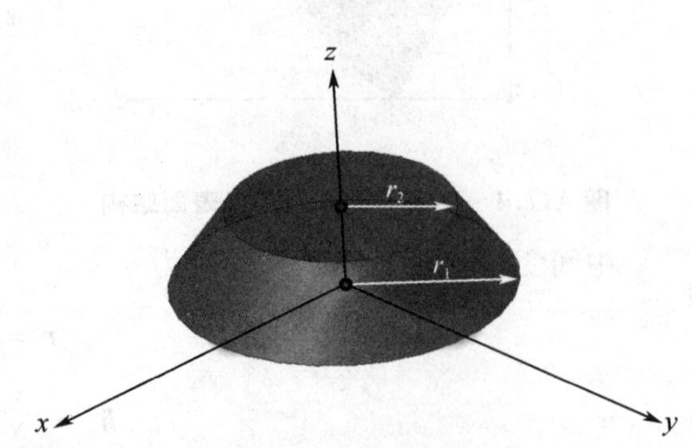

图 A12.8 锥台形频率选择表面

例如，如果平板结构位于 xOy 平面，几何参数列于表 A12.2 中。我们可以得到如图 A12.9 所示的锥台形频率选择表面结构。

表 A12.2　锥台面的几何参数

几何参数	尺寸	几何参数	尺寸
x_0	0 mm	L	116.35 mm
y_0	43.3 mm	r_1	16.638 9 mm
x_1	25 mm	r_2	11.075 mm
y_1	0 mm	h	46.468 mm
x_2	25 mm	φ_2	1.055
y_2	86.6 mm	φ_1	−1.055
R	50 mm	φ	0 ~ 2π

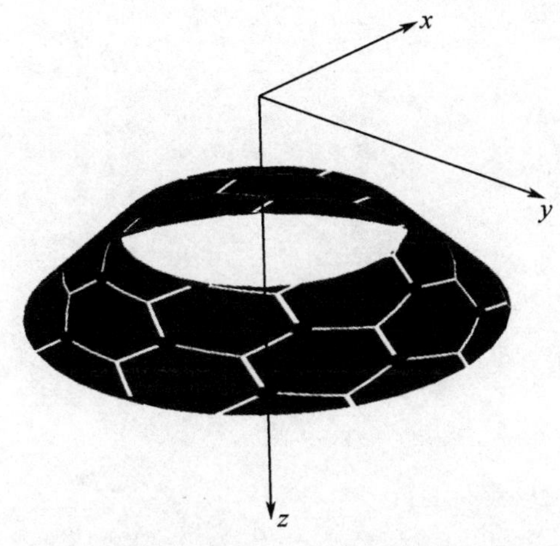

图 A12.9　锥台形频率选择表面结构

当我们做几何映射的时候，映射的形状也可能是病态的，也就是说，我们也可能得不到希望的结构表面。有时为了避免这种情况发生，我们需要在扇面中心设置一个小圆，用扇面减去小圆得到一个常态结构。有时尽管我们无法得到一个完整的锥或者柱面结构，但是我们可以设置它的角度 φ 的范围从 0°到 359°。有时为了避免病态过程，我们需要把一个映射过程分解为两步。例如，为了得到上面的锥台结构，我们需要把映射过程分解为两步，第一步的映射关系为

$$x=\frac{\cos\left\{16.638\,9\left[\tan^{-1}\left(\dfrac{\dfrac{y-43.3}{x}+1.045\,5}{1.045\,5}\pi\right)\sqrt{x^2+(y-43.3)^2}\right]\right\}}{50}$$

$$y=\frac{\cos\left\{16.638\,9\left[\tan^{-1}\left(\dfrac{\dfrac{y-43.3}{x}+1.045\,5}{1.045\,5}\pi\right)\sqrt{x^2+(y-43.3)^2}\right]\right\}}{50}$$

$$z = 1 - \frac{\sqrt{x^2 + (y - 43.3)^2}}{50}$$

第二步映射得到的理想锥台表面的结构为

$$x = x$$

$$y = y$$

$$z = 47.15z$$

附录13

PC 集群优化

得益于 MPI、OpenMP 和高性能网络设备的高速发展，并行计算技术已经应用于许多应用仿真软件中，包括大部分的商业软件和用户自己开发的各种应用软件。在当前 Windows 用户为主的情况下，人们已经习惯点几下鼠标就能够得到结果。现在大部分的计算机集群还是以 Linux 操作系统为主，但是人们极其不习惯在 DOS 窗口下的命令行操作。一个好的并行软件应该允许使用者通过网页浏览器远程登录并通过简单的鼠标操作很容易得到结果。使用者唯一需要知道的就是可利用的计算机节点个数。值得指出的是，高性能必须在一个合理的或者可以承受的价格范围内。

下面我们用一个简单的例子来演示并行共形时域有限差分方法在不同硬件平台上的性能，如表 A13.1 所示。例如我们用 DELL 计算机具有集成千兆网卡或者独立千兆网卡（www. dell. com）以及 DELL 千兆交换机，其并行性能标志在图 A13.1 的“Regular Ethernet Network”。如果我们使用华硕（ASUS）计算机和 D – Link 的千兆网卡和千兆交换机，其并行性能标志在图 A13.1 的“Optimized Ethernet System”。从图 A13.1 我们可以看出后者的性能要比前者好得多。

需要说明的一点是，对于同样的计算机，D-Link 千兆网络要比 DELL 千兆网络快一些。但是实验中我们也发现，千兆网络的性能并不如 Myrinet 和 InfiniBand 稳定。

无论我们使用 DELL 计算机还是华硕计算机，如果它们通过 InfiniBand 网络卡、电缆和交换机连在一起，我们都可以得到更好的并行性能，当然 InfiniBand 设备的花费要高许多。图 A13.1 的加速因子是这么定义的，例如，用时域有限差分程序仿真一个问题，如一个计算节点的仿真时间为两分钟，对于同一个问题，如两个计算节点的仿真时间为一分钟，那么两个节点的加速因子就是 2。

表 A13.1　不同计算机集群的配置

	InfiniBand （带宽：10 GB 时延：2.6 μm）	Gigabit Ethernet （带宽：1 GB 时延：130 μm）	Gigabit Ethernet （带宽：1 GB 时延：130 μm）
CPU 类型	Intel Q6700 2.66 GHz	Intel Q6700 2.66 GHz	Intel Q6700 2.66 GHz
操作系统	Linux	Linux	Linux
网络卡	InfiniBand card	Gigabit card	Gigabit card
节点个数	8	8	8
加速比	6	4.8	1.4
网络类型	InfiniBand 网络	优化的千兆网络	一般的网络

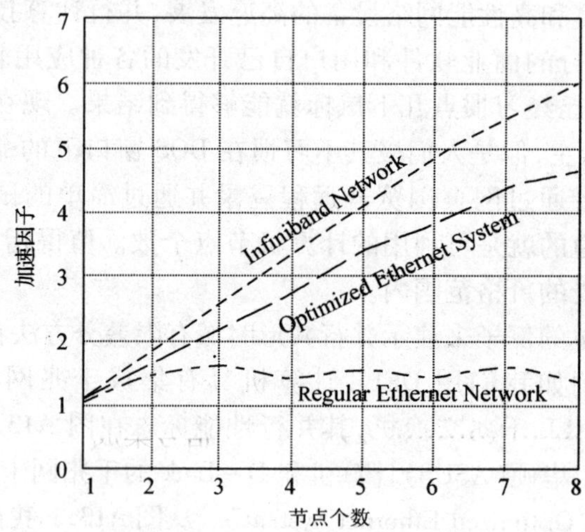

图 A13.1　时域有限差分在不同的计算机集群上的性能比较

索 引